成都 杨秀琼 画

盛时好称觞

——唐宋酒文化研讨会论文集

主　任

蔡　竞　　何天谷

副 主 任

王顺洋　　熊运高　　邓　伟

主　编

谢桃坊　　屈小强

副 主 编

伍　文　　刘大智

特约编辑

张芷萱　　龚　政

序　言

蔡　竞[①]

众所周知，酒是历史文化符号，彰显出这片古老土地的深厚底蕴。中华文明多元一体，璀璨多彩。有着悠久历史、清晰脉络、鲜明特色和灿烂成就的巴蜀文化，与齐鲁文化、中原文化、荆楚文化、吴越文化、黔贵文化等，共同构成中华民族传统文化最可宝贵的精神财富。其中酒文化更是巴蜀文化的重要因子，且传承不辍、口口相传。巴蜀酒文化史可追溯到3000多年前的古蜀时期。蜀王酿造醴酒祭先明鬼神，三星堆遗址出土的酿酒工具和酒器证明了古蜀酒文化的繁荣。汉代时，蜀郡人士司马相如与卓文君以酿酒营生。"文君当垆，相如涤器"的美谈至今仍为人称颂，李商隐提笔留下了"美酒成都堪送老，当垆仍是卓文君"的名句；晋代时，成都郫县盛产竹，著名文学家山涛便配以大米、酒曲等原料酿出备受称赞的郫筒酒，杜甫在《将赴成都草堂途中有作先寄严郑公》中说"酒忆郫筒不同沽"；唐代开元时，四川绵竹周边春季酿产的酒被称为春酒，或

---

①　四川省人民政府参事室（文史研究馆）党组书记、参事室主任，四川省政协常委、文化文史和学习委分党组书记、副主任，四川省社科联副主席。

称剑南酒、蜀酒、成都酒。川酒"香且浓",铸就了历代文化先贤和诗人笔下的浪漫恣意和无限灵感:我的同乡陈子昂就有诗云"银烛吐青烟,金樽对绮筵";有人说,"诗圣"杜甫翁是闻着酒香来到四川的,他在会友酒酣时写下了"重碧拈春酒,轻红擘荔枝"的赞语。同时,杜翁还在《野望》中发出了"射洪春酒寒仍绿,目极伤神谁为携"的唏嘘;张籍流连于成都万里桥,留下了"万里桥边多酒家,游人爱向谁家宿"的感叹,岑参游历蜀地也留下了"成都春酒香,且用俸钱沽"的真实记载。进入宋元,四川商业繁荣,酒市发展鼎盛,尤其是元代中叶,固体发酵之蒸馏酒技艺得以空前发达,更使各类美酒数不胜数,如锦江春、鹅黄酒、荔枝绿、蜜酒等,苏轼作《蜜酒歌》赞曰:"三日开翁香满域""甘露微浊醍醐清";黄庭坚在《西江月·茶》中赞叹川酒"鹅黄":"已醺浮蚁嫩鹅黄,想见翻成雪浪。"我出生在射洪,可以说是从小就闻着酒香、喝着沱牌曲酒长大的。可以说,酒文化作为巴蜀文化的重要组成部分,承载着浓浓的情绪色彩和人文情怀。我曾在诗中赞道:"盛时瑶蕚好称觞,酒史宏文福梓乡。"

  酒是大自然的馈赠,诠释出生态之乡、水美之城的独特魅力。绵竹地处四川盆地西北部,背倚龙门山脉,自然环境优越,冬无严寒、夏无酷暑,森林覆盖率达51%,自古被誉为"天下七十二洞天福地之一"。绵竹又是一座山水和美的城市,九顶山、九龙山、麓棠山、紫岩山绵延境内,绵远河、人民渠、红岩渠穿流而过,更有"中国名泉"玉妃泉,为酿酒提供了源头好水。得天独厚的生态环境,不仅成就了美酒的卓越品质,也孕育了绵竹厚重的历史文化。今年恰逢绵竹建县2222年,自西汉高祖六年(公元前201年)设绵竹县以来,滋养出世代传承的德孝文化,产生了南宋开国名臣张浚、与朱熹齐名的理学家张栻、"戊戌六君子"之一杨锐等历史名人;同时绵竹也是唐代贡茶赵坡茶、中国四大名画之一——绵竹年画的发源地、中国名酒剑南春的产地。剑南春酒始见于正史是在《旧唐书》，四川产的"春酒"是当时的岁贡。"剑南之烧春"被唐人李肇载入《唐国史补》，位列"叙酒名著者"条所载唐时 14 家名酒之一。今年是"十四五"开局之年，同时，我们也将迎来建党 100 周年庆典。我们要认真贯彻落实党的十九届五中全会精神和省委十一届八次全会精神，把文化建设摆在更加突出的位置，进一步推动中华优秀传统文化创造性转化、创新性发展。包括剑南春品牌文化在内的酒文化的传承与发展，也应顺势而为，守正创新，让老字号品牌历久弥新，长盛不衰。

酒是人类智慧的结晶，折射出我省传统产业的澎湃活力。白酒产业是我省传统优势产业，对打造食品饮料万亿级产业和支撑"工业挑大梁"具有重要意义。我省也是白酒产销大省，白酒产量和销售额全国占比均在 40％以上，在我国白酒产业发展中占据重要地位。据权威媒体披露，全国白酒业界已取得这样的共识：川酒产业发展不仅具有品牌集中特征，从历史底蕴到现实认证形成了完整品牌与品质链条，以五粮液、泸州老窖、舍得沱牌酒业、水井坊、剑南春和郎酒"六朵金花"为主，还呈现出明显的区域集中特征，形成了"中国酒都（宜宾）""中国酒城（泸州）""绵竹酒城""中国原酒之乡"（成都邛崃）等白酒区域发展板块。近年来，我省明确推动制造业高质量发展的"顶层设计"，提出构建"5＋1"现代产业体系，强调要把特色优势产业和战略性新兴产业作为主攻方向，走出一条具有四川特色的产业发展路子。优质白酒作为 16 个重点培育产业之一，未来可期、大有作为。川酒的发展，酒文化是重要依托。只有提升川酒文化的内涵和品牌高度，努力将川酒打造成为四川代表性的文化符号，才能带动四川酒产业的整体提升。我们要进一步对川酒历史文化、川酒传统酿造工艺进行收集、整理、挖掘和传承，将文旅 IP 和川酒优势资源充分融合起来，以富有文化创意的白酒产品开发为先导，推出成批量具有高附加值的酒文化产品，引领白酒消费行为和习惯，培育和扩大川酒消费市场，推动川酒文化与旅游、康养等跨产业融合发展，深化"文旅＋白酒"融合发展，打造名优白酒整体品牌；打造融合发展示范标杆博览馆综合体，构建川酒文旅文创融合发展创新示范园区，彰显川酒产业自信、文化自信，不断提升产业竞争力、品牌影响力和文化辐射力，进一步提升川酒行业地位。省政府参事室（省政府文史研究馆）在这方面已经开始做一些工作，比如由我们的特约馆员李修余先生牵头整理的《中国酒文献诗文集成》《中国酒文献专书集成》等出版发行，希望下一步我们和相关部门、地方、行业一道将这项工作做好，将酒文化研究提升到一个新的维度，可以与其他区域的酒文化交流、圆融成美美与共的文化景观和形态，共同承担起振兴川酒、振兴中国白酒的责任。

习近平总书记去年 11 月在南京举行的"全面推动长江经济带发展座谈会"上指出，要把长江文化保护好、传承好、弘扬好，延续历史文脉，坚定文化自信。今年 4 月，习总书记在广西调研时又指出："要主动对接长江经济带发展……把独特区位优势更好转化为开放发展优势。"我这里要发出这样的声音：我们长江文化带上的同仁们，我们有什么样的长江文化让其他区域的人们来对接？今天我们在这里举行论坛，关注并重视唐宋酒文化的研究及创新性传承发展，本身就为我们开展古蜀文明、巴蜀文明及长江文化的研究传承创新开辟了崭新的、重要的视角。我相信，通过分享和交流各位专家多年的学术成果，必将推动川酒文化和川酒产业迈上新台阶、创造新辉煌。

2021 年 5 月

目　录

唐诗中"酒家胡"与"胡姬"文化

王 川[①]

一、唐代长安有"胡风"

在中国历代中央王朝中，建立者为少数民族者，以蒙古族缔造的元代、满族缔造的清代最为人知。此外，胡汉混血者缔造的大唐王朝，也每每引起学界的极大兴趣。唐王朝最高统治集团中，有不少人杂有少数民族的血统，或本身就是华化的少数民族：唐高祖李渊的祖父李虎（？—551），陇西郡成纪县（今甘肃秦安）人，北魏到西魏时期将领，西魏八柱国之一，曾被鲜卑拓跋氏赐姓为"大野氏"。唐皇室之女系母统，亦杂有胡族血脉，高祖之母为独孤氏，太宗之母为窦氏，高宗之母为长孙氏，皆是胡种[②]。

宋代理学大家朱熹《朱子语类》一一六《历代类三》云："唐源流出于夷狄，故闺门失礼之事不以为异"，陈寅恪进一步指出："朱子之语颇为简略，其意未能详知。然即此简略之语句，亦含有种族

---

① 王川，四川省人民政府文史研究馆特约馆员，四川师范大学副校长、中华传统文化学院院长、教授。
② 陈寅恪：《唐代政治史述论稿》，上海古籍出版社，1997年，第1页。

及文化二问题，而此二问题实李唐一代史事关键之所在，治唐史者不可忽视者也"①；因此，陈寅恪认为："李唐一族之所以崛兴，盖取塞外野蛮精悍之血，注入中原文化颓废之躯，旧染既除，新机重启，扩大恢张，遂能别创空前之世局。"② 自然，血缘出身决定了建都长安后，大唐皇室与社会无法摆脱"胡"气，而这正是鲁迅所说的"唐室大有胡气"③。

事实上，不仅唐皇室，在包括文武官员、文人、一般民众在内的整个唐代社会，异域的影响即胡风、胡气的影响，都是显而易见的，如穿胡服、"赭面"之俗在上层社会的流行等，《旧唐书·舆服志》有记载："太常乐尚胡曲，贵人御馔，尽供胡食，士女皆竞衣胡服。"④ 甚至是整个社会的时髦。自然，唐代诗人也不能免俗。

在唐代诗人的诗集中，"胡姬"（胡妇）、"胡客""胡商"（又有"商胡""贾胡""海胡""蕃客"等分类）、"胡人"（含"胡儿"）、"胡食"（包括"胡饼"等食品、"胡酒"［包括葡萄酒、龙膏酒、三勒浆等］等饮料、"胡椒"等调味佐料）、"胡马"（"胡骑"）、"胡雁""胡鹰""胡床""胡麻""胡帽""胡乐"（即"胡音"，包括了篳篥、"胡琴"等）、"胡妆""胡舞"（包括"胡旋舞"）"胡腾（舞）""柘枝"舞等的描写俯拾即是，而类似"北风卷地白草折，胡天八月即飞雪"等西域景象也扑面而来，西域人物、西域服饰、西域饮食、西域歌舞、西域印象……色彩各异的西域元素，无一不出现在唐人的诗歌之中。可以说，唐代社会中，胡歌胡舞西域情结洋溢，"胡

---

① 陈寅恪：《唐代政治史述论稿》，上海古籍出版社，1997年，第1页。
② 陈寅恪：《李唐氏族推测之后记》，《金明馆从稿二编》，生活·读书·新知三联书店，2001年，第244页。
③ 鲁迅：《鲁迅书信集》上卷，人民文学出版社，1976年，第379页。
④ 《旧唐书》卷四五《舆服志》。

意"盎然;唐人诗歌里,胡气氤氲,胡风充盈。

这其中,西域人物的形象,更是唐诗人笔下的重点。如异域民族的"胡人""胡姬""胡商""胡客",带上了异域的"胡妆",带来了异域美酒"胡酒",二者形成了美妙的嫁接——"酒家胡",给大唐帝都长安带来了浓郁的"胡风"①,体现了唐王朝勇于开放的心胸与多民族文化的色彩。向达先生《唐代长安与西域文明》对此有精彩论述,是书的第三部分《西市的胡店与胡姬》等章节②,有翔实的论述。

二、唐代长安的胡食一条街与西域文明

唐代长安是当时世界上的国际大都市,面积约 80 平方公里,拥有 100 多万人口,四方商旅往来,国际政治、经济、文化交流极为频繁。来自西域各国、经过"丝绸之路"东来的文化通过朝觐、宗教、商业以及民间市井生活方式,融合传播,使得长安成为世界性的贸易、文化中心。其中,东亚、中亚、西亚、南亚等各国,都来长安交流;而来自高昌等中亚各国、波斯等西亚各国长安的胡人,则大多开设"酒肆",售卖葡萄酒、"龙膏酒""三勒浆"等各类胡酒。

(一)"胡人""胡酒"与"酒家胡"

远在欧洲的拂菻、北面的强大游牧帝国突厥、西亚波斯萨珊王

---

① 傅衣凌:《唐代长安有胡气》。
② 向达:《唐代长安与西域文明》第三部分《西市的胡店与胡姬》等章节,生活·读书·新知三联书店,1957年,第39页。

朝、建国于中亚的"九姓胡"（即康国、史国、安国、曹国、支国、石国、米国、何国等昭武九姓国，以"善商贾"著称于世，在西方学术著作中被誉为"亚洲内陆的腓尼基人"）、南亚的天竺、狮子国，以及吐蕃、回鹘、高昌，东方的日本、朝鲜等国，不断遣使长安，朝觐献宝，主观上满足了大唐天子"天可汗"的虚荣，客观上有力地促进了双方的政治、经济、文化等交流。此外，唐朝还容留了一大批西域各族王侯，留寓长安。《通鉴》记载："其余酋长至者，皆拜将军中郎将，布列朝廷，五品已上百余人，殆与朝士相半，因而入居长安者近万家。"① 可见，唐代长安，市井繁荣，胡人满途，来自异域的景教、拜火教、摩尼教、伊斯兰教等亦流传在唐都长安。

胡人入华，西域名酒及其制作方法，自然亦随之传入内地尤其是唐都长安。

据《册府元龟》《太平御览》记载，唐初就已将高昌（吐鲁番）的马乳葡萄及其酿酒法引入长安，"得其酒法，帝自损益造酒。酒成，凡有八色，芳香酷烈，味兼醍醐，既颁示群臣，京中始识其味"②，王翰、白居易等诗人由此写出了"葡萄美酒夜光杯"等大量歌咏葡萄酒的唐诗。

唐代初年，还传入了果酒"三勒浆"及其酿造方法。这是一种来自西亚波斯（今伊朗）的美酒。所谓"三勒浆"，指用西域摩勒、毗梨勒、诃梨勒三种名字带有"勒"的果实，经过发酵酿造而成。

---

① ［宋］司马光：《资治通鉴》卷一九三《唐纪九》，中华书局，1956 年，第6078 页。

② 《太平御览》卷八四四。

　　唐顺宗时期，还从西域的"乌弋山离国"①，引入名酒"龙膏酒"，这是一种"黑如纯漆，饮之令人神爽"②的酒品。

　　这些胡酒，属于外来口味，唐人曾进行了仿制，但是，并不成功，胡商主要还是要依靠进口以保持酒原汁原味，因而其售价亦高于唐代本土出产的各类酒品。但是，由于来自异域，充满异域情调，也为唐人追捧。

　　伴随着大量阿拉伯、波斯人等各色人等的聚集，胡人群体、胡人聚集区的出现，以及"胡酒"的引进及在内地的流传，胡饼、烧饼、抓饭等各种"胡食"的流行，专门开设的"波斯邸""波斯店"等专门店，亦应运而生，也为以此为生的胡酒、胡食的经营者——"酒家胡"的出现，提供了前提。

　　"酒家胡"一词，最早来自汉代朝廷的音乐机构"乐府"诗——辛延年《羽林郎》③：

>　　昔有霍家奴，姓冯名子都。
>
>　　依倚将军势，调笑酒家胡。
>
>　　胡姬年十五，春日独当垆。
>
>　　长裾连理带，广袖合欢襦。

---

① 《后汉书》记载："自皮山西南经乌秅，涉悬度，历罽宾，六十余日行至乌弋山离国，地方数千里，时改名排持。"见《后汉书》卷八八《西域传》，第2917页。

② ［唐］苏鹗：《杜阳杂编》卷中，见影印文渊阁《四库全书》子部小说家类，第1042册，第609页。

③ 王子今：《汉代的"商胡""贾胡""酒家胡"》，《晋阳学刊》2011年第1期。

　　唐代沿用了这一称谓①。唐代的"酒家胡"，大多采取了与唐人不同的经营方式，不是将酒肆设于闹市之中，而是将酒肆除了设置于长安的"西市"之外，还设置于春明门到曲江池（芙蓉池）的大道两旁、城门口。向达先生指出："当时长安，此辈以歌舞侍酒为生之胡姬酒肆亦复不少"；"西市及长安城东至曲江一带，俱有胡姬侍酒之酒肆"，"是当时贾胡，固有以卖酒为生者也。侍酒者既多胡姬，就饮者亦多文人，每多形之吟咏，留连叹赏"②。可见，这些地方，便于送别亲友，以酒诉情，离别饯行，自然是经营酒馆的好地方。

　　（二）"胡姬"

　　有了"酒家胡"，售酒女郎、侍酒女郎——"胡姬"自然出现③。隋唐时期，因长安乃当时世界重要的商贸中心城市之一，吸引了大批来自西域如波斯、突厥、昭武九姓等地的胡人前来进行经济活动，其中很多胡人在长安经营酒肆，常常用西域胡人女子当垆招揽生意。胡姬凭借着西域的民族容貌、精彩的舞蹈得到了众多顾客的青睐。唐代众多诗人们也通过诗歌的形式表现了对胡姬的赞美之情。

　　唐代诗句之一：

----

①　唐以后的诗文中，"酒家胡"仍然是不可或缺的形象。[宋] 黄庭坚：《奉和文潜赠无咎以既见君子云胡不喜为韵》："但见索酒郎，不见酒家胡。"宋人刘筠《大酺赋》："复有俳优侏孟，滑稽淳于，诙谐方朔，调笑酒胡，纵横谑浪，突梯嘰嚅。"明程嘉燧《青楼曲》之四："碧碗银罂白玉壶，鹔鹴典付酒家胡。"等等。

②　《唐代长安与西域文明》，第 41—42 页。

③　禹克坤：《美丽的胡家少女的形象——汉语文学作品中的少数民族一例》，《民族文学》1984 年第 4 期。

石榴酒、葡萄浆、桂兰芳、茱萸香。

愿君驻金鞍，暂次共年芳。（乔知之：《倡女行》①）

体现了胡姬侍酒。唐代诗句之二：

琴奏龙门之绿桐，玉壶美酒清若空。

催弦拂柱与君饮，看朱成碧颜始红。

胡姬貌如花，当垆笑春风。

笑春风，舞罗衣，君今不醉将安归。（李白：《前有一樽酒行二首》其二②）

展现了胡姬的美貌、善舞。唐代诗句之三：

书秃千兔毫，诗裁两牛腰。

笔踪起龙虎，舞袖拂云霄。

双歌二胡姬，更奏远清朝。

举酒挑朔雪，从君不相饶。（李白：《醉后赠王历阳》③）

唐代安史之乱后，宵禁制度逐渐松动。有着"一街辐辏，遂倾两市，昼夜喧呼，灯火不绝"④ 的盛况。该诗描绘了一幅在长安的酒肆之中，两个胡姬高歌二重唱，歌声从夜晚唱到清晨的画面。唐

---

① 《全唐诗》卷八一，第 11 首。

② 《全唐诗》卷二四，第 45 首。

③ 《全唐诗》卷一七一，第 2 首。

④ 《长安志》卷八，第 114 页上栏。

代诗句之四：

> 五陵年少金市东，银鞍白马度春风。
>
> 落花踏尽游何处，笑入胡姬酒肆中。（李白：《少年行二首》①）

美酒当歌，成为唐代士人每日所需。

此外，唐诗中也出现了许多描写胡姬容貌的诗句。其一，如李贺的《龙夜吟》写道："卷发胡儿眼睛绿，高楼夜静吹横竹"；其二，如李白的《猛虎行》："胡雏绿眼吹玉笛，吴歌白纻飞梁尘"②；其三，如李白的《上云乐》诗曰："碧玉炅炅双目瞳，黄金拳拳两鬓红"③，这里的"拳"通"卷"，可见胡姬的形象或是卷发碧眼的。这一点在《太平御览》中也有记载："于西域诸戎其形最异，青眼赤须。猕猴者，本其种也。"④ 玄奘的《大唐西域记》亦有记载："眼多碧绿异于诸国。"⑤

三、李白等诗人笔下的"酒家胡"与"胡姬"文化

唐代著名诗人元稹在诗作《法曲》中，如实白描了唐代长安社会的胡骑胡人、胡妇胡妆、胡音胡乐、胡风胡韵：

---

① 《全唐诗》卷一六五，第 13 首。

② 《全唐诗》卷一六五，第 37 首。

③ 《全唐诗》卷一六二，第 21 首。

④ 《太平御览》卷七九五《夷部十六·西戎西》。

⑤ 《大唐西域记》卷一二。

自从胡骑起烟尘，毛毡腥膻满咸洛。

女为胡妇学胡妆，伎进胡音务胡乐。

火凤声沉多咽绝，春莺啭罢长萧索。

胡音胡骑与胡妆，五十年来竞纷泊。（元稹：《法曲》①）

可见，西域风尚对于当时长安城市文化影响之广泛。这其中，胡酒文化是重要组成部分之一。沉醉其中的诗人，如王绩、王翰、李白、白居易等，比比皆是。

通过对《全唐诗》电子数据库的检索，可知该库所收录的全唐诗，出现"胡人"的唐诗共 39 首，出现"胡姬"的唐诗共 23 首；此外，出现"胡妇"的唐诗共 3 首，"胡腾"的唐诗共 5 首，"柘枝"舞的唐诗共 38 首等。

作为出生于边疆碎叶城再定居西南四川的大诗人李白，对于胡姬、胡酒、胡舞、胡食等较为熟悉，一生完成了多首"胡姬"诗。留存至今的至少有 8 首。如：

五陵年少金市东，银鞍白马度春风。

落花踏尽游何处，笑入胡姬酒肆中。（《少年行》三首之二②）

再如：

银鞍白鼻骊，绿地障泥锦。

---

① 《全唐诗》卷四一九，第 7 首。
② 《全唐诗》卷二四，第 56 首。

细雨春风花落时，挥鞭就胡姬饮。（《白鼻騧》①）

又如：

何处可为别，长安青绮门。

胡姬招素手，延客醉金樽。（《送裴十八图南归嵩山二首》其一②）

李白诗句，还有"胡姬貌如花，当垆笑春风""落花踏尽游何处？笑入胡姬酒肆中"等句，亦足以证明。

（一）李白等唐代诗人笔下的"酒家胡"

李白《对酒》诗③：

葡萄酒，金叵罗，吴姬十五细马驮。

青黛画眉红锦靴，道字不正娇唱歌。

玳瑁筵中怀里醉，芙蓉帐底奈君何。

李白对于葡萄酒之嗜好，由此可见。诗人贺朝的描写：

胡姬春酒店，弦管夜锵锵。（《赠酒店胡姬》④）

---

① 《全唐诗》卷一八，第90首。
② 《全唐诗》卷一七六，第14首。
③ 《全唐诗》卷一八四，第34首。
④ 《全唐诗》卷一一七，第12首。

诗中就把"胡姬""春酒""弦管""烹羊"等具有西域的民俗和风情结合起来，展现了唐代开放的风韵。

章孝标的挥赋：

> 落日胡姬楼上饮，风吹箫管满楼闻。（《少年行》①）

王维的视线之中：

> 画楼吹笛妓，金碗酒家胡。（《过崔驸马山池》②）

元稹的诗句：

> 最爱轻欺杏园客，也曾辜负酒家胡。（《赠崔元儒》③）

温庭筠的诗句：

> 金钗醉就胡姬画，玉管闲留洛客吹。（《赠袁司录》④）

诗中写到歌舞、音乐，与酒客的放情饮酒，是当时流行的风气。
王绩的笔下：

> 有客须教饮，无钱可别沽。

---

① 《全唐诗》卷五〇六，第 44 首。
② 《全唐诗》卷一二六，第 48 首。
③ 《全唐诗》卷四一四，第 7 首。
④ 《全唐诗》卷五七八，第 15 首。

来时长道贳，惭愧酒家胡。（王绩《过酒家五首［一作题酒店壁］》①）

有着"斗酒学士"之称的诗人王绩，该诗句表现了其豪迈的性格。

（二）李白等诗人笔下的"胡姬"

李白诗句：

> 春风东来忽相过，金樽渌酒生微波。
> 落花纷纷稍觉多，美人欲醉朱颜酡。
> 青轩桃李能几何，流光欺人忽蹉跎。
> 君起舞，日西夕。
> 当年意气不肯平，白发如丝叹何益。
> 琴奏龙门之绿桐，玉壶美酒清若空。
> 催弦拂柱与君饮，看朱成碧颜始红。
> 胡姬貌如花，当垆笑春风。
> 笑春风，舞罗衣，君今不醉将安归。（《前有一樽酒行二首》之二②）

大诗人岑参，乃李白之的好友，多首诗作亦提道：

> 夜眠旅舍雨，晓辞春城鸦。

---

① 《全唐诗》卷三七，第23首。
② 《全唐诗》卷一六二，第16首。

送君系马青门口，胡姬垆头劝君酒。(《送宇文南金放后归太原寓居因呈太原郝主簿》①)

再如：

花扑征衣看似绣，云随去马色疑骢。

胡姬酒垆日未午，丝绳玉缸酒如乳。(《青门歌送东台张判官》②)

有着"诗魔"之称的白居易曾写道：

胡旋女，胡旋女。心应弦，手应鼓。弦鼓一声双袖举。

中唐诗人杨巨源则有：

妍艳照江头，春风好客留。

当垆知妾惯，送酒为郎羞。(《胡姬词》③)

张祜也有与李白同题乐府：

为底胡姬酒，长来白鼻骍。(《白鼻骍》④)

---

① 《全唐诗》卷一九九，第 41 首。
② 《全唐诗》卷一九九，第 9 首。
③ 《全唐诗》卷四二六，第 8 首。
④ 《全唐诗》卷五一一，第 37 首。

韩偓曾写下:

> 后主猎回初按乐，胡姬酒醒更新妆。（《北齐二首》①）

陆龟蒙书道:

> 羌儿吹玉管，胡姬踏锦花。（《杂歌谣辞·敕勒歌》）
> 回雪飘飘转蓬舞。左旋右转不知疲，千匝万周无已时。（《胡旋女——戒近习也（天宝末，康居国献之)》②）

有着"诗鬼"之才的李贺曾在诗歌里描写胡姬的容貌:

> 卷发胡儿眼睛绿，高楼夜静吹横竹。（《龙夜吟》③）

英国学者苏珊·惠特菲尔德（Susan Whitfield）在其著作《丝路岁月——从历史碎片拼接出的大时代和小人物》④一文中，举出一位名叫"莱瑞思卡"（Leryska）胡姬的例子。该例的史料来自敦煌文书，主要讲述了她从小就来到了长安酒肆，因生活所迫成了一名胡姬，表演歌舞和当垆卖酒，最终在黄巢之乱中逃离长安的故事。

随着唐朝的灭亡，长安经历战乱，市面萧索，民众离散，长安酒肆里的胡姬也渐渐消失在了历史长河之中。

---

① 《全唐诗》卷六八二，第 32 首。
② 《全唐诗》卷四二六，第 8 首。
③ 《全唐诗》卷三九四，第 13 首。
④ （英）苏珊·惠特菲尔德著，李淑珺译：《丝路岁月——从历史碎片拼接出的大时代和小人物》，海南出版社，2006 年，第 145—160 页。

四、结语

向达先生《唐代长安与西域文明》指出:"李唐一代之历史,上汲汉、魏、六朝之余波,下启两宋文明之新运。而其取精用宏,于继袭旧文物而外,并时采撷外来之菁英。"① 唐代长安,凭借唐帝国强大的国力,广阔的疆域,统治者开放的心态,以及开放的社会文化环境,为万邦来朝的异域民众,丰富别样的物产、奢靡婉转的外邦歌舞、丰富多彩的异域文化的大规模进入,提供了前提。

貌美如花的西域胡姬,蜚声中外的异域胡酒,精美绝伦的异邦乐舞,新颖独特的风情饮食,构成了强大帝国第一城市的一道独特的风景线;异域情调,吸引着唐代的诗人、长安官人、外地游人……他们慕名而来,沉溺其中,醉而忘返,尽欢而散,表现了当时长安市井生活的多重性,以及美酒文化的丰富多彩。

这其中,"酒家胡""胡姬"作为活跃的生产要素,以及"胡酒"等异域饮食文化的代表、先进的商业文化理念的承载者,以强大的视觉冲击、独特的味觉享受,刺激着大唐的民众,推动着唐代"诗酒文化"的创新与发展,也促进了唐代经济社会的发展与中外文化交流,有利于中外文明的交流与互鉴,推动着长安成为真正意义上的、国际化的开放大都市,推动着中华文化的更新与发展。

---

① 向达:《唐代长安与西域文明》,第 3 页。

唐宋酒经考述

王永波　刘　浪①

中国酿酒技术历史悠久，与之同步的是各类记述各个时期酿酒技艺专书的出现，俗称为酒经。这些著述是对古代酿酒技术的科学概括，例如东汉贾逵撰写的《酒令》、郭芝撰写的《九酝酒法》，以及北魏贾思勰撰写的《齐民要术》等，记录了四十多种酒的制作方法，在当时酿酒行业具有指导意义。唐宋时期的制酒业在前代的基础上不断改进与创新，人工制曲与酿造技术在理论和工艺上都有极大的突破。初唐欧阳询、令狐德棻奉诏编撰《艺文类聚》一百卷，其中卷七二"食物部酒类"收录唐之前大量的酒典、酒经、酒事。北宋李昉、李穆、徐铉等学者奉敕编纂《太平御览》一千卷，其中卷八四三到卷八六七"饮食部"，收录唐之前和唐代的酒典、酒经、酒事。这说明唐宋时期官方有意识地在保存相关酒史资料，虽为零篇断简却也弥足珍贵。

除了《艺文类聚》与《太平御览》中记载的酒史资料外，唐宋时期个人有关酒经的著述也非常多，根据各种公私书目统计有二十

---

① 王永波，文学博士，四川省社会科学院文学研究所研究员。刘浪，文学硕士，西南民族大学信息与技术中心副主任。

多种，这是中国酿酒史上珍贵的酒史文献，兹据相关文献对这些酒经予以考述，以供参考。

<h1 style="text-align:center">一</h1>

唐代撰写酒经最早的人是初唐诗人王绩。王绩（589—644），字无功，号东皋子，绛州龙门县人。生平嗜酒，能饮五斗，自作《五斗先生传》，又作《醉乡记》，仅在刘伶《酒德颂》之后。《新唐书》卷一九六《王绩传》："自是太乐丞为清职，追述革酒法为经，又采杜康、仪狄以来善酒者为谱。李淳风曰：'君，酒家南、董也。'所居东南有盘石，立杜康祠祭之，尊为师，以革配。著《醉乡记》以次刘伶《酒德颂》。其饮至五斗不乱，人有以酒邀者，无贵贱辄往，著《五斗先生传》。"这里所说的"追述革酒法为经"①，是指王绩以太乐署令焦革家酿酒法来酿酒。吕才《王无功文集序》："君后追述焦革酒法，为《酒经》一卷，术甚精悉。兼采杜康、仪狄已来善为酒人，为《酒谱》一卷。"太乐署令焦革善酿酒，王绩将焦革酿酒之法写成《酒经》一卷，后来又采纳杜康、仪狄所传酿酒技艺，撰写成《酒谱》一卷。现存三卷本、五卷本《王无功文集》均无王绩所撰《酒经》《酒谱》。衢本《郡斋读书志》卷一二著录"《续酒谱》十卷，右唐郑遨云叟撰。纂辑古今酒事，以续王绩之书"②。郑遨《续酒谱》十卷不见《旧唐书·经籍志》《新唐书·艺文志》以及《崇文总目》著录，明代焦竑编《国史经籍志》卷三著录有郑遨《续酒谱》十卷，可能是从《郡斋读书志》中抄录。

---

① 韩立洲：《王无功文集五卷本会校》，上海古籍出版社，1987年，第4页。
② 孙猛：《郡斋读书志校证》卷一七，上海古籍出版社，1990年，第541页。

　　汝阳王李琎善饮，开元年间在长安与杜甫、李白、贺知章等为诗酒之交，杜甫有《饮中八仙歌》、《八哀诗》其四《赠太子太师汝阳郡王琎》以及《赠特进汝阳王二十二韵》三首诗纪事。李琎也是一位酿酒师，撰有两种酒经著述。元人韦孟《酒乘》一书开篇即为："周公作《酒诰》一篇，卫武公作《宾筵诗》一章，汝阳王琎有《甘露经》又《酒谱》一卷，王绩《酒经》又《酒谱》二卷。"① 宛委山堂重编本《说郛》卷九四目录著录刘炫《酒孝经》、李琎《甘露经》，下注阙。北宋陶谷《清异录》卷下酒浆类依次收录《太平天子》《天禄大夫》《鱼儿酒》《含春王》《天工匙》《甘露经》《玉梁浮》等，其中《甘露经》下云："汝阳王琎家有酒法号《甘露经》，四方风俗诸家材料莫不具备。"② 由此可知，李琎所著《甘露经》在北宋初期尚存，至迟在明末佚失，陶宗仪编《说郛》时即注明阙。

　　刘炫著《酒孝经》一书在宋人编纂的两种目录中均有记载。《新唐书》卷六五《艺文志三》小说类著录"刘炫《酒孝经》一卷"，郑樵《通志·艺文略第四》食货类之酒类著录专书八部，分别是"《酒孝经》，一卷。刘炫撰。《贞元饮略》，三卷。《醉乡日月》，三卷。皇甫松撰。《醉乡小略》，五卷，胡节远撰。《令圃芝兰集》，一卷。杨曾龟撰。《酒录》，一卷。窦常撰。《小酒令》，一卷。《庭萱谱》，一卷。同尘先生修饮酒令谱，谓之《庭萱》"③。元代韦孟《酒乘》著录"刘炫《酒孝经》《贞元饮略》三卷"，明代袁宏道于万历年间撰著的《觞政》"十之掌故"曰："凡《六经》《语》《孟》所言饮

①　陶宗仪：《说郛》卷九四，清顺治陶珽宛委山堂重编本，日本早稻田大学图书馆藏。以下所引唐宋各种酒经，如无版本交代，皆引自《说郛》本，不再另注。

②　陶谷：《清异录》卷下，长沙光绪十四年李锡龄辑刻《惜阴轩丛书》本。

③　郑樵：《通志二十略》，王树民点校，中华书局，1995年，第1594页。

式，皆酒经也。其下则汝阳王《甘露经》《酒谱》、王绩《酒经》、刘炫《酒孝经》《贞元饮略》、窦子野《酒谱》、朱翼中《酒经》、李保绩《续北山酒经》、胡氏《醉乡小略》、皇甫松《醉乡日月》、侯白《酒律》诸饮流所著记传赋诵等为内典。"① 从上述材料中可知，在宋代的目录中仅承认刘炫撰《酒孝经》，《贞元饮略》则不著作者名，元明时期把二书归于刘炫名下。《宋史》卷二〇六《艺文志》著录"窦常《正元饮略》三卷"，盖避讳故也。陶宗仪《说郛》卷九四目录著录《贞元饮略》，下注"窦常，阙"。"《贞元饮略》三卷"从书名来看应该是酒令类著作，它的作者究竟是刘炫还是窦常，这里略做辩证。

除《宋史·艺文志》著录窦常《正元饮略》三卷外，《通志·艺文略》也著录窦常《酒录》一卷，《酒乘》著录"窦子野《酒谱》一卷，又《酒录》一卷"，《说郛》卷九四目录著录窦革《酒谱》，这几个窦姓人物是否著录有混？窦常实有其人，《旧唐书》卷一五五有《窦常传》，大历十四年登进士第，贞元十四年为淮南节度使杜佑节度参谋，后历泉州府从事，由协律郎迁监察御史。元和初年佐薛苹、李众湖南幕，为团练判官、副使。后入朝为侍御史、水部员外郎。元和八年出为朗州刺史，转夔、江、抚三州刺史，后除国子祭酒致仕。从窦常的生平事迹可知他的活动范围主要是中唐代宗、德宗、宪宗年间，在年代上与《贞元饮略》相符合。刘炫（约546—约613），字光伯，河间景城人。隋代开皇年间曾奉敕修史，后与诸儒修定五礼，授旅骑尉，旋任太学博士，卒于隋末。刘炫是隋代著名的经学家，曾编纂《尚书述义》等书，如果《贞元饮略》书名中的"贞元"是指年代的话，那它的作者是窦常的可能性较大。刘炫是经

---

① 钱伯城：《袁宏道集笺校》卷四八，上海古籍出版社，1981年，第1419页。

学家，他著《酒孝经》一书合情合理；窦常生活在中唐时期，他著《贞元饮略》存在着合理性。窦常除了《贞元饮略》外，尚著有《酒录》一卷，皆佚失。

元人韦孟《酒乘》所述"窦子野《酒谱》一卷"与明人陶宗仪《说郛》目录所列"窦革《酒谱》"是否为同一人？王昆吾《唐代酒令艺术》第一章开篇举例唐代酒令专著，即有窦子野《酒谱》和《酒录》两种，并谓"这些作品都是一代酒令繁荣局面的见证"①。其实窦子野并非唐人，他是生活在北宋时期的士人。北宋诗人刘跂有一首七律《次窦子野韵》："不辞身热野田风，水引膏环入眼中。曲米顾公多乐事，钼犁怜我有深功。博闻可但百间屋，爱客未嫌三斗葱。天麦毒人安敢献，莫令堂上一尊空。"②刘跂，字斯立，宋神宗元丰二年进士，释褐亳州教授。哲宗元祐初移曹州教授。后历雄州防御推官，知彭泽、管城、蕲水县。绍圣初因其父入党籍，牵连免官。徽宗立始复官，卒于政和末。事迹见《宋史》卷三四〇《刘挚传》。由刘跂诗可知窦子野是生活在同时代的人物。《四库全书总目》卷一一五著录《酒谱》一卷，提要曰："宋窦苹撰。苹字子野，汶上人。晁公武《读书志》载苹有《新唐书音训》四卷，在吴缜、孙甫之前，当为仁宗时人，公武称其学问精博，盖亦好古之士。别本有刻作窦革者，然详其名字，乃取于《鹿鸣》之诗，作苹字者是也。"③陈振孙《直斋书录解题》卷一四："《酒谱》一卷，汶上窦苹叔野撰，其人即著《唐书音训》者。"④马端临《文献通考》卷二一八《经籍考》："《酒谱》一卷，陈氏曰汶上窦苹子野撰，即著《唐

---

① 王昆吾：《唐代酒令艺术》，知识出版社，1995 年，第 1 页。
② 傅璇琮等主编：《全宋诗》第十八册，北京大学出版社，1995 年，第 12202 页。
③ 《四库全书总目》卷一一五，中华书局，2003 年，第 990 页。
④ 陈振孙：《直斋书录解题》卷一四，上海古籍出版社，1987 年，第 419 页。

书音训》者。"① 上海图书馆、南京图书馆所藏两种卢文昭校改本《直斋书录解题》均作"子野",可见《酒谱》一卷作者为窦子野无疑。窦苹,字子野,撰著《酒谱》一卷,《唐书音训》四卷。衢本《郡斋读书志》卷七:"《唐书音训》四卷,右皇朝窦苹撰。《新书》多奇字,观者必资训释。苹问学精博,发挥良多,而其书时有攻苹者,不知何人附益之也。苹,元丰中为详断官。相州狱起,坐议法不一,下吏。"② 窦苹所著之书在刊刻时,时有误作窦革者,如元刊《经籍考》卷二七著录《唐书音训》作者即为窦革,宛委山堂本《说郛》卷九四收录《酒谱》,即误作为窦革,错误原因可能是苹、革二字形近易混淆所致。

《酒乘》还著录"胡节还《醉乡小略》五卷,《白酒方》一卷,胡氏《醉乡小略》一卷"。胡节是唐代人还是宋代人,因资料匮乏无从考证,但此处著录胡节还有两种卷次的《醉乡小略》,说明其书在当时颇为流行。胡氏《白酒方》一卷,与《酒乘》中记载的"宋志《酒录》一卷,又《白酒方》一卷"是否为同一书,待考。《宋史》卷二〇五至二〇七《艺文志》子部所收有《醉乡小略》一卷,无《白酒方》一卷,韦孟所述不知何据。

唐代存世酒经仅一种,即皇甫松《醉乡日月》三卷。皇甫松,字子奇,自号檀栾子,睦州新安人,为工部侍郎皇甫湜之子,宰相牛僧孺之外甥。《新唐书》卷五九《艺文志三》著录皇甫松《醉乡日月》三卷。皇甫松在《醉乡日月序》中说:"昔窦常为《酒律》,与今饮酒不同,盖止迟筹,寻弃于世。余会昌五年春,尝因醉罢,戏纂当今饮酒者之格,寻而亡之。是冬闲暇,追以再就,名曰

---

① 马端临:《文献通考》卷二一八,中华书局,1986年,第1774页。
② 孙猛:《郡斋读书志校证》卷七,上海古籍出版社,1990年,第299页。

《醉乡日月》，勒成一家，施于好事，凡上中下三卷。"① 序中自称为会昌五年春某日酒后戏作，录当时饮酒者之格及酒令、酒事风俗等，并借以寄寓与世乖违之情。全书三卷三十篇，今存十二篇，佚缺十八篇，其中《为实》《为主》《逃席》三篇仅二十多字，可能也是残篇。开篇《饮论》为综论，较为详细，其曰："凡酒以色清味重而饴者为圣，色如金而味醇且苦者为贤，色黑而味酸醨者为愚。以家醪糯觞醉人者为君子，以家醪黍觞醉人者为中人，以巷醪灰觞醉人者为小人。夫不欢之征有九：主人吝，一也；宾轻主，二也；铺陈杂而不叙者，三也；乐生而妓娇，四也；数易令，五也；骋牛饮，六也；迭诙谐，七也；互相熟，八也；惟欢骰子，九也。欢之征有十三：得其时，一也；宾主久间，二也；酒淳而饮严，三也；非觥盂不讴虽觥盂而累不讴者，四也；不能令有耻，五也；方饮不重膳，六也；不动筵，七也；录事貌毅而法峻，八也；明府不受请谒，九也；废卖律，十也；废替律，十一也；不恃酒，十二也；使勿欢勿暴，十三也；审此九候，十四也。征以为术者，饮之王道也。其欢乐者，饮之霸道也。"作者在这里以酒喻人，以酒品喻人品，把酒的颜色不同分为圣、贤、愚，又将喝酒比喻为待人之道，主人分为君子、中人和小人。还没有正式进入酒局之时，已经将酒品与人品合二为一，为酒席热烈气氛中的忧欢设下伏笔。喝酒其实也是有很多讲究的，但其中最重要的一点在于酒宴中宾主融洽欢乐，即所谓"其欢乐者，饮之霸道也"，如此才能达到喝酒尽兴的目的。喝酒当然要讲规矩，正如《为主》篇中所说："主前定则不系，宾前定则不乱，乐前定则不畅，酒前定则不严，时然后饮，人乃不厌。"酒席中少不了司号者与发令者，《明府》《律录事》《觥录事》三篇就比较

① 陈尚君辑校：《全唐文补编》卷七五，中华书局，2005 年，第 923 页。

022

详细地描述在酒宴中最为闹热的三种人。三人的分工很明确，"每一明府，管骰子一双，酒杓一只，此皆醉录事人入配之，承命者法不得拒"，"夫律录事者，须有饮材。饮材有三，谓善令、知音、大户也"，"斛录事宜以刚毅木讷之士为之"。为了保证宴席能在高潮起伏中持续进行，这些人的主导和各司其职是非常重要的。宴席中的高潮是酒令和划拳，《骰子令》篇："大凡初筵，皆先用骰子，盖欲微酣，然后迤逦入令。"《说郛》本《醉乡日月》仅此一句，不足以了解当时的状况。宋人洪迈《容斋续笔》卷一六《唐人酒令》："予按皇甫松所著《醉乡日月》三卷，载骰子令云：聚十只骰子齐掷，自出手六人，依采饮焉。堂印，本采人劝合席，碧油，劝掷外三人。骰子聚于一处，谓之酒星，依采聚散。骰子令中，改易不过三章，次改鞍马令，不过一章。又有旗幡令、闪㒇令、抛打令。今人不复晓其法矣，唯优伶家，犹用手打令以为戏云。"[1] 可以补《说郛》本之阙。《手势》篇描写喝酒划拳绘声绘色："大凡放令，欲端其颈，如一枝之孤柏，其神如万里之长江。扬其膺如猛虎蹲踞，运其眸如烈日飞动，差其指如鸾欲翔舞，柔其腕如龙欲蜿蜒，旋其盏如羊角高风，飞其袂如虎眼大浪。然后可以畋渔风月，绘缴笙竽。"与《手势》相连的还有《招手令》，其曰："亚其虎膺谓手掌，曲其松根谓指节，以蹲鹗间虎膺之下。蹲鹗，大指也。以钩戟差玉柱之旁。钩戟，头指也；玉柱，中指也。潜虬阔玉柱三分。潜虬，无名指也。奇兵阔潜虬一寸。井底平且出之，破瓶，冰已结矣。"此外，《醉乡日月》中还有《改令》《令误》《旗幡令》《下次据令》《上酒令》《小酒令》等篇，惜已佚失，从这些名目中可以窥知晚唐时期酒筵划拳风气之盛。

---

① 洪迈：《容斋续笔》卷一六，《容斋随笔》本，上海古籍出版社，1996年，第415页。

二

宋代酒经流传至今的有十余种，保存得相对完整，在内容上更多的是记载如何酿酒、各种酒名及其特点，有利于了解宋代造酒业的原貌。现存宋代最早的酒经当为北宋田锡所著《曲本草》一卷。田锡（940—1004），嘉州洪雅人，宋太宗太平兴国三年（978）进士，官至右谏议大夫。在宋初的政坛和文坛享有较高的声誉，深为宋初士大夫所景仰，著有《咸平集》五十卷，《宋史》卷二九三有传。《曲本草》一卷主要记述五代、宋初时期各种药酒的原料、做法及功能，共收录各地药酒十五种。这些药酒分别为广西蛇酒、江西麻姑酒、淮安绿豆酒、南京瓶酒、山东秋露白、苏州小瓶酒及处州金盆露、东阳酒、暹罗酒、枸杞酒、菊花酒、葡萄酒、桑葚酒、狗肉酒、豆淋酒。中国古代药酒起源较早，最早记载药酒方及制作技术的是1973年长沙马王堆汉墓出土的帛书《五十二病方》，其中的《养生方》和《杂疗方》记载有疗效的药酒方三十五个。唐代孙思邈《千金要方》三十卷记录药酒方八十多个，宋太宗下旨编纂《太平圣惠方》一百卷，收录了大量的药酒配方及制作方法。宋代以曲制酒的技术比较成熟，当时已经能用农作物如蓼汁、姜汁、绿豆、葱、川乌、红豆等制曲，两者相结合出现大量的用本朝制曲酿造的药酒，如《江西麻姑酒》："以泉得名。今其泉亦少，其曲乃群药所造。浙江等处亦造此酒，不入水者味胜麻姑，以其米好也。然皆用百药曲，均不足尚。"《东阳酒》："其水最佳，称之重于他水，其酒自古擅名。《事林广记》所载酿法，曲亦入药。今则绝无，惟用麸曲蓼汁拌造，假其辛辣之力，蓼性解毒亦无甚碍。俗人因其水好，竞造薄酒，味虽少酸，一种清香远达，入门就闻，虽邻邑所造，俱不然也。

好事者清水和麸曲造曲，米多水少造酒，其味辛而不厉，美而不甜，色复金黄，莹彻天香，风味奇绝，饮醉并不头痛口干，此皆水土之美故也。"江西、浙江两地用米、蓼汁、麸曲与清水制曲。淮安则用绿豆制曲，处州用生姜汁制曲，说明宋代南方用农作物制曲生产药酒。此外，田锡在《曲本草》中还记载当时用枸杞、菊花、葡萄、桑葚、豆淋等健胃开脾、调解性热的药酒，反映了北宋初期制曲酿酒用材的广泛性及技术的高超，至今还有重要的借鉴作用。

继田锡作《曲本草》一卷后，苏轼撰写《真一酒法》及《酒经》一卷。苏轼一生酷爱酒，存留有关酒的诗文两百多首，如《饮酒说》《桂酒颂》《蜜酒歌》《酒子赋并引》《酒隐赋》《浊醪有妙理赋》等。他虽然不善饮，但善于造酒，而且乐此不疲，每到一处都选材酿酒，如他在黄州酿"蜜酒"，在惠州酿"桂酒""松酒""万家春"，在儋州酿"天门冬酒""屠苏酒"，都有诗文纪事。苏轼在黄州、惠州的酿酒技术似乎并不佳，叶梦得《避暑录话》卷上："苏子瞻在黄州作蜜酒，不甚佳，饮者辄暴下，蜜水腐败者尔。尝一试之，后不复作。在惠州作桂酒，尝问其二子。迈、过云：'亦一试之而止，大抵气味似屠苏酒。'二子语及，亦自抚掌大笑。"[1] 苏轼谪居岭南时自酿酒有"真一酒"，他似乎是很喜欢，多次在诗文中记述。《真一酒并引》："米、麦、水三一而已，此东坡先生真一酒也。拨雪披云得乳泓，蜜蜂又欲醉先生。稻垂麦仰阴阳足，器洁泉新表里清。晓日著颜红有晕，春风入髓散无声。人间真一东坡老，与作青州从事名。"[2]《真一酒歌并引》："布算以步五星，不如仰观之捷；

---

① 叶梦得：《避暑录话》卷上，《丛书集成初编》本，中华书局，1985 年，第 3 页。

② 《苏轼诗集》卷三九，中华书局，1999 年，第 2124 页。

吹律以求中声，不如耳齐之审。铅汞以为药，策易以候火，不如天造之真也。是故神宅空乐出虚，踦跼者以气升，孰能推是类以求天造之药乎？于此有物，其名曰'真一'。远游先生方治此道，不饮不食，而饮此酒，食此药，居此堂。予亦窃其一二，故作《真一酒歌》。其词曰：空中细茎插天芒，不生沮泽生陵冈。涉阅四气更六阳，森然不受螟与蝗。飞龙御月作秋凉，苍波改色屯云黄。天旋雷动玉尘香，起溲十裂照坐光。踟跌牛嚼安且详，动摇天关出琼浆。壬公飞空丁女藏，三伏遇井了不尝。酿为真一和而庄，三杯俨如侍君王。湛然寂照非楚狂，终身不入无功乡。"① 真一酒的具体做法，苏轼又作《真一酒法》："岭南不禁酒，近得一酿法，乃是神授。只用白面、糯米、清水三物，谓之真一法酒。酿之成玉色，有自然香味，绝似王太驸马家碧玉香也。奇绝！奇绝！白面乃上等面，如常法起酵，作蒸饼，蒸熟后，以竹篾穿挂风道中，两月后可用。每料不过五斗，只三斗为佳。每米一斗，炊熟，急水淘过，控干，候令人捣细白曲末三两，拌匀入瓮中，使有力者以手拍实。按中为井子，上广下锐，如绰面尖碗状，于三两曲末中，预留少许掺盖醅面，以夹幕覆之，候酒水满井中，以刀划破，仍更炊新饭投之。每斗投三升，令入井子中，以醅盖合。每斗入熟水两碗，更三五日，熟，可得好酒六升。其余更取醨者四五升，俗谓之二娘子，犹可饮，日数随天气冲暖，自以意候之。天大热，减曲半两。干汞法传人不妨，此法不可传人也。"② 时隔不久，苏轼又写了一篇《记授真一酒法》："予在白鹤新居，邓道士忽叩门，时已三鼓，家人尽寝，月色如霜。其后有伟人，衣桄榔叶，手携斗酒，丰神英发如吕

---

① 《苏轼诗集》卷四三，中华书局，1999年，第2359页。
② 《苏诗文集》卷七二，中华书局，1996年，第2372页。

洞宾者,曰:'子尝真一酒乎?'三人就坐,各饮数杯,击节高歌合江楼下。风振水涌,大鱼皆出。袖出一书授予,乃真一法及修养九事,末云'九霞仙人李靖书'。既别,恍然。"① 把自己酿造的真一酒还要弄个名目来历,这就有点故弄玄虚了。何为真一,在苏轼看来有两层意思,一为造酒用料简单,所谓"天造之真""天造之药";二为酒中含有天地阴阳妙理,所谓"稻垂麦仰阴阳足",即稻穗下垂属阴而麦芒向上属阳,真一酒中阴阳俱全。真一酒至今失传,但从苏轼几篇真一酒诗文来看,其属于养生酒。

真正让苏轼在酒史上留名的是《酒经》一卷。《酒经》又称为《东坡酒经》,全文仅三百七十七字,是北宋酿酒史上的著名文献,对后世影响甚大。《苏轼文集》卷六四《东坡酒经》:"南方之氓,以糯与秔,杂以卉药而为饼。嗅之香,嚼之辣,捵之枵然而轻,此为饼之良者也。吾始取面而起肥之,和之以姜液,蒸之使十裂,绳穿而风戾之,愈久而益悍,此曲之精者也。米五斗以为率,而五分之,为三斗者一,为五升者四。三斗者以酿,五升者以投,三投而止,尚有五升之赢也。始酿以四两之饼,而每投以二两之曲,皆泽以少水,取足以散解而匀停也。酿者必瓮按而井泓之,三日而井溢,此吾酒之萌也。酒之始萌也,甚烈而微苦,盖三投而后平也。凡饼烈而曲和,投者必屡尝而增损之,以舌为权衡也。既溢之,三日乃投,九日三投,通十有五日而后定也。既定乃注以斗水,凡水必熟而冷者也。凡酿与投,必寒之而后下,此炎州之令也。既水五日乃篘,得二斗有半,此吾酒之正也。先篘,半日取所谓赢者为粥,米一而水三之,揉以饼曲,凡四两,二物并也。投之糟中,熟捣而再酿之,五日压得斗有半,此吾酒之少劲者也。劲正

① 《苏轼文集》卷七二,中华书局,1996年,第2312页。

合为四斗，又五日而饮，则合而力严而不猛也。笤绝不旋踵而粥投之，少留，则糟枯中风而酒病也。酿久者酒醇而丰，速者反是，故吾酒三十日而成也。"① 苏轼在这篇《酒经》中完整地叙述了酿酒的工艺流程和技术方法，包括酒曲的选定（饼曲和风曲），酿酒原料曲、水、米的比例和用量，酿和投的步骤等，都做了详细的描述。苏轼之所以要把米分为不同量的三份，分别蒸熟、放凉、拌曲，原因在于控制发酵，发酵太过酒易酸，需要继续投曲，加以适量的水把酒曲散开，这样就保证了酿造质量。根据发酵过程的不同变化，苏轼将制酒分为酒之萌、酒之正、酒之少劲、酒之成四个程序，关键在于要掌握投米时以舌为权衡，注意投米的间隔，即"三日乃投，九日三投，通十有五日而后定"，如此才能酿造出"严而不猛""酒醇而丰"的优质酒。

苏轼的这篇《酒经》是用诗赋的文学形式写成的酿酒专论，全文用了十六个也字，加强了阅读效果，是一篇文学与科技相融合的名篇。洪迈《容斋五笔》卷八《醉翁亭记酒经》："坡《酒经》每一也字必押韵，暗寓于赋，而读之者不觉。其激昂渊妙，殊非世间笔墨所能形容，今尽载于此，以示后生辈。"在录完《酒经》全文后，洪迈又评论说："此文如太牢八珍，咀嚼不嫌于致力，则真味愈隽永，然未易为俊快者言也。"②

跟苏轼《酒经》篇幅差不多的是林洪的《新丰酒法》，林洪是宋代著名诗人林逋七世孙，淳祐间以诗书画知名，对园林、饮食也很有研究，著有《山家清事》一卷、《山家清供》二卷。《新丰酒法》

---

① 《苏轼文集》卷六四，中华书局，1996年，第1987页。
② 洪迈：《容斋五笔》卷八，《容斋随笔》本，上海古籍出版社，1996年，第898页。

为《山家清供》中的一篇，其曰："初用面一斗、糟醋三升、水二担，煎浆及沸，投以麻油、川椒、葱白，候熟，浸米一石，越三日，蒸饭熟，乃以元浆煎强半，及沸去沫，又投以川椒及油，候熟，注缸，而入斗许饭及面末十斤、酵半升，暨晓，以元饭贮别缸，却以元酵饭同下，入米二担、面二十斤，熟踏覆之。既晓，搅以木，摆越三日至，四五日可熟。其初余浆，又加水浸米，每值酒熟，则取酵以相接续，不必灰其面，只磨麦和皮，用清水搜作饼，令坚如石，初无他药。仆尝以危异斋子骖之新丰之故，知其详。危君此时，尝禁窃酵，以专所酿；戒怀生粒，以全所酿；且给新，屡以洁所所酿诱客舟以通所酿，故所酿日佳而利不亏。是以知酒政之微，危亦究心矣。昔人《丹阳道中》诗云：'乍造新丰酒，尤闻旧酒香。抱琴沽一醉，终日卧斜阳。'正其地也。沛中自有旧丰。马周独酌之地，乃长安效新丰也。"唐宋时期酿酒场所有两个新丰，一个位于长安临潼，王维《少年行》其一"新丰美酒斗十千，咸阳游侠多少年"即为证。一个位于镇江丹阳，李白《出妓金陵子呈卢六四首》其二"南国新丰酒，东山小妓歌"即是。丹阳新丰酒天下闻名，南宋杨万里经过新丰镇时写下《暮经新丰市望远山》，"小市寒仍静，斜阳澹欲晡。偶看平野去，不是远山无。处处遮船住，家家有酒酤。朱楼临碧水，曾驻玉銮舆"①。陆游《入蜀记》卷一："过新丰，小憩，李太白诗云：'南国新丰酒，东山小妓歌'；又唐人诗云：'再入新丰市，犹闻旧酒香'，皆谓此，非长安之新丰也。然长安之新丰，亦有名酒，见摩诘诗。至今居民市肆颇

---

① 辛更儒：《杨万里集笺校》卷二七，中华书局，2012 年，第 1388 页。

盛。"① 杨万里诗与陆游文证明宋代新丰酒业、酒肆之繁荣。从林洪文中所述，酿酒中加入麻油、川椒、葱白等原料来看，他叙写的是黄酒酿造法。新丰黄酒之所以质量上乘，关键的原因在于"戒怀生粒，以全所酿；且给新，屡以洁所"，意思是每次酿酒不许杂以生米，酿完后要把工具清洁，注意通风保洁，这样才能做到"所酿诱客舟"，酒香诱人，故而酒客盈门。

宋代存世的酒经有不少是记录酒史、酒器、酒事之类逸闻趣事的。郑獬《觞记注》一卷专门记载从上古到唐宋时期各种名贵的酒器，并引经据典加以解释，算得上是一部中国酒器简史。郑獬，字毅夫，号云谷，宁都梅江人。皇祐五年进士第一，曾任陈州通判，入京任直集贤院度支判官，修起居注、知制诰，熙宁五年卒，有《郧溪集》三十卷，《觞记注》《幻云居诗稿》各一卷行世。《觞记注》一卷载文八十余条，依次介绍了玛瑙瓮、琼杯、玳瑁盆、常满杯、赤玉瓮、玉杯、紫霞杯、水晶杯、文螺卮、玻璃杯、玛瑙榼、照世杯、鸾觞、青田壶、流花宝爵、车渠碗、暖玉杯、玻璃七宝杯、鸳鸯盏、鹦鹉铛、九曲杯、蓬莱盏、海田螺、舞仙螺、匏子卮、幔卷荷、金蕉叶、玉蟾儿、金凿落、不落、龙杓、香螺卮、莲子杯、注子、偏提、五位瓶、琥珀盏、药玉盏、荷叶杯、梨花盏、玉东西、金叵罗、火鸡卵杯、大虾头杯、蟹杯、棕杯、龟同鹤顶杯酒船、玉缸、双凫杯、金莲杯、白玉莲花杯、鞋杯、神通盏、了事盘、小海瓯、抵鹊杯、鱼英酒等百余种古代酒器，是中国古代酒文化发展的真实反映。从内容上看，《觞记注》文字虽简略，但叙述有趣，多交代酒器的来历和容量，如"南昌国献敬宗玳瑁盆。周穆王

---

① 陆游：《入蜀记》卷一，《陆游全集校注》第十七册，浙江古籍出版社，2016年，第28页。

时，西域献常满杯。秦始皇赤玉瓮。汉文帝时，方士新坦衍献玉杯。唐时，高丽国献紫霞杯。渤海榬柃瓅盂。罽宾国献水晶杯。波祇国文螺卮。唐武德二年，西域献玻璃杯"。这些有名的酒器往往都是邻邦贡献的，尤其是比较珍贵的水晶、玻璃材质的酒器。在容量描写上，主要是用升和斗来标注酒器，如"爵者，容一升，周曰爵。觚者，乡饮酒之爵也，受二升。角者，以角为之，受四升。觯者，适也，当适可也，所以节饮。金屈卮如菜碗，而有手把子。觥者，受五升。《毛诗》注七升，罚不敬也。兕觥，以兕牛角为之。斝者，画禾稼之象于上，受六升。商曰斝斗者，取象于北斗，受十升。卤者，中尊也，受五斗。彝者，上尊也，受三斗。罍者，下尊也，受六斗。瓶者，纣臣昆吾作瓦器也，受五斗。罍者，象云雷，施不穷也，受一石。金罍，容一斛。山罍，夏尊也"。通过这些描述，对古代酒器的作用和容量有了大致的了解。为了加强读者对酒器的认识，作者还在书中引用唐宋文人的诗句来形容，如引用李白、李适之、白居易等人的诗句，诗歌描写与酒器对比，有利于加深对酒器的认识。至于对酒器的工艺与用法的叙述，文字更显简练，如"蟹杯，以金银为之。饮不得其法，则双螯钳其唇，必尽乃脱，其制甚巧""南海出龟同鹤顶杯酒船，以金银为之。内藏风帆十副，酒满一分则一帆举，饮干一分则一帆落。真鬼工也"。可见历代能工巧匠们制作酒器的精湛技艺和巧妙构思。

张能臣《酒名记》一卷则是记载宋代宫廷上下及民间所酿美酒之名的专书。张能臣事迹不详，根据书中内容大致可以推断为生活于北宋末年。《酒名记》全书二十一条，先从京城开封写起，逐渐外延及各地，挑选代表性的各地名酒。如"后妃家"条谓："高太皇，香泉。向太后，天醇。张温成皇后，醽醁。朱太妃，琼酥。刘明达皇后，瑶池。郑皇后，坤仪。曹太后，瀛玉。""宰相"条谓：

"蔡太师,庆会。王太傅,膏露。何太宰,亲贤。"先列具体的历史人物,再列所造之酒名,一人一酒。下列三京(北京、南京、西京)、河北、河东、陕西、淮南、江南东西、三州、荆南湖北、福建、广南、京东、京西、河外诸地各州府所产名酒。例如"三州"条:"成都府,忠臣堂,又玉髓,又锦江春,又浣花堂。梓州,琼波,又竹叶清。剑州,东溪。汉州,帘泉。合州,金波,又长春。渠州,葡萄。果州,香桂,又银液。阆州,仙醇。峡州,重醾,至喜泉。夔州,法醺,又法酝。"可见宋代成都府所产名酒有忠臣堂、玉髓、锦江春、浣花堂这四种。书中"市店"条专记开封城内各酒楼所产酒名,具体有"丰乐楼,眉寿,又和旨。忻乐楼,仙醪。和乐楼,琼浆。遇仙楼,玉液。玉楼,玉酝。铁薛楼,醽瑶。仁和楼,琼浆。高阳店,流霞、清风、玉髓。会仙楼,玉醑。八仙楼,仙醪。时楼,碧光。班楼,琼波。潘楼,琼液。千春楼,仙醪。中山园子店,千日春。银王店,延寿。蛮王园子正店,玉浆。朱宅园子正店,瑶光。邵宅园子正店,法清、大桶。张宅园子正店,仙酥。方宅园子正店,琼酥。姜宅园子正店,羊羔。梁宅园子正店,美禄。郭小齐园子正店,琼液。杨皇后园子正店,法清。"这些具体的酒楼所产酒名,是研究宋代城市经济的珍贵文献。

宋代还有两种篇幅较小的酒经,即范成大《桂海酒志》和何剡《酒尔雅》。范成大于淳熙元年自知静江府转任四川制置使,在入蜀途中撰写成《桂海虞衡志》十三篇,其中《志酒》篇即《桂海酒志》,专记广西各地酒事。全文如下:"余性不能酒,士友之饮少者莫余若,而能知酒者亦莫余若也。顷数士于朝,游王公贵人家,未始得见名酒。使虏至燕山,得其宫中酒号金兰者,乃大佳。燕西有金兰山,汲其泉以酿。及来桂林而饮瑞露,乃尽酒之妙,声震湖广。则虽金兰之胜,未必能颉颃也。瑞露,帅司公厨酒也。经抚所前有井清烈，汲以酿，遂有名。今南库中，自出一泉，近年只用库井，酒仍佳。古辣泉，古辣本宾横间墟名。以墟中泉酿酒，既熟不煮，埋之地中，日足取出。老酒，以麦曲酿酒，密封藏之可数年。士人家尤贵重，每岁腊中，家家造鲊，使可为卒岁计。有贵客，则设老酒、冬鲊以示勤。婚娶亦以老酒为厚礼。"虽仅二百六十余字，但记述了广西几种酒的制法及当地酒风俗，极具参考。何剡《酒尔雅》一卷仿照《尔雅》一书的体例，将有关酒的词汇加以训诂，例如释酒时说："酒者，酉也。酿之米曲。酉泽久而味美也。亦言踧也，能否皆强相踧持也。又入口咽之，皆踧其面也。酒者，就也，所以就人性之善恶也。亦言造也，吉凶所由造也。"把酒跟人性之善恶相提并论，也是别出心裁的识见。

三

上述唐宋时代的酒经，或因文本佚失，或因篇幅不大，真正全面阐述酒生产的不多，且过于简略。在北宋出现过两种篇幅较大，论述较详，影响较广的酒经，即朱肱著《北山酒经》三卷、窦苹著《酒谱》一卷。朱肱（1050—1125），字翼中，号无求子，晚号大隐翁，浙江吴兴人。元祐三年进士，历任雄州防御推官、知邓州录事、奉议郎，精通医术。政和六年以朝奉郎提点洞霄宫，召还京师，宋徽宗宣和七年卒。著有《伤寒百问》二十卷，《内外二景图》三卷，《北山酒经》三卷。《北山酒经》简称《酒经》，约撰写于退居杭州大隐坊期间。陈振孙《直斋书录解题》卷一四著录"《北山酒经》三卷，大隐翁撰"，说明在宋代朱肱的这本《酒经》已经刊行，署名为大隐翁，没有用朱肱的本名。今存南宋前期浙刻本《酒经》三卷，一册，半叶十行十八字，双鱼尾，左右双边。从书中的钤印来看，明末为无锡藏书家秦柄所藏，钤"雁里草堂""雁里子柄"二印。明末清初流入常熟钱谦益绛云楼，钱氏非常喜欢这部书，在内页钤"钱受之""钱谦益印""牧翁""敬它老人"四印。顺治七年钱谦益、柳如是夫妇的小女儿在绛云楼玩耍时不慎打翻油灯，楼中所藏十万卷藏书几乎全都化为灰烬。绛云烬余，钱氏检点残书，《酒经》三卷尚在，钱谦益在书后作跋语一则："《酒经》一册，乃绛云未焚之书，五车四部，尽为六丁下取，独留此经，天殆纵余终老醉乡，故以此转授遵皇，令勿远求罗浮铁桥下耶？余已得'修罗采花法'，酿仙家烛夜酒，视此经又如余杭老媪家油囊俗谱耳。辛丑初夏蒙翁戏书。"[①] 后来此书辗转经过徐乾学、季振宜、汪士钟、瞿镛等江南藏书家递藏，钤印十余枚，后入藏中国国家图书馆。

《北山酒经》三卷，上卷为总论，中卷讲制曲方法，下卷论酿酒技术，三卷前后紧密相连。上卷属于总纲性质的综论，主要讲述酒德以及酿酒的技术要点。在北宋时期对于酒的起源争论不休，朱肱开门见山地认为："酒之作尚矣，仪狄作酒醪，杜康秫酒，岂以善酿得名，盖抑始于此耶"，一个盖字一个耶字，说明他也拿不准，但大致不出这个范围，避免了无谓的纠缠。饮酒的范围和社会功能虽然很广泛，但饮酒须注重酒德，尤其是官员不能因为饮酒而误事。饮酒而不讲究酒德的典型是晋人，"至于刘、殷、嵇、阮之徒，尤不可一日无此，要之酗放自肆，托于曲蘖以逃世网，未必真得酒中趣尔"，这些人以酒乱德不足以效仿。朱肱提出"得全于酒者"方为饮酒的至高境界，拈出王绩、刘伶、白居易、韩愈等人的说法来佐证，指出"得全于酒"是醉酒状态，这种状态不是酒后失态、酒后失礼，而是达到一种神全的境界。只有这样才能"平居无事，污樽

---

① 《宋本酒经》，国学基本典籍丛刊本，国家图书馆出版社，2019年，第213页。

斗酒，发狂荡之思，助江山之兴，亦未足以知曲蘖之力，稻米之功"，发挥出饮酒的作用。接着论酿酒方法和理论，从《尚书》《礼记》中引经据典，古代酿酒讲究"五齐""三酒""六必"，说明酿酒历史悠久及工艺相当成熟。古人酿酒非常注重阴阳调和，"曲之于黍，犹铅之于汞，阴阳相制，变化自然"，按照阴阳学说，曲属于阴性，黍属于阳性，二者相遇产生变化。酿酒中的烫米法有两种，即正烫法和倒烫法，"春夏及黍性新软，则先汤而后米，酒人谓之倒烫；秋冬及黍性陈硬，先米而后汤，酒人谓之正烫"，这是制作酒曲的两种方法。投料时还要注意两个原则，即"酴米偷酸"与"投醹偷甜"，前者是说在制造酒母时要用酸浆、酸米，介质应呈酸性，后者是说投醹阶段不能有酸性存在，投入的米要甜，酿造过程中应当有糖分的出现，实际上已经涉及制曲中的生物转化。此外，还涉及酿酒中的用水原则，"著水无多少，拌和黍麦，以匀为度"，"米力胜于曲，曲力胜于水"，要灵活掌握控水。温度原则也是极其重要的一个步骤，"用酵四时不同，寒即多用，温即减之。酒人冬月用酵紧，用曲少；夏月用曲多，用酵缓。天气极热，置瓮于深屋，冬月温室多用毡毯围绕之"，只有这样才能酿造出优质的酒。

中卷专门论述制曲方法，一共讲述了十三种酒曲的制作方法，分别是顿递祠祭曲、香泉曲、香桂曲、杏仁曲、瑶泉曲、金波曲、滑台曲、豆花曲、玉友曲、白醪曲、小酒曲、真一曲、莲子曲。朱肱将这些酒曲按制作过程的不同特点，划分为三类，即罨曲、风曲和小曲。罨曲是指在制曲过程中用麦穗等把曲饼掩盖起来让微生物发酵，风曲是指制作中要将曲饼置于阴凉处让风吹晾，小曲则合二为一，一般是先掩盖后吹晾。中卷开篇有总论，其曰："凡法，曲于六月三伏中踏造。先造峭汁，每瓮用甜水三石五斗，苍耳一百斤，蛇麻、辣蓼各二十斤，到碎、烂捣、入瓮内，同煎五七日，天阴至十日。用盆盖覆，每日用耙子搅两次，滤去滓，以和面。此法本为造曲多处设，要之，不若取自然汁为佳。若只进三五百斤面，取上三物，烂捣，入井花水，裂取自然汁，则酒味辛辣。内法酒库杏仁曲止是用杏仁研取汁，即酒味醇甜。曲用香药，大抵辛香发散而已，每片可重一斤四两，干时可得一斤。直须实踏，若虚则不中。造曲水多则糖心，水脉不匀则心内青黑色；伤热则心红，伤冷则发不透。面体重惟是。体轻，心内黄白，或上面有花衣，乃是好曲。自踏造日为始，约一月余，日出场子，且于当风处井栏垛起，更候十余日打开，心内无湿处，方于日中曝干，候冷乃收之。收曲要高燥处，不得近地气及阴润屋舍，盛贮仍防虫鼠、秽污。四十九日后方可用。"这段文字主要交代制曲中的技术问题，包括制曲时间的选择，拌和面粉汁液的制作，调和面粉时的用水量，用药的两种方法，制曲温度的控制等。总论之下则为十三种酒曲的具体制作方法，以小酒曲为例："每糯米一斗作粉，用蓼汁和匀，次入肉桂、甘草、杏仁、川乌头、川芎、生姜，与杏仁同研汁，各用一分作饼子。用穰草盖，勿令见风。热透后，番依玉友罨法出场，当风悬之。每造酒一斗用四两。"交代得非常详细，至今仍有重要的参考价值。

下卷论述酿酒技术，主要讲了二十二个专题，分别是卧浆、淘米、煎浆、烫米、蒸醋糜、用曲、合酵、酴米、蒸甜糜、投醹、酒器、上槽、收酒、煮酒、火迫酒、曝酒法、白羊酒、地黄酒、菊花酒、酴醿酒、葡萄酒法、猥酒。前十五种为酿酒过程中的工艺介绍，后七种是以酿成的酒制作药酒。例如葡萄酒的制作方法，"酸米用甑蒸，气上，用杏仁五两，去皮尖，葡萄二斤半，浴过干，去子皮，与杏仁同于砂盆内一处，用熟浆三斗逐旋研尽为度，以生绢滤过。其三斗熟浆，泼饭软盖，良久出饭摊于案上。依常法，候温，入曲搜拌"。这种葡萄酒的制作方法至今都还在使用。下卷还附录有《神仙酒法》，包括武陵桃源酒法、真人变须发方、妙理曲法、时中曲法、冷泉酒法。

朱肱《北山酒经》三卷影响很大，之后约在宋徽宗政和年间，李保撰《续北山酒经》。《续北山酒经》仅为存本，前有李保《北山酒经跋》，其曰："大隐先生朱翼中壮年勇退，著书酿酒，侨居西湖上而老焉。屡朝廷大兴医学，求深于道术者为之官师，乃起公为博士，与余为同僚。明年翼中坐东坡请贬达州，又明年以宫祠还。未至，余一旦梦翼中相过，且诵诗云：'投老南迁愧转蓬，会令净土变夷风。由来只许杯中物，万事从渠醉眼中。'明日理书帙，得翼中《北山酒经》，发而读之，盖有'御魑魅于烟岚，转炎荒为净土'之语，与梦颇契。余甚异，乃作此诗以志之。他时见翼中，当以是问之，其果梦之，非耶？政和七年正月二十五日也。"下录李保诗一首，全诗为："赤子含得天所均，日渐月化滋浇淳。惟帝哀矜悯之民，为作醪醴发其蒸。炊香酿玉为物春，投糯酘米授之神。成此美禄功非人，酣适安在味甘辛。一醉径与羲皇邻，熏然盈腹皆慈仁。陶冶穷愁孰知贫，颂德不独有伯伦。先生作经贤圣分，独醒正侣非全身。全德不许世人闻，梦中作诗语所亲。不愿万户误国恩，乞取醉乡作封君。几乎道已，敢纪之。"《续北山酒经》仅存《酝酒法》一篇，收录四十六种酒名和曲名，无具体做法。

窦苹《酒谱》一卷篇幅较大，全书十四题，分别为酒之源一、酒之名二、酒之事三、酒之功四、温克五、乱德六、诫失七、神异八、异域九、怪味十、饮器十一、酒令十二、酒之文十三、酒之诗十四（按：有目无文）。后有总论，相当于后记，其曰："予行天下几大半，见酒之苦薄无新涂，以是独醒者弥岁。因管库余闲，记忆旧闻，以为此谱。一览之以自适，亦犹孙公想天台而赋之，韩吏部记画之比也。然传有云，图西施、毛嫱而观之，不知丑妾可立御于前。览者无笑焉。甲子六月既望日在衡阳，次公窦子野题。"甲子六月即宋仁宗天圣二年六月，则《酒谱》的编刻当在此时。《酒谱》一卷最先为《宋史·艺文志》著录，但流传不广，直到元末才被陶宗仪收录到《说郛》中。《酒谱》一卷内容广泛，包括酒的起源、酒的名称、酒的历史、酒的功用、名人酒事、性味、饮器、传说、饮酒的礼仪，关于酒的诗文等，分类排比，多采旧闻，读者一目了然，可以说是对北宋以前中国酒文化的汇集，有较高的史料价值。这部书的可信度很高，在于窦苹博览众书，广泛收集相关资料。引用的书目主要有《神农本草》《黄帝内经》《诗经》《楚辞》《孟子》《说文解字》《尚书》《礼记》《淮南子》《抱朴子》《魏氏春秋》《吕氏春秋》《酉阳杂俎》《西京杂记》《史记》《汉书》《洛阳伽蓝记》《晋书》《三十国春秋》《韩非子》《世说新语》《宋书》《北梦琐言》《典论》《拾遗记》《博物志》《古今注》《论衡》《尸子》《南史》《开元遗事》《说苑》等。为了增加趣味性，作者还在书中大量引用诗文，仅唐诗就有李白、杜甫、皮日休、宋之问、张籍、白居易、韩愈等诗人的诗歌。汉魏六朝有关历史人物的饮酒趣闻则依据史书逐一征引，《酒谱》一书可称为汉魏到唐代酒文化的史料汇编，对研究北宋前的中国酒文化极具参考价值，值得深入研究。

唐宋时期的蜀中酿酒业

——从"剑南之烧春"谈起

张学君[①]

唐宋时期,蜀中酿酒业进入兴盛期,尤以唐代剑南道汉州绵竹县所产"剑南之烧春"名闻遐迩,为晚唐李肇载入《唐国史补》名酒一目。本文从唐宋时期华夏名酒酿造业的兴盛,特别是蜀中"剑南烧春"创制出世界最早的蒸馏酒谈起,对唐宋时期蜀中酿酒业的产销方式、专卖制度及宴饮习俗做一论述。

一、在酒香扑鼻的唐代社会中,"剑南烧春"究竟是什么酒?

酿酒和宴饮是华夏文明的古老习俗和传统,先秦时期就风行域中。蜀中气候暖和、雨量充沛、物产丰富,特别是制曲、酿酒原料甚多,是得天独厚的酿酒业繁盛之区。在成都郊县,已出土的东汉画像砖图像中就有酿酒作坊和宴饮场面。

① 张学君,四川省人民政府文史研究馆馆员、四川省地方志编纂委员会编审。

（一）在剑南烧春问世前，饮者喝的是常温发酵的果酒、醅醸酒

唐代青城山生产的"青城乳酒"，杜甫在《谢严中丞送青城山道士乳酒一坛》诗中云："山瓶乳酒下青云，气味浓香幸见分。"① 此外还有郫县出产的"郫筒酒"，诗人杜甫诗云："鱼知丙穴由来美，酒忆郫筒不用沽。"② 宋代诗人范成大说："郫筒，截大竹长二尺，以下留一节为底，刻其外为花纹，上有盖，以铁为梁，或朱或黑，或不漆，大率挈酒竹筒耳。"③ 唐代的戎州（今宜宾），出产"重碧"酒，杜甫诗有"重碧拈春酒，轻红擘荔枝"④。梓州射洪县也出好酒，杜甫诗云："射洪春酒寒仍绿，极目伤神谁为携？"⑤ 蜀中美酒知名度很高，被李唐王室列为贡酒。历史文献记载："成都府蜀郡，赤。至德二载曰南京，为府，上元元年罢京。土贡……生春酒。"⑥ 又《新唐书》卷七《德宗纪》大历十四年闰五月载："剑南贡生春酒。"《旧唐书》卷一二《德宗本纪》上记载，德宗即位，诏令停罢诸州岁贡，其中就有"剑南岁贡春酒十斛，罢之"。按大小斛折中计算，十斛为200－600公斤⑦。这是剑南道每年向朝廷缴纳的贡品之一。"生春酒"，应为常温发酵制作的春酒，包括蜀中特产青城乳酒、郫筒酒、汉州鹅黄酒、戎州重碧酒等。这些酒类都属于蜀

---

① 《全唐诗》卷二二七，第 22 首。
② ［唐］杜甫：《将赴成都草堂途中有作先寄严郑公五首》。
③ ［南宋］范成大：《吴船录》上。
④ ［唐］杜甫：《宴戎州杨使君东楼》。
⑤ ［唐］杜甫：《野望》。
⑥ 《新唐书》卷四二《地理志六·剑南道》。
⑦ 参见江玉祥《唐代剑南春酒史实考》，见四川省民俗学会、剑南春集团公司编《四川酒文化与社会经济研究》，四川大学出版社，2000 年，第 119－143 页。

酒中的"酴醾酒"，在相关典籍中都有明确记载①。按照华夏"乡饮酒"礼俗，春酒应为冬酿春成，送旧迎新，贺年喜庆，"家家春酒满银杯"②。

唐诗中有大量诗酒作品，千古传颂，脍炙人口。李白"五花马，千金裘，呼儿将出换美酒，与尔同销万古愁"③。杜甫"李白一斗诗百篇，长安市上酒家眠"④。晚唐李商隐"卜肆至今多寂寞，酒垆从古擅风流"⑤。这些诗酒文章，道出了美酒在社会生活中所起的无与伦比的独特作用。唐李肇著《唐国史补》卷下记载：

> 酒则有郢州之富水，乌程之若下，荥阳之土窟春，富平之石冻春，剑南之烧春，河东之乾和蒲萄，岭南之灵溪、博罗，宜城之九酝，浔阳之湓水，京城之西市腔，虾蟆陵郎官清、阿婆清。又有三勒浆类酒，法出波斯。三勒者谓庵摩勒、毗梨勒、诃梨勒。

作者将当时各种名酒的产地、名称做了翔实记载，对研究酒类历史有重要史料价值。唐代各州郡出产如此名目繁多、风味各异的名酒，都是具有地方特色的名牌产品。这些酒类大多数应为自然发酵的果酒和采用酒曲酿制的清酒或醪糟酒。由波斯传入的"三勒浆类酒"，又称"庵摩勒、毗梨勒、诃梨勒"，其称谓之多，足见其流

① 《唐六典》和《新唐书·百官志三》记载四种宫廷御用酒，直书"酴醾"。《古文苑》四引扬雄《蜀都赋》："木艾椒离，蔼（蒟）酱酴清。"宋章樵注："酴清，酴醾酒。"证实汉代蜀中已经酿制酴醾酒。
② ［唐］刘禹锡：《竹枝词九首》。
③ ［唐］李白：《将进酒》。
④ ［唐］杜甫：《饮中八仙歌》。
⑤ ［唐］李商隐：《送崔珏望西川》。

行范围广阔、知名度甚高。《唐国史补》说，其酿酒方法，来自"波斯"，但并未道出具体酿制方法，大约也属于果酒或者植物加工酿制的酒浆。这是历史文献记载外域酿酒技艺传入中原的史实，证实了唐代丝绸之路仍有活力，中外商旅交流并未中断。

（二）"剑南之烧春"是原创蒸馏酒，俗称"烧酒"

特别值得注意的是，上述《唐国史补》提到的"剑南之烧春"。这种首见于历史文献的蜀中新酒，是唐代剑南道所属的汉州绵竹县生产的，特别值得关注。

杜甫寓居成都时，就曾赞叹蜀酒浓烈，可与江鱼媲美："蜀酒浓无敌，江鱼美可求。"① 足见盛唐时期，蜀酒的质量已经无敌于天下了。特别值得关注的是：晚唐诗歌中出现了吟咏蜀中"烧酒"的诗篇：如白居易《荔枝楼对酒》："荔枝新熟鸡冠色，烧酒初闻琥珀香。"② 新熟的荔枝色红似鸡冠，而初次闻到"烧酒"的味道像是"琥珀香"。诗句对仗工稳，但意思让人费解。琥珀是珍贵矿物，作者似乎难以辨别烧酒的滋味，用琥珀比喻，只是形容其为珍稀之物。李商隐诗《碧瓦》："歌从雍门学，酒是蜀城烧。"③ 诗人将诗歌与"烧酒"相提并论，在诗中做了有趣的对照，指明"蜀城"的酒是"烧"制的，明确地道出了与人们寻常所知的酒不一样。贾岛《送雍陶及第归成都宁亲》："制衣新濯锦，开酝旧烧罂。"诗中"罂"为陶壶，腹大口小，便于封口，储藏烧酒专用。雍陶诗《到蜀后记途中

① ［唐］杜甫：《戏题寄上汉中王三首》，《全唐诗》卷二二七。
② 虽然作这首诗时，白居易在忠州刺史任上，但所饮烧酒，证实"剑南之烧春"已畅销各地。
③ 《全唐诗》卷五三九，第72首。

经历》："自到成都烧酒熟，不思身更入长安。"① 从诗人雍陶回到家
乡成都就喝到了刚刚成熟的"烧酒"，感觉比身居长安还舒服，悠游
自在，其乐无穷。由此可以断定："烧酒"是"蜀城"经过加热、蒸
馏、气化、再回收的高浓度酒。

行文至此，笔者似乎获得"众里寻他千百度，蓦然回首，那人
却在灯火阑珊处"的启示。我感觉到，多年来悬而未决的"剑南之
烧春"真相现在可以大白于天下了。"剑南之烧春"既不是果酒、清
酒，也不是重酿酒，而是剑南道汉州酒坊创造的蒸馏酒——将发酵
谷物加热蒸馏，让酒精和酯类汽化后再液化回收的崭新工艺。

首先要弄清楚，何为"烧酒"？如果要说醉人的酒就是烧酒，这
话太不确切。我们读杜甫《饮中八仙歌》，诗中的八位饮者，哪一个
不是醉得一塌糊涂？但他们喝的不是烧酒，而是度数不高的果酒或
清酒，你看他们个个"饮如长鲸吸百川"，高度酒不是这样的喝
法，而是小杯慢饮。他们虽然喝低度酒，聚饮时"酒逢知己千杯
少"，异常兴奋，饮酒量会倍增；饮酒时间延长，推杯换盏，不断互
敬，也会沉醉。米酒也有这样的效果，杜甫诗《拨闷》："闻道云安
曲米春，才倾一盏即醉人。"② 米酒虽然香甜可口，但仍含有酒精
（一般在 4 度至 12 度之间），对酒量浅或无酒量的饮者来说，即便一
盏也会醉。果酒、醪糟、清酒、重酿酒都是在常温下发酵酿制
的，是含酒量 20％以内的水酒。

"烧酒"则不同，顾名思义，是将充分发酵的谷物放进烧锅中闷
蒸出来的酒，其酒精含量可达 60％以上。它的酿制过程，体现出生
物化学原理：先用酒类酵母对经过初步蒸煮、晾晒的谷物（高粱、

---

① 《全唐诗》卷五一八，第 22 首。
② 《全唐诗》卷二二九。

黄米、玉米、糯米、大麦、小麦，包括薯类）进行充分发酵（70—90天），让谷物中的淀粉尽量转化为酒精和酯类成分；再用生物物理方法取酒：蒸馏用的密闭闷锅分上下两层，锅底注入足够的清水，蒸隔上面层层放置完成发酵过程的谷物，烧锅上部沿锅盖下有蒸汽通过的冷却槽。锅盖密闭后，在大灶下点火燃烧，对烧锅长时间加热蒸发，将发酵谷物中的酒精及酯类有机物气化，将其逼入冷却槽，在槽中自动液化，凝聚的酒液慢慢流入回收器（罐、桶）。为充分提取发酵谷物中的酒精和酯类，必须用慢火煨蒸，这个程序俗称"烤酒"。酒比水的沸点低，不用高温、高压，慢火久蒸即可取尽发酵谷物中的精华。取完酒汁的渣料，称酒糟，可以做家禽、家畜的饲料。烤酒人家又称烧锅、烧房、糟房。蒸馏酒则为原度酒（烈性酒），一般在60度以上。

在发明蒸馏法烤酒之前，无论果品、谷物发酵时间有多长，又经反复过滤、重酿，也无法取得如此高纯度的白酒。这就说明，"剑南之烧春"不是"经多次过滤和发酵酿造的重酿酒"①，而是创造了人类历史上最早的蒸馏酒——烧酒。烧酒是原度酒，根据市场需求对原度酒进行不同的勾兑，形成各种品牌的名酒。

（三）"剑南之烧春"诞生在唐代开元至长庆间（713—824）

这里需要弄清楚的重要疑问是，在"剑南烧春"的酒名出现之前，虽然酒类名目繁多，不胜枚举，是否见过带"烧"字的酒名？笔者遍查唐代以前的历史文献，确乎未见过带"烧"字的酒名，这就说明，唐代之前，蒸馏酒尚未发明。据前些年学者考证：明确记

---

① 谢元鲁：《成都通史》卷三《两晋南北朝隋唐时期》，四川人民出版社，2011年，第203页。

载"剑南烧春"的史料在李肇《唐国史补》卷下,《四库全书简明目录》称,《唐国史补》"凡二百五条,皆开元至长庆间(公元713—824)杂事"①。那么,"剑南之烧春"诞生的年代也就在这 110 年间。陆游称:"太白十诗九言酒",但未见其诗中有"烧酒"的词句,可见李白在蜀中参与饮宴时,"烧酒"尚且在摸索中。肃宗乾元二年(759),杜甫携带家口入蜀,曾赞叹"蜀酒浓无敌",杜甫是有酒量的人,见多识广,刚到成都,是否喝到了浓度很高的蒸馏酒,也还不能断定。我们只能以历史文献中留下的记载为准。而确切喝到蜀中"烧酒"的白居易出生于代宗大历七年(772),晚于杜甫十余年;贾岛生于德宗大历十四年(779),雍陶出生于顺宗永贞元年(805)、李商隐出生于宪宗元和八年(813),又比杜甫晚了数十年。因此可以断言,"剑南之烧春"在杜甫入蜀的年代正在滥觞,到中晚唐时代已经大行于世,是诗人墨客喜爱的美酒,也是他们作品中一道道靓丽的风景线,展示出唐代诗酒文化迷人的魅力。到宝历元年(825),54 岁的白居易转任苏州刺史,与友人唱和诗中,也出现了吟咏烧酒的诗句:"暑遣烧神酎,晴教晒舞茵。"② 应是"剑南烧春"工艺远播江南的明证。按《新唐书·德宗本纪》所载,剑南烧春时为"贡酒";既如此,当"剑南烧春"大行于世后,其理所当然亦应进贡于朝廷,也极有可能成为皇帝喜爱的"御酒"。

---

① 参见江玉祥《唐代剑南春酒史实考》,见四川省民俗学会、剑南春集团公司编《四川酒文化与社会经济研究》,四川大学出版社,2000 年,第 119—143 页。
② 《全唐诗》卷九一一《客》。

二、受到战乱影响的唐代酿酒业

　　"唐初无酒禁",这才给了盛唐酿酒业一个宽松的经营环境。但在唐天宝十四载(755)范阳节度使安禄山起兵反唐开始,战乱延续八年之久,史称"安史之乱"。从中原到江淮,无不波及,大唐由盛而衰。酿酒业也不能不受影响。杜甫《羌村三首》即反映了战争对杯中物的影响:"赖知禾黍收,已觉糟床注。"他渴望战乱结束,地里的禾、黍等粮食丰收,期盼酿酒的糟床中流出美酒。远道回乡的他,受到父老乡亲的招待:"父老四五人,问我久远行。手中各有携,倾榼浊复清。苦辞酒味薄,黍地无人耕。兵革既未息,儿童尽东征。"受到战争影响,来探望他的父老,仅有清、浊混淆的杂酒招待他。他们叹息年轻人都上战场打仗了,无人耕种农田,没有酿酒的粮食了。不仅杜甫的家乡,举国亦如此。肃宗乾元元年(758),"京师酒贵,肃宗以廪食方屈,乃禁京城沽酒,期以麦熟如初"。由于秋粮歉收,粮食不足,肃宗不得不继续禁止京城卖酒,许诺次年麦熟开禁。哪知次年又遭遇饥荒,只能延长禁售酒类政策。其实连招待外藩使者,都诏令"不御酒"。此后对酒类的政策,都依粮食的丰歉为准则,开禁无常。中唐以至晚唐,藩镇割据,战乱频仍,局面越来越坏,再加上农业歉收,无富余的粮食用于酿酒,酿酒业未见好转。直至广德二年(764),"定天下酤户以月收税",总算给了零售"酤户"一个合法的经营执照,维持了十余年。德宗建中元年(780),取消了"酤户"的税课。三年,"复禁民酤",明令禁止商民酤酒;实施酒类专卖,"置肆酿酒",以佐军费,"斛收直三千,州县总领";"醨薄私酿者论其罪",即使私家酿造的水酒也要治罪。如此严厉的刑罚实行不久,引起朝野物议,"寻以京师四方所凑，罢榷"。贞元二年（786），"复禁京城、畿县酒"，在城乡准许开设酒肆"酤酒"，"斗钱百五十，免其徭役；独淮南、忠武、宣武、河东榷曲"。大部分地区准设酒肆，按斗征税；少数地区实施酒曲专卖，并不禁止零售酒业。宪宗元和六年（811），"罢京师酤肆，以榷酒钱随两税、青苗敛之"，即将京师酒肆的专卖税转移到田赋和青苗税里征收。到大和八年（834），"凡天下榷酒为钱百五十六万余缗，而酿费居三之一，贫户逃酤不在焉"①。

受到中唐严重战乱、割据影响的唐代蜀中酿酒业亦如此，处在严厉禁榷制度下的宋代蜀中酿酒业，其发展状况如何？又是一个值得深入研究的问题。

三、宋代蜀中酒类的榷酤与销售

（一）宋代蜀中的官榷与民酿

随着经济的发展，酒类消费的增加，宋代酒类已列入专卖品，官府设置酒务，管理酒的酿制、销售和课税收入。"宋榷酤之法，诸州城内皆置务酿酒，县、镇、乡、闾或许民酿而定其税课；若有遗利，所在多请官酤。三京官造曲，听民纳直以取。"② 宋代酒类专卖制度，凡州城设置"酒务"酿酒专卖；县城及下属的镇、乡和聚落允许民酿、民售，依法纳税；酿酒业所用酒曲，则由京城三个衙门专卖，酿酒民户自由。从宋代巴蜀地区酒务设置和酒课收入，可以看出当时酿酒业的发展状况：人口最多、经济最富庶的成

---

① 《新唐书》卷五四《食货志四》。
② 《宋史》卷一八五《食货志下七》。

都府路酿酒业最为发达，在熙宁十年（1077）前有酒务 165 务，占四川酒务总数的 40％；酒课 129 万余贯，占四川酒课收入的 59％。熙宁十年成都府路有酒务 157 务，占四川酒务总数的 45％；酒课 13 万余贯，占四川酒课总数的 56％。其次是梓州路，熙宁十年前有酒务 121 务，占四川酒务总数的 29％；酒课 59 万余贯，占四川酒课总数的 27％。熙宁十年梓州路有酒务 118 务，占四川酒务总数的 33％；酒课 7 万余贯，占四川酒课总数的 29％。居第三位的是利州路，熙宁十年前有酒务 124 务，占四川酒务总数的 30％；酒课 30 万余贯，占四川酒课总数的 14％。熙宁十年利州路有酒务 75 务，占四川酒务总数的 21％；酒课 3 万余贯，占四川酒课总数的 15％。居末位的是经济发展滞后的夔州路，熙宁十年前有酒务 7 务，占四川酒务总数的 2％；酒课 5000 贯，占四川酒课总数的 0.2％[①]。因为榷酒收入过于微薄，熙宁十年官府明令废除夔州路酒类专卖，不立课额，让利于民。这个政策一直延续到南宋时期，中间曾恢复榷额，但岁入太少，不再实行专卖。

从酿酒业的实际情况看，自唐代"剑南之烧春"问世以后，酒类划分出低度酒与高度酒两大类，其酿制成本和市场价格也不一样，《宋史·食货志》记载：

> 自春至秋，酿成即鬻，谓之"小酒"，其价自五钱至三十钱，有二十六等；腊酿蒸鬻，候夏而出，谓之"大酒"，自八钱至四十八钱，有二十三等。凡酿用粳、糯、粟、黍、麦等及曲法、酒式皆从水土所宜。[②]

---

① 贾大泉主编：《四川通史》卷四，四川人民出版社，2010 年，第 293 页。
② 《宋史》卷一八五《食货志下七》。

　　这条史料确切证实了上文所论述的唐代"剑南烧春"开创蒸馏白酒的历史事实。宋代明确将常温发酵酿造的低度酒（酴醾酒）与"腊酿蒸鬻"的高温蒸烧出的烧酒（白酒）加以区别：酴醾酒（低度酒）从春自秋酿制，气温暖和，常温酿成即可出售，谓之"小酒"，其售价低廉，质地高下不等；而寒冬腊月开始发酵，经过春季，到夏季酿制成熟，再进入高温蒸馏而后液化出的酒，谓之"大酒"，其售价高于果酒、酴醾酒，所用谷物和酒曲配置、酿制方式与今日酿造白酒相似。

　　酒类质地的划分，直接促进不同地区各具特色酿酒业的发展，直接影响着酿酒业的兴衰。经济发达的成都地区，酿酒业兴盛，高度酒销势畅旺；经济落后的夔州路，酿酒业缺少发展动力。虽然夔州路酿酒业总体落后，也不排除地处长江要津的夔州周遭酿造的云安米酒成为一枝独秀。范成大诗中说："云安酒浓曲米贱，家家扶得醉人回。"① 仅从宋代文献统计中，即可看到巴蜀地区酿酒业名列诸路前茅。熙宁十年前，诸路共设酒务 1839 务，巴蜀地区有酒务 417 务，占总数的 23%；熙宁十年，诸路酒课 1506 万余贯，巴蜀地区酒课 220 万余贯，占榷课总数的 15%。南宋时期，全蜀酒课收入已占诸路总收入的 28%～49%，可见巴蜀酿酒业之发达。处在禁榷制度下的宋代蜀中酿酒业，如何进行生产和销售？

　　宋代的酒同盐一样，生产和销售完全由官府控制。官府对酿酒的曲料控制极严，民间不得从事酒曲造制和私卖，由官府统一造曲售卖，即"三京官造曲，听民纳直以取"②。巴蜀地区亦是严格遵循

---

① ［南宋］范成大：《范石湖集·诗集》卷一六《夔州·竹枝歌》。
② 《宋史》卷一八五《食货志下七》。

这一规定，酒曲官造官卖。宋初"开宝二年九月诏：西川诸州卖曲价高，可以十分中减放二分"。到太平兴国中，"官置酒酤"，并提高曲价，与民争利。太平兴国七年（982）八月，"依旧造曲市与民，其益州岁增曲钱六万贯并除之"①。这里必须说明，官府出售的酒曲并非人人能买。在明令实行酒类禁榷制度的发达地区，只有持有官府特许经营执照的酒户才能买曲酿酒；能够自由买曲酿酒的，仅限夔州路那样的贫瘠地区，民间有财力参与酿酒者少。宋朝对酒类专卖管理十分严格，其经营方式分为两类：一是以官酿官卖，从酿造到贩卖都由官府独占；二是民酿民销，规定课额，酒户缴纳酒税。

（二）官酿官卖的利弊

宋代无论州县还是乡村，只要卖酒利润稍高，官府都设置了"酒务"，从事酿酒和卖酒经营活动。官府经营的酒务设有官员专管或由当地官员兼管，由官府供给米粮，雇佣酒匠或派厢军充当酿酒工役，确定每年上缴中央王朝和地方的课额。酒利收入超过课额，按增加的数量给予主管官员一定量的奖赏。元祐七年（1092）七月，苏轼曾说："酒务监官年终课利，计所增给二厘；酒务专匠年终课利，计所增给一厘。"② 由此可见，官营"酒务"有奖励制度。到南宋时期，破格提拔成为奖励"酒务"官员的主要方式。绍兴二十四年（1154），朝廷还制定了四川主管"酒务"官员的"磨勘"办法：根据酒课收入增加数额，确定提前晋升的时间③。这促使"酒

---

① 《宋会要辑稿·食货》二十之三。
② ［宋］李焘：《续资治通鉴长编》卷四八七。
③ 《宋会要辑稿·食货》二十之二十。

务"官员增加酒类生产、扩大销售数额。

（三）民酿民销

宋代酒类的民间产销是受到严格限制的，在经济发达地区，只限于销量稀少的偏僻乡村；就区域而言，仅有经济发展滞后、酒类产销量不大的夔州路。宋代酒类如何实行民酿民销？首先要确定特定地方的民营酒户数目、应完纳酒课数额，然后进行"买扑承包"，获得经营许可的民营酒户才有开坊置铺、酿酒卖酒的经营权。在承包经营酒业期间，必须按时、如数缴纳酒课。史料记载：宋代巴蜀地区最早获得酒类专卖权的民户，主要是"主持重难事务"的"衙前"①。这是因为，担任衙前职役的富户"主典府库或輦运官物"，事务繁重、责任重大，偶有差错，必须赔偿，以致公事人"往往破产"②。地方长官特许他们买扑酒坊，缴纳岁课，自酿自卖，以弥补他们在承担公事方面受到的损失；与此同时，不允许他人"加价划扑"。但至迟在熙宁九年（1076）前已不再实行这种特许衙前酿酒卖酒的办法，新的买扑酒坊办法规定：允许"诸色人课外管认净利钱"，即在酒课之外自愿向官府多缴纳利钱的人才能获得造酒酤卖的许可；且买扑酒坊自酿自卖的人还必须召具经济担保人，倘若经营不善，拖欠的酒课必须由家产抵充或由担保人赔纳；买扑酒户经营期间作弊，不纳酒课、隐瞒财物、改姓冒名、置买田土，推诿他人赔纳，则判处徒刑。南宋建炎三年（1129），负责川陕茶马事务的赵开，为解决驻军的军饷问题，对川酒的专卖办法进行了改革。他实行隔槽酒法，将官府和买扑酒户独占的酿酒业加以扩大，只要愿

---

① 《宋会要辑稿·食货》二十之六。
② 《宋史》卷一七七《食货志上五》。

意缴纳课利，无论何人均可投标经营酿酒业。赵开改革的实质是，还原酿酒业的民营性质，省去官府筹措米粮、雇佣酒匠、酿酒卖酒，以及召人买扑酒坊、催收买扑课利等种种不必要的繁琐事务，只需提供酿酒设施和工具，由官监督民户纳钱、入米、酿酒。改革的核心是，革除官酿官卖制度导致的贪污腐败和买扑酒坊逃避酒课的弊病，以保证川酒税课的大幅增加。对于历来不实行禁榷制度的夔州路，也开始征收酒课。改革措施全面实施后，岁课从原来的 140 万缗，建炎四年（1130）递增至 690 万缗。"凡官隔槽四百所，私坊店不与焉。"① 赵开酒法，行久弊生，"盖以纾一时之急，其后行之诸郡，国家赡兵，郡县经费，率取给于此。故虽罢行、增减，不一而足，而其法卒不可废云"②。终宋之世，买扑、官监之是非，莫衷一是。

四、唐宋蜀中的宴饮文化

唐宋时期，巴蜀地区比中原战乱少，社会经济持续发展，酿酒业在前代基础上出现了发展创新，其主要表现在三个方面：一是酒肆、酒家多，因此形成特有的文化景观。张籍《成都曲》云："万里桥边多酒家，游人爱向谁家宿。"孙光宪曾说："蜀之士子，莫不沾酒，慕相如涤器之风也。"雍陶则为成都烧酒陶醉，不愿离开蜀中："自到成都烧酒熟，不思身更入长安。"③ 唐代成都士人陈会自言："家以当垆为业。"④ 南宋时陆游在成都写下了《楼上醉歌》："我游

---

① ［南宋］李心传：《建炎以来朝野杂记》甲集卷一四《四川酒课》。
② ［南宋］李心传：《建炎以来朝野杂记》甲集卷一四《四川酒课》。
③ ［宋］孙光宪：《北窗琐言》卷三。
④ 黎虎：《唐代的酒肆及其经营方式》，《浙江学刊》1998 年第 3 期。

四方不得意，阳狂施药成都市。……瓢空夜静上高楼，买酒卷帘邀月醉。"大慈寺春日宴集，诗人王巎豪兴大发："旋邀座上逍遥客，同醉花前潋滟杯。"这都证明，酿酒、卖酒、饮酒的人多，已成日常生活的一部分。二是唐代蜀中以美酒闻名，唐诗中有许多赞叹蜀中美酒的诗句：杜甫《戏题寄上汉中王三首》："蜀酒浓无敌，江鱼美可求。"杜甫《谢严中丞送青城山道士乳酒》诗："山瓶乳酒下青云，气味浓香幸见分。鸣鞭走送怜渔父，洗盏开尝对马军。"白居易诗："荔枝新熟鸡冠色，烧酒初闻琥珀香。"李商隐《杜工部蜀中离席》："美酒成都堪送老，当垆仍是卓文君。"韩偓《意绪》："脸粉难匀蜀酒浓（一作红），口脂易印吴绫薄。"卓英英《锦城春望》："漫把诗情访奇景，艳花浓酒属闲人。"岑参《酬成少尹骆谷行见呈》："成都春酒香，且用俸钱沽。"许多旅蜀游子贪恋蜀中美酒，乐而忘返。方干的《蜀中》诗写道："游子去游多不归，春风酒味胜余时。"① 宋人范成大也是成都著名酷客，其诗直抒胸臆，"我来但醉春碧酒"。三是唐代巴蜀名酒品牌多，文化意境浓。经学者钩稽、爬梳，见诸文献记载的名酒就有："剑南之烧春"（首创蒸馏酒，即烧酒或称白酒）、"云安曲米春""汉州鹅黄酒"、郫县"郫筒酒"、戎州"重碧"酒、"射洪春酒""青城乳酒""春碧酒""荔枝绿"（包括果酒和酴醿酒），不可不谓名酒之乡；还有传统"五加皮酒"、云安"巴乡酒"②。宋代嘉州还出现了"东岩酒"③。诗人陆游"十年流落狂不除，遍走人间寻酒垆"。他熟知"汉州鹅黄鸾雏凤""眉州玻璃天马驹"，陆游一生追寻蜀中美酒，当他手捧"青丝玉瓶到处

---

① 诗中"余"为农历四月的别称，人间四月天。

② 贾大泉主编：《四川通史》卷四，四川人民出版社，2010年，第293页。

③ 苏轼：《送张嘉州》诗："但愿身为汉嘉守，载酒时作凌云游。……笑谈万事真何有，一时付与东岩酒。"

酤"，四处酤酒的结果却是"鹅黄玻璃一滴无"时，遂极度失望，即兴吟咏出《蜀酒歌》，以发泄内心的苦闷。可见蜀酒已成诗人不可或缺的知己、朋友。

蜀中名酒"剑南春"的前世今生

杨玉华[①]

巴蜀地区酒文化素称发达，从古至今出现过众多美酒佳酿，形成了今天的"六朵金花"，而"剑南春"是其中记载最早、历史最悠久、知名度最高，且古今传承不绝的名品，是蜀中酒文化的代表。

一、巴蜀酒文化概要

巴蜀地区饮食文化素称发达，而酒文化是其中一个重要的方面。在历史上，曾出现过"清醇""巴香清""剑南烧春""郫筒酒""生春酒""锦江春""东岩酒""荔枝绿""姚子雪曲"等名酒，谱写了中国酒文化的灿烂篇章。且后出转精，创新发展，形成了目下驰名国内外的"六朵金花"，即五粮液、郎酒（又分青花郎和红花郎）、泸州老窖（高端者为1573）、剑南春（高端者为东方红）、水井坊和舍得，"川酒"成为四川物产中最耀眼的金字招牌。一提起四川和成都，人们首先想到的便是"文君当垆""相如涤器"的史事故实和声名遐迩的美食美酒，美酒与四川及成都结下了不解之缘。

---

① 杨玉华，文艺学博士，教授，成都大学党委常委、副校长。

巴蜀地区酿酒的历史十分悠久。从考古材料看，三星堆文化遗址中发现了大量的酒器。其中陶制酒器有盉、杯、盏、瓶、觚、壶、勺、缸、瓮，还有髹漆的陶质酒杯；青铜酒器有尊、罍、方彝，还有两个双手过顶捧着酒尊作供献状的青铜人像，这说明当时饮酒已相当普遍、相当讲究了。据学者研究，三星堆文化的时代相当于中原夏末商初至商末周初，可见巴蜀地区酿酒的起源是很早的。此外，在青川、荥经、成都等战国墓葬中，还发现了大量漆酒器，有的还有"成亭"的戳记①。从秦汉以迄唐宋明清，与酿酒、饮酒等有关的文物不时被发现，说明巴蜀酒文化不但历史悠久，而且能踵事增华，精益求精，在中国众多地域文化中独占鳌头、艳压群芳。

从史料记载看，与蜀酒有关的信息当以《华阳国志·蜀志》所载"开明帝始立宗庙，以酒曰醴，乐曰荆，人尚赤，帝称王"② 为最早，且《华阳国志·巴志》还记载有一首歌："川崖惟平，其稼多黍。旨酒嘉谷，可以养父。野惟阜丘，彼稷多有。嘉谷旨酒，可以养母。"③ 这说明饮酒已成了巴蜀先民的日常习惯。袁庭栋先生据《水经注·江水》、盛弘之《荆州记》（《北堂书钞》卷一四八引）以及《后汉书·南蛮传》和《华阳国志·巴志》等书记载，认为到了战国时期，川东地区出现了一种叫"巴香清"的名酒，此种酒又叫"清酒"，亦即秦王朝与巴地"夷人"所订盟约中"夷犯秦，输清酒一钟"之"清酒"。杜甫《拨闷》诗中"闻道云安曲米春，才倾一盏即醉人"亦可能即是"清酒"，因为云安历史上一直属于巴地。若然，则唐宋时酒名中多带"春"字又得一证据。蜀酒见于记载者所

① 袁庭栋：《巴蜀文化志》，巴蜀书社，2009 年，第 227 页。
② ［晋］常璩撰，刘琳校注：《华阳国志校注》，巴蜀书社，1984 年，第 185 页。
③ ［晋］常璩撰，刘琳校注：《华阳国志校注》，巴蜀书社，1984 年，第 28 页。

在多有，如扬雄作有《酒箴》；王褒《僮约》中有："子渊倩奴行酤酒""舍中有客，提壶行酤""欲饮美酒，唯得沾唇渍口，不得倾杯覆斗"诸语①，可见当时酒已成为日常生活的必需品。左思《蜀都赋》中"如其旧俗：终冬始春，吉日良辰，置酒高堂，以御嘉宾。金罍中坐，肴鬲四陈，觞以清醥，鲜以紫鳞。羽爵执竞，丝竹乃发。巴姬弹弦，汉女击节。起西音于促柱，歌江上之飅厉。纤长袖而屡舞，翩跹跹以裔裔。合樽促席，引满相罚，乐饮今夕，一醉累月"②一段文字，更是铺采摛文，淋漓尽致地描绘了当时蜀都达官贵人宴饮享乐、轻歌曼舞的场面，其中的"清醥"，也是一种清酒。魏晋南北朝时期，蜀地还有一种"酴醾酒"，北魏贾思勰在《齐民要术·笨曲饼酒》中详细记载了这种酒的生产工艺：

> 蜀人作酴酒法，十二月朝，取流水五斗，渍小麦曲两斤，密泥封。至正月二月冻释，发漉去滓，但取汁三斗，谷米三斗，炊做饭，调强软合和，复密封数日，使热。合滓餐之，甘辛滑如甜酒味，不能醉人。多啖温，温小暖而面热也。③

从记载中可以看出，这即是现在仍然流行的醪糟酒。大概从魏晋已降，成都酒作为地方性名优产品已很有名。如萧子显《美女篇》

---

① 参见李昉等编纂：《太平御览》卷五九八，《影印文渊阁四库全书》第898册，北京出版社，2012年。

② 参见（明）杨慎编，刘琳、王晓波点校：《全蜀艺文志》卷一《赋·蜀都赋》，线装书局，2003年，第8页。

③ ［北魏］贾思勰著，石声汉校释：《齐民要术今释》卷七《笨曲并酒第六十六》，中华书局，2009年，第684页。

诗云："朝酤成都酒，暝数河间钱。"① 到了唐宋时期，文人作家更是对成都美酒多有称颂，形诸吟咏。唐田澄《成都为客作》诗说成都"地富鱼为米，山芳桂是樵。旅游唯得酒，今日过明朝"②。唐李崇嗣《独恋》诗说："闻道成都酒，无钱亦可求。不知将几年，销得此来愁。"③ 唐张籍《成都曲》说"锦江近西烟水绿，新雨山头荔枝熟。万里桥边多酒家，游人爱向谁家宿？"④ 唐李商隐《杜工部蜀中离席》诗说："美酒成都堪送老，当垆仍是卓文君。"⑤ 五代前蜀后主王衍《醉妆词》："者边走，那边走，总是寻花柳。那边者，者边走，莫厌金杯酒。"⑥ 生动描述了五代时期成都五光十色的游赏娱乐盛况。宋陆游《梅花绝句》"当年走马锦城西，曾为梅花醉似泥。二十里中香不断，青羊宫到浣花溪"⑦，则是对蜀中"快意人生"的美好回忆！总之，文人的诗文中如此频繁地出现蜀酒，这说明当时蜀地诗酒游乐之繁盛。春日是饮酒的好时节，与酒有着难解之缘的文人们面对大好春光，往往逸兴遄飞、诗情勃发。司空图《诗品·典雅》所描绘的就是这种境界："玉壶买春，赏雨茅屋。坐中佳士，左右修竹。白云初晴，幽鸟相逐。眠琴绿阴，上有飞瀑。落花无言，人淡如菊。书之岁华，其曰可读。"⑧

① ［宋］郭茂倩编撰，聂世美、仓阳卿校点：《乐府诗集》卷三六《杂曲歌辞》，上海古籍出版社，1998年，第697页。
② 黄勇主编：《唐诗宋词全集》第2册，北京燕山出版社，2007年，第810页。
③ 黄勇主编：《唐诗宋词全集》第2册，北京燕山出版社，2007年，第303页。
④ 孙建军、陈彦田主编，于念等撰稿：《全唐诗选注》，线装书局，2002年，第2944页。
⑤ 黄勇主编：《唐诗宋词全集》第2册，北京燕山出版社，2007年，第1733页。
⑥ ［清］叶申芗撰：《本事词》卷上《王衍词》，中华书局，2019年，第27页。
⑦ ［清］吴之振、吕留良、吴自牧撰：《宋诗钞初集》，中华书局，1986年，第1935页。
⑧ ［唐］司空图撰：《二十四诗品》，中华书局，2019年，第27页。

明人高濂的《遵生八笺·起居安乐笺》亦用清新的文字描述了春季饮酒的乐趣。"溪山逸游条"写道:

> 时值春阳,柔风和景,芳树鸣禽。邀朋郊外踏青,载酒湖头泛棹。问柳寻花,听鸟鸣于茂林;看山弄水,修禊事于曲水。香堤艳赏,紫陌醉眠。杖钱沽酒,陶然浴沂舞风;茵草坐花,酣矣行歌踏月。喜鹭鹚之睡沙,羡鸥凫之浴浪。夕阳在山,饮兴未足;春风满座,不醉无归。此皆春朝乐事,将谓闲学少年时乎![1]

可谓连篇累牍,不一而足。司空图与高濂所写虽不是成都的诗酒之乐,但文人骚客的闲情雅致是相通的,无酒不诗、无酒不春的文化惯性也是古今相通、南北皆然的。

二、"剑南春"源流考释

谈到源远流长的巴蜀酒文化,提起蜀中历史上的众多名酒,记载最早、名声最大,且传承至今者不能不首推"剑南春"。以下,便从历史记载、得名之由、历代题咏等方面考索此川中名酒的前世今生。

唐人李肇在《唐国史补》中记载了当时闻名全国的几十种名酒:"郢州之富水,乌程之若下,荥阳之土窟春,富平之石冻春,剑南之

---

[1] [明]高濂撰:《四时幽赏录》,浙江古籍出版社,2018年,第105页。

烧春……"① 这是对名酒剑南春的最早记载。这里，我们用"说文解字"的方法把"剑南""烧""春"诸字词概念做一番梳解，以求得对此名酒来龙去脉的全面认识。

"剑南"指的是剑南道。道是唐代的行政区划，当时全国共分十道。剑南道，贞观十年（636）设置，元和（806—820）以后分东、西两道，设剑南西川节度使、剑南东川节度使。前者辖二十六州（府）：成都府彭蜀汉邛简资嘉戎雅眉松茂翼维当悉静柘恭真黎巂姚协曲；后者辖十二州：梓剑绵遂渝合普荣陵泸龙昌。包括今四川剑阁县以南及云南省东北境地区②。可见，"剑南"可以指整个四川地区，有时与"川西"连文成为"剑南西川"，则主要指成都（平原）地区。至于宋代及以后，则不再设剑南道③，而"剑南"一词也仅仅作为一种怀古性的称谓，如陆游的《剑南诗稿》，并非说陆游生活的南宋时期还有"剑南道"或"剑南路"的行政区划。当然，经过诗人们的反复运用，"剑南"一词已具有内涵丰富的文化意蕴，就如"江南"一样，而不仅仅是一个泛指四川（特别是成都地区）的普通地理名词了。

"剑南烧春"中之"烧"字，或指蜀酒的一种酿制方法——即蒸馏法，因为蒸馏的过程也是一个不断加温"烧"的过程。我的家乡云南楚雄现在仍把酿酒的蒸馏工序叫作"烤酒"，"烧""烤"同义，可作旁证。据此，"烧"或"烧酒"也就是经过了蒸馏的高度白酒。我国何时开始出现蒸馏酒，目前学界意见还不一致。但根据上

---

① ［唐］李肇：《唐国史补》卷下"叙酒名著者"，上海古籍出版社，1957年，第60页。

② 参见［唐］李吉甫撰，贺次君点校：《元和郡县图志》卷三一，中华书局，1983年，第765—883页。

③ 宋太平兴国间川陕地区为剑南西路、剑南东路、峡路。

海博物馆收藏的一个汉代的铜质蒸馏器以及成都平原（如彭州、新都等）出土的汉代画像砖上的《酿酒图》《酤酒图》《宴饮图》《酒醉图》等场面来看，蜀地在汉代已发明通过蒸馏而提升酒精度的白酒酿造技术的结论还是有坚实证据的。正是由于蜀地广泛运用了当时较为先进的蒸馏技术，因此唐宋时成都的酒多带有"烧"字。除"剑南烧春"外，如白居易"烧酒初开琥珀香"①，雍陶"自到成都烧酒熟，不思身更入长安"②，牛峤《女冠子》"锦江烟水，卓女烧春浓美"③，李商隐《碧瓦》"歌从雍门学，酒是蜀城烧"④，等等。西汉时司马相如和卓文君"文君当垆，相如涤器"的故事成为千古佳话，但人们很少发问：当垆文君所卖之酒为何酒何名？历代蜀中名酒中有"临邛酒"，韦庄《河传》词云："翠娥争劝临邛酒，纤纤手，拂面垂丝柳。"⑤ 可见临邛酒到了唐宋五代仍十分有名。而曹学佺则认为"烧春，酒名，其法起于卓文君"⑥，又引《采兰杂志》云："卓文君井在邛州白鹤驿，世传文君尝取此水以酿酒。"⑦ 是知临邛酒又名"烧春"，而首创者为临邛才女卓文君。如前所述，"烧"字代表了酿酒中的蒸馏技术，既然是卓文君发明了"烧春"，则与上

---

① 张春林编：《白居易全集》，中国文史出版社，1999年，第191页。
② 黄勇主编：《唐诗宋词全集》第4册《到蜀后记蜀中经历》，北京燕山出版社，2007年，第1664页。
③ 李冰若著：《花间集评注》，四川人民出版社，2019年，第96页。
④ ［唐］李商隐著，［清］朱鹤龄笺注，田松青点校，《李商隐诗集》，上海古籍出版社，2015年，第48页。
⑤ 谢永芳校注：《韦庄诗词全集汇校汇注汇评》，崇文书局，2018年，第385页。
⑥ 曹学佺撰，杨世文校点：《蜀中广记》卷一〇四《蜀中诗话第四》，上海古籍出版社，2020年，第1124页。
⑦ 曹学佺撰，杨世文校点：《蜀中广记》卷一〇四《蜀中诗话第四》，上海古籍出版社，2020年，第693页。

述所论汉代蜀人已发明并运用了蒸馏技术以提高酒（精）的浓度正相符合。由于蜀人较早运用蒸馏技术来酿酒，就使蜀酒具有了一个非常鲜明的特点——味浓。描写蜀酒醇厚味浓的作品也不少，如杜甫的"蜀酒浓无敌，江鱼美可求"[①]"闻道云安曲米春，才倾一盏即醉人"[②]"山瓶乳酒下青云，气味浓香幸见分"[③]；张祜的"成都滞游地，酒客须醉杀。莫恋卓家垆，相如已屑屑"[④]；韩偓的"脸粉难匀蜀酒浓，口脂易印吴绫薄"[⑤]；牛峤的"卓女烧春浓美"[⑥]；等等，强调的都是蜀酒"浓""醉""醺人""浓香""浓美"等特点。陆游《寺楼月夜醉中戏作》诗云："水精盏映碧琳腴，月下泠泠看似无。此酒定从何处得，判知不是文君垆。"[⑦] 这种晶莹剔透（"看似无"）酒精度很高的酒，应当就是应用蒸馏技术酿造的白酒，当然后出转精，与当年卓文君当垆所卖之酒是不可同日而语了。民国陈占甲修、周渭贤纂《（民国）镇东县志》（民国十六年刊本）卷一"物产"云："蜀黍：俗名高粱，种始自蜀，故称蜀黍。春之曰高粱米，又曰秫米，土人常食之品。沤为米粉，可制饼饵。入曲可酿酒，香味芳冽，麻醉力最大，遇火即燃，即古烧春也。土人呼为烧酒，又呼为

---

① 杜甫：《中国古代名家诗文集·杜甫集》，黑龙江人民出版社，2005年，第261页。

② 王新龙编著：《杜甫文集》，中国戏剧出版社，2009年，第75页。

③ 黄勇主编：《唐诗宋词全集》第2册，北京燕山出版社，2007年，第696页。

④ 黄勇主编：《唐诗宋词全集》第4册《送蜀客》，北京燕山出版社，2007年，第1633页。

⑤ 周振甫主编：《唐诗宋词元曲全集》第1册《唐宋全词》，黄山书社，1999年，第111页。

⑥ 李冰若：《花间集评注》，四川人民出版社，2019年，第96页。

⑦ ［宋］陆游：《陆游集》第1册，中华书局，1976年，第194页。

老白干……"① 可知酿造烧春的主要原料为高粱。民间谚语曰："好喝不过高粱酒"，可谓其来有自矣。

"剑南之烧春"中的"春"字，大文豪苏东坡已指出："退之诗云：'且可勤买抛青春'，杜子美诗云：'闻道云安曲米春'，裴铏《传奇》亦有酒名'松醪春'，乃知唐人名酒多以春。"② 如上引李肇《唐国史补》中就有"荥阳之土窟春，富平之石冻春"等，可见以"春"称酒，乃唐人之惯语。清人郎廷极《胜饮编》中列举以"春"名酒的，就有瓮头春、竹叶春、蓬莱春、洞庭春、浮玉春、万里春等近二十种③。唐代诗人笔下提及春酒的诗句较多，如杜甫"重碧拈春酒，轻红擘荔枝"④，张籍诗"长江午日沽春酒"⑤ "拨醅百瓮春酒香"⑥。杜牧诗"独酌芳春酒"⑦ "多把芳菲泛春酒"⑧。刘禹锡诗"家家春酒满银杯"⑨。岑参诗"成都春酒香，且用俸钱沽"⑩，等等。酒名著"春"字，盖与酿酒之季节气候有关。"春酒"，又作"酎

① ［民国］《中国地方志集成・吉林府县志辑》10《（民国）镇东县志》，凤凰出版社，上海书店，巴蜀书社，2013 年，第 202 页。

② 参见［宋］苏轼：《苏东坡全集》卷六，北京燕山出版社，2009 年，第3134 页。

③ 参见［清］郎廷极：《胜饮编》，中华书局，1991 年。

④ 杜甫：《中国古代名家诗文集・杜甫集》，黑龙江人民出版社，2005 年，第291 页。

⑤ 葛兆光撰：《唐诗选注》，浙江文艺出版社，2006 年，第 287－288 页。

⑥ 周振甫主编：《唐诗宋词元曲全集》第 11 册《全唐诗》，黄山书社，1999年，第 4353 页。

⑦ ［唐］杜牧著，［清］冯集梧注，陈成校点：《杜牧诗集》，上海古籍出版社，2015 年，第 341 页。

⑧ ［唐］杜牧著，［清］冯集梧注，陈成校点：《杜牧诗集》，上海古籍出版社，2015 年，第 335 页。

⑨ 黄勇主编：《唐诗宋词全集》第 1 册，北京燕山出版社，2007 年，第 106 页。

⑩ 黄勇主编：《唐诗宋词全集》第 2 册，北京燕山出版社，2007 年，第 578 页。

酒"，有两种解释：一是指春天酿造、秋冬之际醇熟的酒；二是指头年秋天酿造，经冬至第二年春天醇熟的酒。《诗经·豳风·七月》中已经出现了"春酒"的名称："为此春酒，以介眉寿。"① 张衡的《东京赋》中有"因休力以息勤，致欢忻于春酒"② 的句子。春天气温低，最宜酿酒，这个季节酿出来的酒一般都是好酒，就如我们常说的夏荷、冬笋一样，表示其物正当时令。成都也是如此，其所产春酒非常有名。《新唐书·地理志》载，成都府的土贡有"生春酒"③。《新唐书·德宗纪》又载：大历十四年（779）闰五月，"癸未，罢梨园乐工三百人，剑南贡春酒"④。《旧唐书》载：大历十四年（779）德宗登位后，"剑南岁贡春酒十斛，罢之"⑤。唐代大斛等于今量 60 升，小斛等于今量 20 升。按此折算，唐代剑南道在德宗前每年需向朝廷进贡春酒 200—600 公斤⑥。可见当时的剑南春酒曾是宫廷贡酒。成都名酒中，带"春"字的还有"锦江春"。锦江春是唐宋时期成都生产的美酒，宋人张能臣所著《酒名记》中就有"锦江春"的记载。相传"锦江春"酒是用今望江公园内薛涛井井水酿造，在水井街烧坊遗址出土的明代瓷片上就发现刻有"锦江春"的

---

① 叶春林校注：《诗经》，崇文书局，2015 年，第 101 页。

② ［梁］萧统编，海荣、秦克标校：《文选》卷三《赋乙·京都中》，上海古籍出版社，1998 年，第 21 页。

③ ［宋］欧阳修、宋祁编撰：《新唐书》卷四二《地理志》，中华书局，1975 年，第 1079 页。

④ ［宋］欧阳修、宋祁编撰：《新唐书》卷七《德宗纪》，中华书局，1975 年，第 184 页。

⑤ ［后晋］刘昫等撰：《旧唐书》卷一二《德宗纪》，中华书局，1975 年，第 319 页。

⑥ 参见谢元鲁：《成都通史·两晋南北朝隋唐时期》，四川人民出版社，2011 年，第 201 页。

字样。由此，我们可以说，所谓"剑南之烧春"，并非特指哪一种具体的剑南美酒，而是对产生于剑南地区（成都是其中心）的采用蒸馏方法酿制的酒精度较高且醇厚浓香之美酒的统称。

三、现在的"剑南春"与唐代"剑南之烧春"之关系

现在的川中名酒"剑南春"，产于四川平原西北边的绵竹，这里距古蜀文化中心广汉、成都都不远，是川西久享盛名的酒乡。1979年，绵竹清道发现了春秋时期的蜀人船棺葬，里面就有青铜酒器罍和提梁壶，可见绵竹饮酒历史之久远。从现有资料看，绵竹最早产出的名酒，是唐代的"鹅黄"与宋代的"蜜酒"。苏轼在其"蜜酒歌"诗序中说："西蜀道人杨世昌，善作蜜酒，绝醇酽，余既得其方，作此歌以遗之。"这种"蜜酒"并非用蜂蜜酿制，而是指其色味如蜜之佳。苏东坡在"作蜜酒格"中说是"每米一斗，用蒸饼面二两半，饼子一两半"①。此种淡黄色的美酒，杜甫在汉州饮过，他说"鹅儿黄似酒，对酒爱新鹅"②。宋代祝穆《方舆胜览·汉州》下有"鹅黄乃汉州名酒，蜀中无能及者"③ 的记载，所谓"无能及者"，就是川酒第一，而宋代的绵竹县，正是在汉州政区之内。因此，这种"鹅黄"酒，与当年老杜所饮的"鹅黄"及苏诗中的"蜜酒"应是一类，或同一系统。到了南宋，陆游还写过这种酒，一则

---

① ［宋］苏东坡：《苏东坡全集》卷九，北京燕山出版社，2009 年，第 5138 页。
② 黄勇主编：《唐诗宋词全集》第 2 册，北京燕山出版社，2007 年，第 703 页。
③ ［宋］祝穆撰，［宋］祝洙增订：《方舆胜览》卷五四《成都府路·汉州·土产》，中华书局，2003 年，第 966 页。

曰："叹息风流今未泯，两川名酝避鹅黄"①，再则曰："新酥鹅儿黄，珍桔金弹香"②，可见诗人对此酒的情有独钟和此酒的久负盛名。2004 年，在今剑南春厂区内原清代著名酒坊天益老号地下，发掘出从宋代至近代的连续文化堆积，其中有完整的明清酿酒作坊遗址。清初康熙年间，绵竹优良的地理条件和多年的酿酒工艺，加上从陕西略阳传来的制大曲方法，终于结出了名震蜀中的硕果，这就是有名的绵竹大曲。正如《绵竹县志》所载："大曲酒，邑特产，味醇香，色洁白，状如清露。"③ 诗人们对绵竹大曲亦多有题咏，如清代四川罗江著名诗人李调元自称"天下美酒皆尝尽"，可最后"所爱绵竹大曲醇"④。清末诗人李香吟也在诗中写道："山程水路货争呼，坐贾行商日夜图。济济直如绵竹茂，芳名不愧小成都。"⑤ 可见其极高的美誉度与知名度。中华人民共和国成立后，绵竹城内几个大曲酒作坊合并为绵竹酒厂，生产出一种比传统的绵竹大曲质量更优的大曲，暂名"混料轩"。后经蜀中著名诗人、四川大学教授庞石帚先生据李肇《唐国史补》之记载、绵竹所在的地理位置、从汉唐开始绵竹即盛产名酒的历史事实，于 1950 改名为"剑南春"，从此，古今相续，千年传承的"唐时宫廷酒，今日剑南春"便诞生了。如果要追溯一下"剑南春"的历史源流，可以表示如下：

临邛酒→剑南之烧春→鹅黄（杜甫及陆游诗中所写者）→蜜酒

---

① 张春林编：《陆游全集》卷三《游汉州西湖》，中国文史出版社，1999 年，第 53 页。
② 张春林编：《陆游全集》卷一九《对酒歌》，中国文史出版社，1999 年，第 334 页。
③ 四川绵竹县志编纂委员会编纂：《绵竹县志》，四川科学技术出版社，1992 年，第 2 页。
④ 转引自袁庭栋著：《巴蜀文化志》，巴蜀书社，2009 年，第 232 页。
⑤ 转引自袁庭栋著：《巴蜀文化志》，巴蜀书社，2009 年，第 319 页。

（东坡）→绵竹大曲→混料轩→剑南春。

真可谓返本归源，传承不绝矣！我们有理由相信，"剑南春"仅仅是天府文化千年传承、创新变化的一个例子。只要我们坚定文化自信，坚持对文化遗产的创造性转化和创新性发展，包括酒文化在内的对世界文明及中华文明做出过杰出贡献（曾创造了许多世界第一和中国第一）的天府文化，一定能在新的历史起点上创造更辉煌的未来。

西夏奇文《骂酒说》的文学史价值

汤　君[①]

　　本文所要介绍给学术界的《骂酒说》，出于俄罗斯藏黑水城文献《贤智集》[②]。由于《骂酒说》的全文尚且不为学术界所熟悉，故而本文将从学术界相关研究的介绍开始，完整公布《骂酒说》的全文，并依次考证《骂酒说》在西夏文学中的表现特点。

一

　　俄罗斯科学院东方研究所收藏编号为 инв. No 120、585、593、2538、2567、2836、5708、7016 的《贤智集》，是一部西夏僧人宝源的个人西夏诗文集，1909 年出土于内蒙古额济纳旗的黑水城遗址。

---

① 　汤君，文学博士，四川师范大学文学院教授。
② 　按，目前聂鸿音、孙伯君把其题目译为"骂酒辩"，但本文则主张将其译为"骂酒说"。由"辩"至"说"，字面的意义差别不大，但说明它的原因则需稍费工夫，此文中这种解释则难免会较为枝蔓，故而暂时简明概括基本想法："说"体自来都是我国古代散文体式中的一种，唐宋尤甚。考量目前西夏文献中的各体文学尚未发现完全脱离中原文学轨道而发展者，且《贤智集》各篇文体的亦诗亦文的哲理性质，故以为与其译为从来没有的"辩"，不如译为早为唐宋人所习用的"说"。

最早为苏联龙果夫、聂历山所著录，并被王静如编入《亚细亚博物馆西夏书籍目录》，于 1932 年《国立北平图书馆馆刊》第四卷第三号"西夏文专号"刊发于国内①。目前，这部《贤智集》的完整图版尚未公布，因此国内较早对此研究的成果有：聂鸿音《西夏文〈贤智集序〉考释》一文及《贤智集序》图版②；史金波《西夏社会（上）》一书中公布的《贤智集》卷首木刻插图"鲜卑国师说法图"③；日本西田龙雄《西夏语研究と法华经（III）——西夏文写本と刊本（刻本と活字本）について》一文对《贤智集》四种版本、内容的介绍，并断其是私刻本④；孙伯君《西夏俗文学"辩"初探》主要对仅存于《贤智集》中的"俗文学形式"——"辩"的文体进行考察，并对《贤智集》刻本包括卷首版画在内的基本形制、作者鲜卑宝源的身份与职衔、正文首篇《劝亲修善辩》的西夏文原文录文并翻译、注解⑤；张清秀、孙伯君《西夏曲子词〈杨柳枝〉初探》一文，以《贤智集》末篇《显真性以劝修法》为研究对象，录入《显真性以劝修法·汉声杨柳枝》的西夏文原文，并列对译及意译，力图展示西夏《杨柳枝》之范式⑥；吴雪梅《宁夏佑启堂藏三

---

① ［前苏联］龙果夫、聂历山著，王静如编译：《亚细亚博物馆西夏文书籍目录》，《国立北平图书馆馆刊》第四卷第三号"西夏文专号"，1932 年，第 388 页。

② 聂鸿音：《西夏文〈贤智集序〉考释》，《固原师专学报》2003 年第 5 期，第 47 页。

③ 史金波：《西夏社会（上）》，上海人民出版社，2007 年，第 11 页。

④ ［日］西田龙雄：《西夏语研究と法华经（III）——西夏文写本と刊本（刻本と活字本）について》，《东洋哲学研究所》2007 年第 11 期，第 55—95 页。

⑤ 孙伯君：《西夏俗文学"辩"初探》，《西夏研究》2010 年第 4 期，第 3—9 页。

⑥ 张清秀、孙伯君：《西夏曲子词〈杨柳枝〉初探》，《宁夏社会科学》2011 年第 6 期，第 88—92 页。

件西夏文残片考释》一文，在介绍宁夏新发现的一批珍贵西夏文文献中，介绍了 No.11《贤智集·劝亲修善辩》残片，并与俄藏《贤智集》对应部分进行比对，指出"该文献残页与俄藏本是不同的版本"，"西夏文《贤智集》刻印不止一次"①；近期，聂鸿音在尚未付梓的最新成果《西夏诗文全编》中对《贤智集》包括序文在内的全部诗文进行了完整翻译②，这在学界尚属首次；在此《西夏诗文全编》的基础上，笔者的研究生龚溦祎《西夏文〈贤智集〉研究》，成为目前唯一的专门研究《贤智集》的硕士学位论文。该文把《贤智集》包含的 18 篇作品大致归纳为世俗劝善与佛教劝善两类，并指出其明显的佛教色彩及突出的"佛教通俗文学性质"。该文指出《贤智集》呈现出丰富的文学体裁元素，并融合为西夏文学的个性特征，但同时也指出"辩"可能并非一种文学体裁，其可唱的性质仍需进一步观察和商榷。该文最后还从传统文学、佛教文学以及少数民族文学方面探讨了《贤智集》对补充中国西夏文学史、深化佛教文学与中国古代少数民族文学史的研究都有较为重要的意义③。

《贤智集》包括九篇"说"、一篇"赞"、三篇"偈"、一篇"文"、一篇"诗"、一篇"惊奇"（内含三个层次）、一篇"论"（内含四部"意法"）、一篇"曲子词"，共计 18 篇，故而从这个意义上说，成嵬德进在序文中所说"文体疏要，计二十篇"，确为约数④。具体而言，这 18 篇次第为《劝亲修善说》《劝骄说》《谗舌说》《劝

---

① 吴雪梅：《宁夏佑启堂藏三件西夏文残片考释》，《西夏研究》2018 年第 3 期，第 28—34 页。

② 聂鸿音：《西夏诗文全编》，未刊稿。

③ 龚溦祎：《西夏文〈贤智集〉研究》，四川师范大学 2020 年硕士学位论文。

④ 龚溦祎：《西夏文〈贤智集〉研究》，四川师范大学 2020 年硕士学位论文，第 9 页。

哭说》《浮泡说》《骂酒说》《除色说》《骂财说》《除肉说》《降伏无明胜势赞》《安忍偈》《心病偈》《俗妇文》《三惊奇》《自在正见诗》《随机教化论》《富人怜悯穷人偈》及《显真性以劝修法，汉声杨柳枝》等，其中《骂酒说（阕苟撩）》在第六篇，为便利读者，兹录聂鸿音最新译文如次：

今闻：生死夜长，明意昏暗，因去流转。黑夜净心，故生迷惑。盲瞽不明，无胜于酒；愚痴颠倒，莫过于酒。人中毒汤，士中癫水。伏龙比丘，因醉不降虾蟆；飞空仙人，贪杯小儿嘲讽。力敌百夫，倒下焉能坐起？智辩万人，慵钝安可止涎？金玉身美，富儿不悟。茅厕内卧，惭愧羞言。君子无衣，置身市场。癫狂粗野，前世嗜酒之故；愚痴残手，往时让盏之由。故宝源略微骂酒之罪，些许以劝世人。酒者是毒汤，饮者五库螫。酒者如暗夜，东西分不清。酒者实怨仇，饮时不免患。酒者恼祸根，百病皆发生。酒者如蛇毒，触之不安乐。酒者同恶魔，遇时如疾病；酒者似魔鬼，逢之即闷绝。酒者如粪便，蚊蝇纷纷争；酒者与尿同，吐后远远弃。酒者癫狂汤，敬愧皆丧失。酒者败家贼，财宝由此尽。嗜酒同迷幻，正心皆丧失。酒者魔鬼乘，饮食啖不饥。醉者如盲人，看色不分明。醉者似聋人，呼唤莫之闻。醉者同哑人，问之不答言。醉者如人尸，强翻不动身。离酒如失神，面相无光鲜。醉时似临终，坐中如死至。酒者如恶毒，大言皆丧失。酒者魔王药，善上懈怠生。离酒头着箭，所为无聪明。嗜酒晃头脑，所言少条理。察酒无功德，苦中无可匹。譬之同屎尿，屎尿种地助肥沃。譬之如血痰，血痰在内养身命。譬之同毒药，毒药外敷治恶疮。呜呼此毒汤，譬之无有匹。世间无智眼，持药于恶毒。有价疯狂卖，有价懵懂寻。有价求染病，有价害自身。今劝诸智者，迷情无过酒。诗曰：

　　　酒者错乱本，智者勿亲近。活着失人威，死后堕粪汤。①

　　根据目前已知的有限线索，《贤智集》作者鲜卑宝源当时署名为"大度民寺院诠教国师沙门宝源撰"②，则其当为西夏皇家敕建的"大德坛度民之寺院"的国师，生活在 12 世纪 40－80 年代间仁宗时代。据龚溦祎疏证，鲜卑宝源在完成《圣观自在大悲心总持功能依经录》与《胜相顶尊总持功能依经录》的西夏文翻译之后得到升迁，继而开始了《圣胜慧到彼岸功德宝集偈》的翻译工作。而在其翻译完《圣胜慧到彼岸功德宝集偈》后，又由法师升为了国师，并对《金刚般若波罗蜜多经》进行了校勘③。鲜卑宝源逝世后，杨慧广发愿将《贤智集》进行了刊印。成嵬德进《贤智集·序》云：

　　　夫上人敏锐，本性是佛先知；中下愚钝，闻法于人后觉。而已故鲜卑诠教国师者，为师与三世诸佛比肩，与十地菩萨不二。所为劝诫，非直接己意所出；察其意趣，有一切如来之旨。文词和美，他方名师闻之心服；偈诗善巧，本国智士见之拱手。智者阅读，立即能得智剑；愚蒙学习，终究可断愚网。文体疏要，计二十篇；意味广大，满三千界，名曰"劝世修善记"。慧

---

① 本文中《骂酒说》内容均引自聂鸿音未刊稿《西夏诗文全编》第 148 页，惟聂文原译题目为"辩"。

② 若无特别注明，本文中《贤智集》内容均引自聂鸿音未刊稿《西夏诗文全编》第 130—151 页，特此说明，后文不再一一注释。

③ 龚溦祎：《西夏文〈贤智集〉研究》，四川师范大学 2020 年硕士学位论文，第 7—8 页。

广见如此功德，因夙夜萦怀，乃发愿事：折骨断髓，决心刊印者，非独因自身之微利，欲广为法界之大镜也。何哉？则欲追思先故国师之功业，实成其后有情之利益故也。是以德进亦不避惭怍，略为之序，语俗义乖，智者勿哂。①

据皇城检视司承旨成嵬德进此序，则首先，是鲜卑宝源及其《贤智集》旨在以佛法劝诫众生，而又能和美巧善，令人持慧断愚，功德无量；其次，则以为其"文体疏要""意味广大"，可总名为"劝世修善记"。故而僧人杨慧广决心资助刊印，以报师、佛之恩，利益有情众生，而成嵬德进欣然为序。其中，成嵬德进特别指出本书"文体疏要"的一面，换言之即不拘泥于"文体"细节，而专心于"文体"大端和行文的宗旨。那么，如何看待西夏高僧宝源的这篇《骂酒说》的大旨呢？不妨从《贤智集》的大旨说起。

《贤智集》以弘扬佛法要义"一切如来之旨"为宗旨。《贤智集》的主旨大致有二：世俗劝善和佛教劝善。前者如《劝亲修善说》《劝骄说》《谗舌说》《劝哭说》《骂酒说》《除色说》《骂财说》《除肉说》《安忍偈》《俗妇文》《富人怜悯穷人偈》等，后者如《浮泡说》《降伏无明胜势赞》《心病偈》《三惊奇》《自在正见诗》《随机教化论》《显真性以劝修法，汉声杨柳枝》等。前者大多劝善意图明确、语言通俗朴拙的风格。大部分作品的主旨并不执着于佛教教义本身，而是以它为传播载体或方式，有目的地劝诫世人修持善业，远离祸报恶行，如名利、骄慢、谗舌、哭泣、饮酒、好色、贪财、吃肉等。后者以专业佛教术语为主，阐释修持法门，赞美佛陀教化，探讨真如本性，宣扬佛的"至善"境界。因此，总体而言，《贤智集》的这

① 聂鸿音未刊稿《西夏诗文全编》，第143页。

些作品蕴含一个共同的思想，即一切众生都拥有清净不染的佛之自性，然因贪嗔痴盛而被蒙蔽，以至于背离真如之道，沉沦六道轮回。但只要断却毒根、拔除无明，便可使自性得以示现，获得圆满。这就告知广大民众想要证得圆满得以解脱是完全可能的，它不仅为众生修佛行善提供了思想依据和理论支撑，也为劝善之道在民众中被广泛接受提供了条件。而在具体方法上，《贤智集》第一是侧重普通民众的现实关怀，第二是立足讲说佛教本质义理。作者宝源法师想为世人指明修善断恶的多种途径，亦即成崑德进《贤智集·序》所谓："所为劝诫，非直接己意所出；察其意趣，有一切如来之旨……智者阅读，立即能得智剑；愚蒙学习，终究可断愚网。"

由此，不难发现，《骂酒说》作为《贤智集》中的一篇，体现了佛教根本戒法之一的"酒戒"宗旨。

二

关于酒戒为何成为佛教的根本戒之一，佛经论及者非常多。不过，其中《佛说善生经》算是最为集中的一种。在此经中，佛告善生，人有六种行为会造成财业损耗、恶道轮回："何谓六？一为嗜酒游逸，二为不时入他房，三为博戏游逸，四为大好伎乐，五为恶友，六为怠惰。"其中关于"耽湎于酒"如何会造成财业的损耗，佛解云：

> 夫酒有六变，当知。何谓六？为消财，为致病，为兴争，为多怒，为失誉，为损智。已有斯恶，则废事业。未致之财不获，既护者消，宿储耗尽。

所以最后善生在佛前立誓说："自今日始，尽形寿不杀、不盗、不淫、不欺、不饮酒。"① 这就是佛教的根本五戒，而酒戒居其一。再如《佛说优婆塞五戒相经·酒戒第五》更是讲述了释迦牟尼佛立"酒戒"的导火索：佛在支提国跋陀罗婆提邑行教的时候，当地有一恶龙，名庵婆罗提陀，凶暴恶害。佛弟子中的长老莎伽陀用神通降伏了恶龙，令其向善，甚至人和兽都出入龙宫或秋天稻谷成熟之时，龙都不再伤害损伤。有一贫女，恭敬邀请长老莎伽陀去她家里接受酥油乳糜的供养。长老接受吃完酥油乳糜，贫女担心其因此发寒，遂取清澈"似水色酒"，递给长老。莎伽陀长老看都没看就喝了，之后就遵例为贫女解说佛法。但在返程中，酒力发作，快到寺门时，莎伽陀长老终于不胜酒力，醉瘫在地，于是僧服、滤水囊、钵、禅杖、油囊、草鞋、针、筒各自散落，毫无僧人应有的威仪。当时，恰逢佛和阿难游访路过，佛故意问阿难此人谁？阿难回答过后，佛又吩咐阿难就地安置床坐，准备打水洗脚，并召集来其他僧众。于是佛洗好脚，安坐床榻，故意问诸比丘：

> 曾见闻有龙，名庵婆罗提陀，凶暴恶害。先无有人到其住处，象、马、牛、羊、驴、骡、骥驼无能到者，乃至诸鸟无敢过上。秋谷熟时，破灭诸谷。善男子莎伽陀，能折伏令善，今诸人及鸟兽得到泉上。

于是大众中见过此事的比丘都回答道："见，世尊！""闻，世

---

① ［西晋］沙门支法度译《佛说善生子经》，［日本］高楠顺次郎等《大正新修大藏经》"阿汉部上"第 1 册第 17 部，大正经刊行会 1934 年印行，第 252—254 页。

尊!"佛乘机询问比丘们:"于汝意云何,此善男子莎伽陀,今能折伏虾蟆不?"大家纷纷答言:"不能,世尊!"于是,佛抓住这个尴尬的醉酒现场,对弟子们进行了一次生动的训诫:

> 佛言:"圣人饮酒尚如是失,何况俗凡夫?如是过罪!若过是罪,皆由饮酒故。从今日,若言'我是佛弟子'者,不得饮酒,乃至小草头一滴,亦不得饮。"佛种种呵责饮酒过失已,告诸比丘:"优婆塞不得饮酒者,有二种,谷酒、木酒。木酒者,或用根茎叶花果,用种种子、诸药草杂作酒,酒色、酒香、酒味,饮能醉人,是名为酒。若优婆塞尝咽者,亦名为饮,犯罪。若饮谷酒,咽咽犯罪;若饮酢酒,随咽咽犯;若饮甜酒,随咽咽犯。若啖曲能醉者,随咽咽犯;若啖酒糟,随咽咽犯;若饮酒淀,随咽咽犯;若饮似酒色、酒香、酒味,能令人醉者,随咽咽犯。若但作酒色,无酒香、无酒味,不能醉人及余饮,皆不犯。"①

我们从这个故事里,可以见出释迦牟尼佛善巧说法的一面,同时亦可见"酒戒"对当时的佛弟子也好,世俗人也好,都是非常必要而及时的。

姚秦佛陀耶舍、竺佛念共译的《四分律·初分之八》中,饮酒被列为"四大患"之一:"若沙门婆罗门不舍饮酒,不舍淫欲,不舍手持金银,不舍邪命自活,是谓沙门婆罗门四大患,能令沙门婆罗

---

① [南朝宋]求那跋摩译:《佛说优婆塞五戒相经》,[日本]高楠顺次郎等《大正新修大藏经》"律部"第 24 册第 1476 部,大正经刊行会 1934 年印行,第 943 页。

门不明，不净，不能有所照，亦无威神。"① 而在其《初分之十六》，佛以莎伽陀而制定酒戒的过程，被记载得更加详尽，包括尊者娑伽陀如何借宿在编发梵志住处，如何通过与毒龙互放火烟而赢过毒龙，如何互放身火而又因悲心灭龙身火使不伤害，如何降此毒龙，被同宿在编发梵志家的拘睒弥国主崇拜，如何复又把拘睒弥国主引见给世尊，如何拘睒弥主求报答娑伽陀，于是娑伽陀于拘睒弥主家种种甘馔饮食，兼黑酒饱满，醉倒而吐，为世尊所借机制定酒戒的。其中，更是详细记述饮酒"六种"过失，细化为十种，同时更加精细地描述了释迦牟尼佛对各类"酒"及违反者的得罪标准的界定：

> 佛告阿难："凡饮酒者，有十过失。何等十？一者、颜色恶；二者、少力；三者、眼视不明；四者、现嗔恚相；五者、坏田业资生法；六者、增致疾病；七者、益斗讼；八者、无名称、恶名流布；九者、智慧减少；十者、身坏命终、堕三恶道。阿难，是谓饮酒者有十过失也。"佛告阿难："自今以去，以我为师者，乃至不得以草木头内着酒中而入口。"尔时世尊以无数方便，呵责娑伽陀比丘已，告诸比丘："此娑伽陀比丘痴人，多种有漏处，最初犯戒。自今已去，与比丘结戒，集十句义，乃至正法久住。欲说戒者，当如是说。若比丘饮酒者，波逸提。比丘义如上。酒者，木酒、粳米酒、余米酒、大麦酒。若有余酒法，作酒者是。木酒者，梨汁酒、阎浮果酒、甘蔗酒、舍楼伽果酒、蕤汁酒、蒲桃酒。梨汁酒者，若以蜜、石蜜杂作。乃

---

① ［姚秦］佛陀耶舍共竺佛念等译：《四分律》卷八，［日本］高楠顺次郎等《大正新修大藏经》"律部"第 22 册第 1428 部，大正经刊行会 1934 年印行，第 570 页。

至蒲桃酒，亦如是。杂酒者，酒色、酒香、酒味不应饮。或有酒，非酒色，酒香、酒味，不应饮。或有酒，非酒色、非酒香，酒味，不应饮。或有酒，非酒色、非酒香、非酒味，不应饮。非酒，酒色、酒香、酒味，应饮。非酒，非酒色，酒香、酒味，应饮。非酒，非酒色、非酒香，酒味，应饮。非酒，非酒色、非酒香、非酒味，应饮。彼比丘若酒酒煮，酒和合，若食若饮者，波逸提。若饮甜味酒者，突吉罗。若饮醋味酒者，突吉罗。若食曲，若酒糟，突吉罗。酒，酒想，波逸提。酒，疑，波逸提。酒，无酒想，波逸提。无酒有酒想，突吉罗。无酒，疑，突吉罗。比丘尼，波逸提。式叉摩那沙弥、沙弥尼，突吉罗。是谓为犯不犯者。若有如是如是病，余药治不差，以酒为药，若以酒涂疮，一切无犯无犯者。最初未制戒，痴狂心乱，痛恼所缠。"[1]

这则史料，既能反映佛住世间时，印度当时丰富的酒类产品或非酒类饮料，更是反映出释迦牟尼佛惊人的概括能力和逻辑分析能力。

此外，在后秦鸠摩罗什译《梵网经》卷下，释迦牟尼佛更是从因果轮回的道理上，严厉教敕"佛弟子"们戒酒：

若佛子自酤酒、教人酤酒，酤酒因、酤酒缘、酤酒法、酤酒业，一切酒不得酤。是酒起罪因缘。……若佛子故饮酒，而

---

[1] ［姚秦］佛陀耶舍共竺佛念等译：《四分律》卷一六，［日本］高楠顺次郎等《大正新修大藏经》"律部"第22册第1428部，大正经刊行会1934年印行，第584页。

生酒过失无量，若自身手过酒器与人饮酒者，五百世无手，何况自饮？不得教一切人饮，及一切众生饮酒，况自饮酒？若故自饮，教人饮者，犯轻垢罪。①

此则史料记录了佛教如何把僧人的酒戒推广到制造有关"酒"的种种动机和产业关系链之中，并从三世轻重果报的层面阐释僧人违背酒戒的祸端，可谓究竟彻底。至于后汉安息国三藏安世高译《佛说分别善恶所起经》中，佛教先是陈述不饮酒的"五善"，然后又排列了"饮酒"的"三十六失"："三十六者，从地狱中来，出生为人，常愚痴无所识知。今见有愚痴无所识知人，皆从故世宿命喜嗜酒所致。如是分明，亦可慎酒。酒有三十六失，人饮酒皆犯三十六失。"② 如以不饮酒的"五善"来对比饮酒的"三十六失"，可见佛教深知导人向善、戒人向恶的不易。刘宋求那跋陀罗译《佛说轮转五道罪福报应经》中，释迦牟尼佛更是教育弟子："喜饮酒醉、犯三十六失者，死堕沸屎泥犁之中，出生堕狌狌中。后还为人愚痴，生无所知。"③

后秦鸠摩罗什奉诏译《大智度论》卷一三把酒分为三种：

---

① ［后秦］龟兹国三藏鸠摩罗什译：《梵网经卢舍那佛说菩萨心地戒品》第十卷下，［日本］高楠顺次郎等《大正新修大藏经》"律部"第 24 册第 1484 部，大正经刊行会 1934 年印行，第 998 页。

② ［后汉］安息国三藏安世高译：《梵网经卢舍那佛说菩萨心地戒品》第十卷下，［日本］高楠顺次郎等《大正新修大藏经》"经集部"第 17 册第 729 部，大正经刊行会 1934 年印行，第 516 页。

③ ［南朝宋］于阗国三藏求那跋陀罗译：《佛说罪福报应经》，［日本］高楠顺次郎等《大正新修大藏经》"经集部"第 17 册第 747 部，大正经刊行会 1934 年印行，第 562 页。

不饮酒者，酒有三种：一者谷酒，二者果酒，三者药草酒。果酒者，蒲桃、阿梨咃树果，如是等种种，名为果酒；药草酒者，种种药草，合和米曲、甘蔗汁中，能变成酒。同蹄畜乳酒，一切乳热者，可中作酒。略说，若干，若湿，若清，若浊，如是等，能令人心动放逸，是名为酒。一切不应饮，是名不饮酒。问曰："酒能破冷益身，令心欢喜，何以不饮？"答曰："益身甚少，所损甚多，是故不应饮。譬如美饮，其中杂毒，是何等毒！"①

此概括酒类，以"能令人心动放逸"者为判断标准，且在承认其"益少"的前提下，强调其"损甚多"，从而给出"戒酒"的理由。其后，《大智度论》亦列"酒有三十五失"。以其大意同上，文繁不赘举。

当然，佛教的世界中，对酒的享受和渴望最多的，并不是我们这个娑婆世界的众生，而是天众。北魏般若流支译《正法念处经》，一方面其卷八《地狱品之四》指出复卖酒者，加水取酒价；若人以酒诳与畜生，然后提取；若人为令象斗，与酒令饮；若人以酒与贞良妇女，然后共淫；若人毒药和酒，与怨令饮；若人卖酒活命，少酒贵卖；若人以酒强与病人、新产妇女，取财物、衣服、饮食等；若以酒诳行旷野之人，贼取财宝或夺其命；若人于道路多人所行处，卖酒求利；若人欲令怨家衰恼，以酒与贼、官人；若人以酒与持戒人、外道，调戏弄之；若人以酒与奴、作人等，令彼疾走

---

① ［印度］龙树菩萨造，［后秦］龟兹国三藏鸠摩罗什奉诏译：《大智度论》卷十三《释初品中尸罗波罗蜜义第二十一》，［日本］高楠顺次郎等《大正新修大藏经》"释经论部·毗昙部"第 25 册第 1509 部，大正经刊行会 1934 年印行，第 70 页。

杀鹿；等等①，均将身坏命终，堕于种种恐怖地狱，受大苦恼。另一方面，其卷五一《观天品之三十》描绘"名酒流河""葡萄酒流河"等。又有诸天女同饮天酒，种种珠器饮酒而离于醉过②。其卷五二《观天品之三十一》描绘诸天"欢喜酒河"的场景："其河甚大，彼酒音声，触味香色皆悉具足，在河而流。彼天见已，坐河岸上，取而饮之。"③ 因此，佛的"酒戒"，主要还是针对娑婆世界的罪苦众生的。当然，以《旧杂譬喻经》卷上的一则故事为代表，佛教也为犯了酒戒之人提供了一条"忏悔解脱"之路：

> 昔佛从众比丘行，逢三醉人。一人走入草中逃，一人正坐搏颊，言无状犯戒；一人起舞曰："我亦不饮佛酒浆，亦何畏乎?"佛谓阿难："草中逃人，弥勒作佛时，当得应真度脱；正坐搏颊人，过千佛，当于最后佛得应真度脱；起舞人，未央得度也。"④

可见，在佛教中，哪怕你只有一些忏悔甚至惭愧之心，都能种下解脱恶报、最终成佛的善因；只有毫无忏悔和羞愧的人才最终无缘得度和解脱生死轮回。又如《众经撰杂譬喻》卷下载，昔佛在世

① ［元魏］瞿昙般若流支译：《正法念处经》，［日本］高楠顺次郎等《大正新修大藏经》"经集部"第 17 册第 721 部，大正经刊行会 1934 年印行，第 9 页。
② ［元魏］瞿昙般若流支译：《正法念处经》，［日本］高楠顺次郎等《大正新修大藏经》"经集部"第 17 册第 721 部，大正经刊行会 1934 年印行，第 52 页。
③ ［元魏］瞿昙般若流支译：《正法念处经》，［日本］高楠顺次郎等《大正新修大藏经》"经集部"第 17 册第 721 部，大正经刊行会 1934 年印行，第 53 页。
④ ［姚秦］鸠摩罗什译，［北齐］比丘道略集：《杂譬喻经》，［日本］高楠顺次郎等《大正新修大藏经》"本缘部"第 4 册第 207 部，大正经刊行会 1934 年印行，第 522 页。

时，出祇洹七里，有一老公，健饮酒。佛弟子阿难往谏喻其见佛，老公初不肯，饮酒醉暮，举身皆痛，方至佛所。佛语公："公之积罪如五百车薪，复如一岁衣之垢。"老公当即受持五戒，佛为说法，老公遂豁然意解，即得阿惟越致①。此故事中，佛亦以方便之法，开示饮酒老公，虽则酒过深重，但如决心悔改，则释过如以豆火燃薪、纯灰汁浣衣，立时解脱。类似的还如三国时期，吴国的月支国优婆塞支谦所译的《佛说戒消灾经》中讲述犯了酒戒而改正向善的故事：舍卫国大姓家子，欲远贾贩。临行，父母教导其勤持五戒、奉行十善。然儿子终究经不起同学及其父母的劝告，饮酒大罪，醒后被父母驱逐出家门。其后，辗转与女鬼（两人累世兄弟）共受五戒，终同四百九十八人（前世之师）见佛，皆得出家，新意开解，得阿罗汉道②。当然，最令世人安慰的还是东汉佚名译《佛说未曾有因缘经》卷下记载：裴扇阇国祇陀太子告诉释迦摩尼佛："五戒法中，酒戒难持。"因此希望佛五戒之外，更授其十戒的规则。于是，佛告诉他，如果从"有漏"即不彻底的修行之法来看，饮酒时能提醒自己"不起恶业"，则不仅无罪，反而能增加转世为人或天神的福报，得此"智慧方便"法门，"终身饮酒，有何恶哉？"③

　　总之，宝源的《骂酒说》实为对佛教根本戒的弘扬之一，是和

---

① ［姚秦］鸠摩罗什译，［北齐］比丘道略集：《众经撰杂譬喻》，［日本］高楠顺次郎等《大正新修大藏经》"本缘部"第4册第208部，大正经刊行会1934年印行，第531页。

② ［吴］月支优婆塞支谦译：《佛说戒消灾经》，［日本］高楠顺次郎等《大正新修大藏经》"律部"第24册第1477部，大正经刊行会1934年印行，第944页。

③ ［南朝齐］沙门释昙景译：《佛说未曾有因缘经》，［日本］高楠顺次郎等《大正新修大藏经》"经集部"第17册第754部，大正经刊行会1934年印行，第577页。

其《除色说》《骂财说》《除肉说》《谗舌说》一类的性质，完全符合其立足佛法而劝善的行文宗旨。当然，其根本立足点，应属于释迦摩尼佛的"无漏善者"的层面，即彻底修行直至成佛的目的；从其文中对"饮酒者"种种过失的描绘来看，他针对当然也不是"祇陀太子"这类的"方便智慧"的饮者，或者如《维摩诘所说经·方便品》中维摩诘"入诸淫舍，示欲之过；入诸酒肆，能立其志"① 的方便智慧行为。

三

西夏的这篇《骂酒说》，之所以堪称"奇文"，当然是因为它独特的文学表现形式，而非大家耳熟能详的佛教"酒戒"宗旨。

首先，《骂酒说》体现了宝源和尚高明的劝善艺术。在文章伊始，"今闻"云云，实宝源为其"骂酒"找到佛法依据："生死夜长，明意昏暗，因去流转黑夜，净心故生迷惑。"按佚名译《别译杂阿含经》卷一六云："生死长远，无有边际，无有能知其根源者。一切众生，皆为无明之所覆盖，爱所缠缚，流转生死，无有穷已。"② 意味着人在真正觉悟之前，生死流转，无有出路，仿佛长路漫漫，无有边际，无有能够使其醒知者。造成这种局面的根本因缘在于，一切众生的智慧在觉悟之前，均被"无明"业力覆盖，受此

---

① ［姚秦］三藏鸠摩罗什译：《维摩诘所说经》，［日本］高楠顺次郎等《大正新修大藏经》"经集部"第 14 册第 475 部，大正经刊行会 1934 年印行，第 537 页。

② 失译人名今附秦录《别译杂阿含经》卷第十六，［日本］高楠顺次郎等《大正新修大藏经》"阿含部"第 2 册第 100 部，大正经刊行会 1934 年印行，第 391 页。

"无明"缠缚而生爱恶欲念，受此爱恶驱使而流转于生死长路中，无有穷尽之期。故玄奘译《成唯识论》卷七云："未真觉位，不能自知。至真觉时，亦能追觉。未得真觉，恒处梦中。故佛说为'生死长夜'。由斯未了，色境唯识。"[①] 可见，"生死长夜"，是佛为讲说人未能觉悟时反复生死的妙喻。宝源正是以佛的"生死长夜"为喻，指出人在好恶欲念的牵引下，妙明的本心渐渐变得昏暗，于是开始了生死流转的漫长黑夜般的轮回之路，起初的清净之心随之升起无尽的迷惑。宝源想要劝众生"戒酒"，故先引佛教根本法义为据，指出我们的生活中充满了昏暗迷惑的一面，此即运用了庄子"重言十七"之法。《庄子·天下》篇云："以天下为沉浊，不可与庄语；以卮言为曼衍，以重言为真，以寓言为广。"[②] "重言"是庄子取信于读者的一种艺术手段，所以宝源《骂酒说》亦以佛教取信于听众。

其次，宝源用系列文学夸张的手段，渲染"酒"的负面作用："盲瞽不明，无胜于酒；愚痴颠倒，莫过于酒。"仿佛"酒"才是一切黑暗、愚痴和颠倒迷乱的根源。然后，宝源以文学妙喻，形容"酒"为"人中毒汤，士中癫水"，并以娑伽陀尊者醉酒及某仙人贪杯之典，指出"酒"能使壮夫"倒下"，智者"慵钝"，甚至能使华美装饰的富家子弟躺卧茅厕羞惭不已，能使谦谦"君子"裸奔于市场。不唯如此，前世嗜酒者，今生则得癫狂粗野之报；前世把酒让盏者，今世难免愚痴残手之报。凡此，皆为饮酒之可憎可怖之

① ［印度］护法等菩萨造，［唐］三藏法师玄奘奉诏译：《成唯识论》卷七，［日本］高楠顺次郎等《大正新修大藏经》"中观部·瑜伽部"第31册第1585部，大正经刊行会1934年印行，第8页。
② ［清］郭庆藩撰，王孝鱼点校：《庄子集释》卷一〇下，中华书局，1995年，第1098页。

处，故而宝源法师表示自己希望"略微骂酒之罪，些许以劝世人"。显然，宝源谈到"饮酒之害"时，自以为还是很"克制"的。当然，与下文的激烈措辞相比，这部分引经据典对"富儿""士人"的告诫的确显得相对"温柔"。因为接下来宝源的排山倒海般的"博喻"手段，才是本文的"大奇"之处。

再次，宝源用反复的文学铺排手段，呵责"酒者""醉者"的癫狂和愚昧：他先连用 12 联文学性质的骈句来排比"酒者"的丑陋：祸根、蛇毒、恶魔、魔鬼、粪便、蚊蝇、尿吐、癫狂汤、败家贼，能令人无有惭愧，丧心病狂，走向魔鬼乘，贪婪于口服之欲。又连用 4 联骈句来排比"醉者"的丑态：如盲人、似聋人、同哑人、如人尸、似临终，失神落魄，坐中如死。然后再次告诫"酒者"如恶毒的魔王药，令人摇头晃脑，言语颠倒，大言无当，修行懈怠。此一段宝源所用的"喻体"，极尽夸张而又生动异常，直接犀利而又酣畅淋漓，既与上段的"微骂""些劝"拉开了语言的层次，又紧扣"骂酒"的宗旨，来一次痛快的宣泄。由此水到渠成，宝源叮咛饮酒者要观察"酒无功德，苦无可匹"的本相，指其尚且不如屎尿的种地助肥沃、血痰的内养身命之效、毒药的外敷治恶疮之能，故其毒汤之恶，无有匹敌。宝源的这些"对比"，可谓机智、幽默，不无调笑的同时也充满智慧。他再次告诫那些把盏劝酒的人，要敬畏无智无眼的可怕果报，以与前文的告诫互为呼应；同时他进一步告诫那些疯狂的卖酒者、懵懂的寻酒者，无疑是拿着钱自买疾病和伤害。这种劝导，可谓切于生活。因此，宝源的《骂酒说》，还"奇"在其源自生活而高于生活的观察，虽然足够夸张，然而亦足够贴近生活，可谓"骂之深，爱之切"。

最后，宝源奉劝那些"智者"远离酒害，不要为"酒"迷情，"活着失人威，死后堕粪汤"。这种"曲终奏雅"的措辞，不唯使得自己回归到"国师大德"的身份，又使得读者恍惚中与"被骂"的人自我切割开来，以"智者"自居，而自然会自我劝诫，"卒归于正"。宝源用心，可谓良苦；其文学手段，可谓高妙。

事实上，中国传统文学中，自古以来就有各类关于"酒"的文学作品，有"美酒"之文、"讽酒"之文、"炫酒"之文、"警酒"之文。"美酒"之文者，一般从正面立意，肯定酒的种种功用。

"美酒"之文者，以酒为人生之高级享受。如西汉文景时期邹阳的《酒赋》，以"酒"之为物，"庶民以为欢，君子以为礼"，不唯品类繁多，且为"哲王"贺寿、燕乐、款待宾僚之用，夕醉朝醒，为贺君王"寿亿万岁，常与日月争光"①之道具。再如魏晋嵇康《酒会诗》，把酒与音乐结合起来，以为"酒中念幽人，守故弥终始。但当体七弦，寄心在知己"②。而刘伶的《酒德颂》，虚构了"唯酒是务"的大人和拘泥礼教、死守礼法的贵介公子、缙绅处士对比，以颂酒为名，称扬大人先生纵情任性、不受羁绊、超脱世俗、蔑视礼法的自由精神："无思无虑，其乐陶陶，兀然而醉，豁尔而醒"③，生动幽默，寓意深刻。刘伶处于魏晋易代政治倾轧之际，曹魏培养出的政治文人，正在被司马氏以"礼法"为名一一剪除。刘伶此颂，正是因看穿司马氏借"礼法"之名而行政治打压之实的把戏而作，故虽蕴含诸多的反讽，但终不点破，构思非常巧妙。初唐王绩的《醉乡记》，羡慕"阮嗣宗、陶渊明等十数人并游于醉乡，没

---

① ［汉］邹阳《酒赋》，费振刚、仇仲谦、刘南平校注：《全汉赋校注》（上册），广东教育出版社，2005年，第54—55页。

② ［魏］嵇康撰，殷翔、郭全芝集注：《嵇康集注》，黄山书社，1986年，第77页。

③ ［南朝梁］萧统编，唐李善校注：《昭明文选》第5册，崇文书局，2018年，第1867页。

身不返，死葬其壤，中国以为酒仙云。嗟乎！醉乡氏之俗，岂古华胥氏之国乎？何其淳寂也！"① 可见，美酒对于失意的文人，就是神游于"古华胥之国"的最好媒介。"美酒"之文中，最具代表性的当属苏轼的《浊醪有妙理赋》《酒子赋》《中山松醪赋》《洞庭春色赋》之类，或往往熔铸酿造、品类、学问、导情及人生哲理为一体，重在写照自己的"超然物外"情怀。如其谪居海南时的名作《浊醪有妙理赋》云："惟此君独游万物之表，盖天下不可一日而无。在醉常醒，孰是狂人之药；得意忘味，始知至道之腴"，"伊人之生，以酒为命"，"内全其天，外寓于酒"②。"酒"成了苏轼熔铸儒、释、道哲理，解脱于政治苦闷和人生忧患时不可或缺的性命之物。当然，这类"美酒"之文与邹阳的"贺寿助兴"的旨趣相比，更为深邃而启人深思了。他如南宋李纲以"直道示人，宜乎三黜"为韵的同名《浊醪有妙理赋》，亦是"美酒"之作的典范：赋始于"融方寸于混茫，处心合道；齐天地于毫末，遇境皆真"哲理阐述，终以"察行观德，莫酒之如"③ 的诙谐肯定，其间杂以古往今来嗜酒而狂放的圣贤之迹，与苏轼之赋有异曲同工之妙。他如明初王翰《葡萄酒赋并序》，虚设西域先生蔓硕生和安邑主人之间的主客问答，以明酒之为道，"能使棱峭者浑沦，强暴者藏神，戕贼而机变者皆抱璞而含真，欲使区宇之人，皆从吾于无何有之乡，而为葛天氏之民

---

① 何香久主编：《中国历代名家散文大系·隋唐五代·王绩》，人民日报出版社，1999年，第92—93页。

② ［宋］苏轼著，［清］王时宇重校，郑行顺点校：《苏文忠公海外集》，海南出版社，2017年，第203页。

③ ［宋］李纲《梁溪集·赋四》卷四，［宋］李纲著，王瑞明点校，《李纲全集》（上册），岳麓书社，2004年，第21—22页。

也"①。明中期周履靖《酒德颂和刘伶韵》一文,亦阐明酒"但适性情,醉睨荣华"② 的畅情陶冶之用。

"讽酒"之文者,一般是正话反说,来表达对社会和人生的批判或讽刺。如东汉扬雄《都酒赋》(亦名《酒箴》《酒赋》),则以盛水之瓶和盛酒之"鸱夷"做对比,从而指出"鸱夷"虽然样子滑稽,腹大如壶,但却可以"常为国器,托于属车。出入两宫,经营公家"③,享尽荣华富贵和体面生活。此文一般认为是因为"汉孝成皇帝好酒,雄作《酒赋》以讽之"④。故此类文字,实为"讽酒"之文;这类"讽酒"之作,后世亦不乏其人,如唐代陆龟蒙的《中酒赋》陈列"酒"之为病,从肢体的绵软,至神色的涣散沮丧;从欢情的放弃,至逮捕毕卓、刘伶等酒友;从流放仪狄、杜康,到砸烂酒料、酒器;从撤掉酒铺的椽柱,到驱赶酒宴醉徒,欲扬先抑,大骂一通。然后表态:"吾将受教于圣贤,敢忘乎欢伯?"欢伯,即以拟人之法名"酒",可见作者实借酒讽时,以寄托"卜士蔚专讽虾蟆,诚堪窃笑;庄周子化为蝴蝶,实是凭虚"⑤ 之类的人生孤愤而已。中唐白居易的《酒功赞》,更以为"百虑齐息,时乃之德;万缘皆空,时乃之功。吾尝终日不食,终夜不寝,以思无益,不如且

---

① 运城市地方志编纂委员会编:《运城市志·艺文志》卷二八,生活·读书·新知三联书店,1994 年,第 586 页。
② [清] 陈梦雷、蒋廷锡:《钦定古今图书集成·经济汇编·食货典·酒部》卷二七六,中华书局,1934 年影印本。
③ 赵逵夫主编:《历代赋评注 2·汉代卷》,巴蜀书社,2010 年,第 301 页。
④ [宋] 李昉编纂,夏剑钦、王巽斋校点:《太平御览》卷八九《孝成皇帝》引扬雄《酒赋叙》,河北教育出版社,1994 年,第 782 页。
⑤ 许结主编:《历代赋汇》(校订本)卷一〇〇,凤凰出版社,2018 年,第 2799 页。

饮"①。其《醉吟先生传》更是渲染"吟罢自哂，揭瓮酌醅，又饮数杯，兀然而醉，既而醉复醒，醒复吟，吟复饮，饮复醉，醉吟相仍，若循环然……陶陶然，昏昏然，不知老之将至"的"得全于酒者"②的幸福生活，亦实为政治失意后的讽喻之辞。

"警酒"之文者，一般是先扬后抑，始于"美酒"而终于"戒酒"之意。如与曹植同时的建安七子之一王粲，既然政治上属于曹氏集团，其《酒赋》显然可归于曹植《酒赋》的唱和作品。王粲也是从仪狄造酒说起，重点谈其"人神式宴"的"崇高"功用："章文德于庙堂，协武义于三军。致子弟之孝养，纠骨肉之睦亲。成朋友之欢好，赞交往之主宾。"指出其在生活中"无礼不入，何事不因"的广泛作用。但另一方面，作为普通臣子，他的身份和地位当然不能支撑曹植式的"傲娇"，所以他用了较多的文字接着谈"酒"的负面效应：

> 贼功业而败事，毁名行以取诟。遗大耻于载籍，满简帛而见书。孰不饮而罗兹？罔非酒而惟事。昔在公旦，极兹话言，濡首屡舞，谈易作难。大禹所忌，文王是艰。暨我中叶，酒流犹多。群庶崇饮，日富月奢。③

不难看出，王粲用了几乎将近一半的篇幅来警醒世人，警惕嗜酒引起的世风浮靡衰败的倾向。他对历史记载的因酒奇耻的诸多故

---

① ［唐］白居易著，丁如明、聂世美校点：《白居易全集》卷七〇，上海古籍出版社，1999 年，第 964 页。

② ［唐］白居易著，丁如明、聂世美校点：《白居易全集》卷七〇，上海古籍出版社，1999 年，第 977—979 页。

③ 赵逵夫主编：《历代赋评注 3·魏晋卷》，巴蜀书社，2010 年，第 60—61 页。

事一语带过，而把重点放在大禹明明能预见酒可亡国，如周文王明明已见证酒亡商纣，但周公旦依然还在力陈酒害却难以禁避上。这三位圣人时期尚且如此，王粲因此感叹本朝酒流空前、崇饮更甚的风气。行文至此，戛然而止，然警戒之意，跃然纸上。王粲因劝刘表之子投靠曹营而在政治上有所成就，在功业上有所树立。他的生存依附于曹家势力，故而其对"酒"的立场实为呼应曹操的《戒酒令》而作。其行文既有附和曹植之文的一面，又有政治站队的一面，故此类文字，可谓"警酒"之文；同类的警戒文字还有西晋张载的《酃酒赋》。司马炎建晋，于开国大典上，以酃县之酒荐于太庙，犒劳功臣，从此酃酒盛名一时，成为贡酒之一。故《文选·张协〈七命〉》"乃有荆南乌程，豫北竹叶"。李善注引晋宋时期盛弘之的《荆州记》云："渌水出豫章康乐县，其间乌程乡有酒官，取水为酒。酒极甘美，与湘东酃湖酒，年常献之，世称酃渌酒。"① 张载《酃酒赋》实创作于此历史背景之下。赋作伊始赞誉杜康、仪狄造酒的伟大和智慧，并附会以自然天命的旨趣："嘉康狄之先识，亦应天而顺人。拟酒旗于玄象，造甘醴以颐神。"接着指出"酒"为贤愚同好、大化齐均之物，属于物变弥新，百代而珍之物，从春及秋，从长安到边地，无不酿造并取悦于人、神。这就总体上肯定了"酒"文化的积极意义。接着指出湘东的"酃酒"应运而生，"播殊美于圣代，宣至味而大同"，"备味滋和，体淳色清"，能够"宣御神志，导气养形；遣忧消患，适性顺情"，能令"言之者嘉其美志，味之者弃事忘荣"。从其扬名的圣代时机、皇家地位、象征的"大同"意义、高品质的色香及养生功用，乃至于宣导忧患、调和性情等方面给予

---

① ［南朝梁］萧统编，［唐］李善注：《文选》卷三五，中华书局，1977年，第497页。

极高的评价。然后作者指出自己纠合同好，献酬酃酒，"咸得志以自足，愿栖迟于一丘"的欢乐。至此，张载的行文都属于"欲抑先扬"手法，以为文末的陡转做铺垫：赋作的最后，作者描述自己隐居陋室，阅读经典，感悟夏禹禁酒、疏远仪狄的往事，痛惜秦穆公醉酒害才的教训，赞赏卫武公悔酒改过的行径，并希望后人能引以为戒："鉴往事而作戒，罔非酒而惟愆……察成败于往古，垂将来于兹篇"①，卒章显志，明其文之"警戒"性质。张载与弟张协、张亢三人，均以文学著称，时称"三张"，并曾任晋佐著作郎、著作郎、记室督、中书侍郎等职，然于西晋末年世乱时，托病告归，终卒于家。这篇《酃酒赋》所描述的是西晋最为繁盛时期的社会风貌，对比后来的五胡乱中华的历史，此赋见微知著，卒归于"讽谏"的远见是令人感叹的。他如中唐皇甫湜的《醉赋》，自谓"尝为沈湎所困，因作《醉赋》寄啁任山君，君嗜此物，亦以警之"②。晚唐皮日休亦嗜酒，其《酒箴》自叙终年荒醉，自戏曰"醉士""酒民"，并告诫自己："酒之所乐，乐其全真，宁能我醉，不醉于人。"北宋吴淑的《酒赋》，历数悠久酿酒历史和饮酒文化，几乎将历代饮者的故事荟萃一篇，最终达到"苟忘濡首之戒，将贻腐胁之毙，故三爵以退，百拜成礼，所以喻之于兵而譬之于水也"③的警戒目的。

　　"炫酒"之文者，一般是貌似在文尾提醒人们适可而止，但实际上绝大部分篇幅在于炫耀酒的功用。如三国曹植，《三国志·魏书》

① ［清］严可均辑：《全上古三代秦汉三国六朝文·晋下》（第 4 册）卷八五，河北教育出版社，1997 年，第 882—883 页。
② 赵逵夫主编：《历代赋评注 5·唐五代卷》，巴蜀书社，2010 年，第432—433 页。
③ 曾枣庄、刘琳主编：《全宋文》（第 6 册）卷一一六，上海辞书出版社、安徽教育出版社，2006 年，第 212 页。

本传称其"任性而不自雕励，饮酒不节……太祖以植为南中郎将，行征虏将军，欲遣救仁，呼有所敕戒。植醉不能受命，于是悔而罢之"。"黄初二年，监国谒者灌均希指，奏'植醉酒悖慢，劫胁使者'。有司请治罪，帝以太后故，贬爵安乡侯。"① 但他曾受扬雄《酒赋》的刺激，以为"辞甚瑰玮，颇戏而不雅"，故自己亦"聊作《酒赋》，粗究其终始"。曹植的《酒赋》从仪狄造酒的美好和珍贵谈起，然后夸耀"有酒"能使秦穆公兴起霸业，汉高祖醉斩白蛇，"无酒"能使穆生看穿刘戊的无礼趁早离开，"敬酒"之情让侯嬴感念信陵君的知遇之恩而自刎。故美酒能使"王孙公子，游侠翱翔。将承欢以接意，会陵云之朱堂。献酬交错，宴笑无方"。饮者并醉，纵横喧哗之时，"或扬袂屡舞，或扣剑清歌；或嚬蹙辞觞，或奋爵横飞；或叹骊驹既驾，或称朝露未晞"，"质者或文，刚者或仁；卑者忘贱，窭者忘贫"。此皆"酒"之社会功能和物力功用。然碍于"矫俗先生"的"淫荒之源，非作者之事"的指责，曹植在文末也不得不"劝百讽一"，郑重表态"若耽于觞酌，流情纵逸，先王所禁，君子所斥"②。这当然是前后文意互相矛盾的一种态度。此类文字，可谓"炫酒"之文，即似劝实炫之意。

当然，古代文人对"酒"的书写异常丰富，远不止上述所简介者。比如以酒谱乐者，如传说的阮籍《酒狂》之曲；有的专门科研出酒谱或酒史、酒文化，如北宋窦苹的《酒谱》、窦革的《酒谱》；有的收集酒曲工艺，如北宋苏轼的《东坡酒经》、林洪的《新丰酒经》、朱肱的《北山酒经》、李保的《续北山酒经》、南宋范成大的

① ［蜀］陈寿：《三国志·魏书·曹植传》，中华书局，1971年，第557—558、561页。

② ［魏］曹植撰，夏传才主编、张蕾校注：《建安文学全书·王粲集校注》，河北教育出版社，2013年，第180页。

《桂海酒志》；有的调和"酒"之损益，如苏辙的《既醉备五福论》即是；有的收录上至宫廷下至民间的酒名，如南宋张能臣的《酒名记》；有的介绍地域特色酒的酿造，如南宋李纲的《椰子酒》；有的记载酿酒的新技术，如金元好问的《蒲陶酒赋》和朱德润的《轧赖机酒赋》者即是；有的研究酒的历史，如元宋伯仁的《酒小史》；有的荟萃解酒之法，如金代赵秉文的《解朝醒赋》即是；有的貌似助人解酒，实则寄寓辛辣的讽刺，如蒲松龄的《酒人赋》末段：

> 又有酒隔咽喉；间不盈寸；呐呐呢呢，犹讥主客。坐不言行，饮复不任：酒客无品，于斯为甚。甚有狂药下，客气粗，努石棱，磔鬈须，袒两臂，跃双趺；尘蒙蒙兮满面，哇浪浪兮沾裙；口猖猖兮乱吠，发蓬蓬兮若奴。其吁地而呼天也，似李郎之呕其肝脏；其扬手而掷足也，如苏相之裂于牛车。舌底生莲者，不能穷其状；灯前取影者，不能为之图。父母前而受忤，妻子弱而难扶。或以父执之良友，无端而受骂于灌夫。婉言以警，倍益眩瞑。此名"酒凶"，不可救拯。惟有一术，可以解酪。厥术维何？只须一挺。絷其手足，与斩豕等。止困其臀，勿伤其顶；捶至百余，豁然顿醒。①

赋作对"醉鬼""酒凶"提出解酒之法，令人于捧腹绝倒之际，深思其中的痛世之意。总之，中国古代传统文人与酒的关系，可谓源远流长，底蕴深厚，专文专篇，可谓丰富。至于那些以酒为诗、为文、为小说、为绘画之助者，更是数不胜数了。

---

① ［清］蒲松龄：《聊斋志异》（上）卷六《八大王》，时代文艺出版社，2000年，第363—364页。

目前西夏保存的部分诗文中，可以清晰地展现西夏某些寺院的部分僧人可能被允许用酒：如今甘肃武威博物馆藏西夏崇宗干顺天佑民安五年（1094）浑嵬名遇的《大白高国凉州感通浮屠之铭文》中，有"匠人小头监感通塔下汉众僧监赐绯和尚酒智清""木匠小头监和尚酒智伯""护国寺感通塔汉众僧正赐绯僧酒智清，修塔寺监石碑感通塔汉众僧副赐绯僧酒智宣"① 等署名。按护国寺感应塔碑，是迄今保存最完整、内容最丰富、西夏文和汉文对照字数最多的西夏碑刻。护国寺原即武威大云寺，西夏时改名为护国寺，崇宗乾顺天佑民安五年（1094）皇家斥资重修，因留此碑。再如俄罗斯科学院东方文献研究所藏本 инв. № 697 天佑民安五年（1094）梁太后的《大乘无量寿经后序愿文》，尾题"书者衣绯和尚酒智清"②。所谓"赐绯""衣绯"，即赐给或允许服红色官服。这是西夏沿用唐五代及宋代礼制，五品、四品官可以服绯的传统而来，并扩充到对僧官的礼制。那么矛盾来了，前文提到佛教教义中，"酒戒"是最根本的五戒之一，而宝源和尚的《骂酒说》也谆谆告诫"戒酒"，可是何以僧人官制中有与保管"酒"有关的职位呢？合理的推测或许是，西夏官府的诸多祭祀和庆典，都是由僧人主持，并在寺院主办的。祭祀和庆典有用"酒"的习俗，则僧人中自当有负责"酒"的职位。俄藏 инв. № 7560 号保存的西夏李纯佑天庆元年（1194）佚名的《祭祀地祇大神文》云：

南赡部洲大白高国天庆庚寅元年，州地境属下家主弟子某甲一门敬奉，准备酒食，祭祀地祇大神等。本处受持敬奉，大

① 聂鸿音：《西夏诗文全编》，第 37、46 页。
② 聂鸿音：《西夏诗文全编》，第 47 页。

神祇等东来敷座，烧香散酒礼拜。①

我们看到这段文字伊始以"南赡部洲大白高国"启告，为典型的佛教述语加上世俗用语。其内容其实是范文，任何人有这类需求，只要把"州地境属下家主弟子某甲"处填写落实即可。"地祇大神"之类，也是释、道二教共用术语。所以，这类祭祀很有可能是由僧人主持，并允许用酒祭奠。

不难想象，如果僧人和寺院本来就有合法存酒的机会，那么部分僧人冒犯酒戒也就所见不鲜了。因此，宝源在《贤智集·自在正见诗》中反话正说，给这类僧人做了素描：

> 不做斋，不持戒，三业罪孽自然消。有时一日吃十顿，无时紧腹随缘住。若食肉，若饮酒，油腻一律味不沾。一若舒身华林卧，我心依旧不动摇。②

他笔下的部分僧人，"不做斋，不持戒"，却还诡辩声称"三业罪孽自然消"。他们热衷应酬，声称有机会一日十顿，无机会紧缩肚皮。他们还诡辩自己貌似食肉饮酒，其实却没有沾染其油脂和滋味。他们还声称自己即使坐卧华林，但还能保持禅定如如不动。可见，宝源是十分清楚僧林里这些破戒的和尚们是如何替自己的违律行为狡辩的。因此，他不仅专门撰写《骂酒说》来驳斥，还一有机会就在不同的文章里反复申说。如其《贤智集·小乘意法》云：

---

① 聂鸿音：《西夏诗文全编》，第212页。
② 聂鸿音：《西夏诗文全编》，第157—158页。

　　暗室疑生，虚惊而思虑鬼在；无名酒饮，色身上所执有我。①

　　宝源从无名业力与色身之间的根本关系上指出，执着于饮酒的行为，也是无明业力的一种，无明业力令人误以色身为本我，因此人们就会执着地满足这个色身的物质欲望。这就好比暗室里即便没有鬼，但由于内心怕鬼就会怀疑有鬼，于是惊惧之下虚空中人们就会感觉鬼真的存在。为此，他指出色身沉湎于对"酒"的执着，只能带来迷幻和沉沦，故其《贤智集·骂财说》云：

　　愚人犹如顺风鸡，染着酒糟教迷醉。是以入于吉凶网，永沉苦海何伤悼！②

　　宝源形容人们沉迷于"酒"是一种"愚痴"的可悲行为，易于引人跌入吉凶难测的尘网，永沉生死轮回的苦海。因此为了劝诫僧众远离"酒业"，宝源还在其《贤智集·劝亲修善说》中算了一笔"生命账"：

　　人生百岁，谁能终其寿考？难至七十，母腹日差亦多。亦足百年，实实仅度其半；夜夜酣睡，是亦五十虚年。彼五十年，复十五年蒙昧；酒醉疾病，十五年正无知。七十已过，愚昧已成老朽；或成大觉，忧思安乐岂得？③

---

① 聂鸿音：《西夏诗文全编》，第 159 页。
② 聂鸿音：《西夏诗文全编》，第 150 页。
③ 聂鸿音：《西夏诗文全编》，第 144 页。

　　宝源指出，人生是如此的宝贵，当时，通常人的生命只有五十年左右。而除去蒙昧无知的十五年和酒醉成病无知无识的十五年，人生还有多少机会去追求智慧的正途呢？所以有人追求七十岁的生命以成"大觉"，有人却把七十岁的生命活成"老朽"，这样的对比，何其鲜明？

　　一方面是国家需要寺院承担部分祭祀用酒的任务，另一方面又是僧人遵守佛教基本酒戒的规则，宝源和尚的《骂酒说》等文学篇章对"酒"的劝诫，绝对不是偶然出现的，而是有着西夏深刻社会政治、经济和宗教的时代背景。

　　综上，在中国古代悠久的"酒"文学背景下，我们再来观照西夏宝源国师的《骂酒说》，更能为此"奇文"在中国古代文学史上意义拍案叫绝了：其一，《骂酒说》是目前仅见的以我国古代少数民族语言文字创作的酒题材文学作品；其二，《骂酒说》是目前仅见的我国古代文学中，以佛教的视角来对"酒"的危害警示世人的文学作品；其三，《骂酒说》在我国古代琳琅满目的"美酒""炫酒""警酒""讽酒"等之外，更以极富文采和艺术匠心的"骂酒"视角，有异于目前现存的任何一种同类文字，因而丰富了这类文学的品种。总之，西夏宝源国师的《骂酒说》，揭示了西夏特有的酒文化背景和佛教文化因缘，同时也体现了宝源和尚高明的劝善艺术及文学手段，更是目前仅见的以古代少数民族语言文字创作的酒题材文学作品，堪称"千古奇文"。西夏部分僧人可能被允许参与各级祭祀的用酒活动，这是其产生的根本原因之一。

"醉态盛唐"与《饮中八仙歌》

屈小强[1]

唐帝国是中国封建社会历史上一个空前强盛的朝代，也是"中国最具世界主义色彩的朝代"[2]。它对外开疆拓土，慑服四夷而怀柔以远，吸纳八面来风；对内致力于稳定社会，发展经济且融会三教，广开言路，引天下英雄尽入彀中——至盛唐达到顶峰，从而使整个社会呈现出一派朝气蓬勃、云蒸霞蔚的景致，并造就出中国诗史上光芒万丈的"盛唐气象"。在这个宏大的文化生态环境中，有一处令人向往和痴迷的亮丽风景线，这就是杨义先生所讲的"醉态盛唐"。杨义先生说："诗酒因缘，于唐尤深，为有唐一代魅力奇特的精神文化现象。"[3] 而站在"醉态盛唐"之巅、引领一代诗酒风流者，自是盛唐气象那璀璨夜空里的双子星座——李白与杜甫了。前者是自组的彪炳诗史的"饮中八仙"的领军人物，后者则用前所未有的奇特手法为"八仙"绘制了一幅惟妙惟肖、谐趣横生的群像画，称《饮中八仙歌》。它所刻画的八位可爱的醉者形象，展现了

---

① 屈小强，四川省政府文史研究馆馆员，《文史杂志》主编、编审。
② ［美］黄仁宇：《中国大历史》，生活·读书·新知三联书店，1997年，第108页。
③ 杨义：《李杜诗学》，北京出版社，2001年，第71页。

"盛唐气象"最可宝贵的东西，就是人格的独立、思想的解放。后来陈寅恪先生提出的"思想而不自由，毋宁死耳"和"独立之精神，自由之思想"之说①，乃与之一脉相承。

"诗唐"与"醉唐"

杜甫《饮中八仙歌》提及的八位"酒仙"，也都是诗人。唐代的中国，是诗的国度，闻一多先生呼为"诗唐"。这个"诗唐"其实也是"醉唐"。当时文人，无一不写诗，亦几乎必饮酒。像李白那样的自斟自饮，"举杯邀明月，对影成三人"（《月下独酌四首》其一）就自不必说了——这是诗人生活的常态；即便是诗人相邀相聚，也多在酒楼、酒宴之上，简朴一点的，也必自携浊酒，相会于陋室草庐（唐诗中不时可见这样的描述）。其时全国城乡酒楼林立，酒旗招展。皮日休《酒旗》诗有云："青帜阔数尺，悬于往来道。多为风所扬，时见酒名号。"刘禹锡、陆龟蒙也有关于酒旗的名句："酒旗相望大堤头，堤下连旗堤上楼"（《堤上行三首》其一）；"唯有日斜溪上思，酒旗风影落春流"（《怀宛陵旧游》）。当时号称"扬一益二"的益州（成都府），则是满城酒香，酒客熙攘。张籍的《成都曲》说："万里桥边多酒家，游人爱向谁家宿。"雍陶的《到蜀后记途中经历》则云："自到成都烧酒熟，不思身更入长安。"孙光宪《北梦琐言》卷三记唐代"蜀之士子，莫不沽酒，慕相如涤器之风也"。而杜牧的《清明》诗句"借问酒家何处有，牧童遥指杏花村"的杏花村酒家群，或说在山西汾阳，或说在安徽池州，又云在今南京市秦

---

① 陈寅恪：《清华大学王观堂先生纪念碑铭》，载《金明馆丛稿二编》，生活·读书·新知三联书店，2015年，第248页。

淮区凤台山一带……各处都有洋洋洒洒的史料为证，道不尽唐时各地酒业的繁荣气象。据说唐代山西汾阳的杏花村在最兴盛时，拥有72家酿酒作坊。袁枚《随园诗话补遗》卷六讲了一段趣事，说大约在天宝十四载（755）的季春，安徽泾县有位叫汪伦的士绅从自己的别业处写信给李白："先生好游乎？此地有十里桃花。先生好饮乎？此地有万家酒店。"获信后的李白从秋浦（今安徽贵池）启程，兴冲冲地前往泾县汪氏别业附近，打算尽情游赏并饕餮一番。可到得此地一看，虽桑梓葱茏，池馆清幽，却不见十里桃花的恢弘阵势，更不用说那万家酒店的盛大规模了。前来迎接的主人汪伦诡谲一笑，给李白解释说：我信里所言桃花乃指十里之外的桃花潭，而桃花潭边开酒店的老板姓万，故云万家酒店……李白之所以如此轻率地便中了汪伦的圈套，不辞劳苦前来探看泾县汪伦别业附近的万家酒店，是因为其时国中大规模的酒店（楼）、酒坊群落比比皆是，并不新鲜。只是酒店竟能于某个村庄或乡镇聚集万家，确实闻所未闻，所以就要来亲自求证，这才上了汪伦的当。一般城镇、乡村酒肆、酒坊情况都如此兴盛，更不用说作为首都的长安了。在表现醉态长安的唐诗中，最为人乐道者，当数王维的《少年行四首》（其一）了："新丰美酒斗十千，咸阳游侠多少年。相逢意气为君饮，系马高楼垂柳边。"巍峨的酒楼、轻垂的杨柳、肥壮的骏马，再加上轻裘缓带的游侠少年与酒中极品——新丰美酒，构成一幅盛世长安青春躁动、英姿勃发的明朗画卷。王维的《送元二使安西》诗亦着墨于长安酒舍（客舍兼酒肆），其中"劝君更尽一杯酒，西出阳关无故人"，不知令多少人扼腕叹息，泪水潸然！又有天宝年间（742—756）的韦应物在歌行《酒肆行》里大肆描摹长安新建酒楼的盛况："豪家沽酒长安陌，一旦起楼高百尺。碧疏玲珑含春风，银题彩帜邀上客。"其时长安以及其他城市集镇的夜市，也有酒肆的灯光摇曳，如王建诗："水门向晚茶商闹，桥市通宵酒客行。"（《寄汴州令狐相公》）白居易："皋桥夜沽酒，灯火是谁家。"（《夜归》）温庭筠："酒酣夜别淮阴市，日照高楼一曲歌。"（《赠少年》）

有唐一代供应酒肆的酒，品牌众多，五光十色，足令鬻者嘻嘻，饮者啧啧。唐人李肇《唐国史补》卷下载开元至长庆（713—824）间的大唐酒市："酒则有郢州之富水，乌程之若下，荥阳之土窟春，富平之石冻春，剑南之烧春，河东之乾和蒲萄，岭南之灵溪、博罗，宜城之九酝，当阳之溢水，京城之西市腔，虾蟆陵郎官清、阿婆清。又有三勒浆类酒，法出波斯，三勒者谓庵摩勒、毗梨勒、诃梨勒。"（上海古籍本原注："一本作富平之石梁春，剑南之烧香春。"）唐代上市的酒当然不止这十四种。笔者约略浏览一下手上有限的唐人诗文，发现除李肇所记外，还有十余种美酒令诗人不舍。它们按酿造地点、时间、方式、用料不同，依次是新丰（在今陕西临潼东北）美酒、兰陵（在今山东兰陵县兰陵镇）美酒、鲁酒、金花酒（二者可能皆指兰陵美酒）、蜀酒、云安（在今重庆云阳）曲米春、汉州（在今四川广汉）鹅黄酒、戎州（在今四川宜宾）重碧酒、松醪春、春酒、乳酒、郫筒酒、酴醿酒、屠苏酒、蓝尾酒等。

唐代诗人真是口福不浅！面对这满目琳琅、活色生香的金浆玉醴，难怪诗人们会不惜以金龟、玉佩、五花马、千金裘去换它——宁肯倾家荡产，也要饮它三百杯！美酒与诗人的美丽邂逅，催生出无数美丽的诗篇，也让大唐这个诗的国度更加令人着迷。那许许多多或大气磅礴，或清新婉丽，或慷慨高歌，或浅吟低唱的酒诗、酒歌，让酒之芬芳满溢诗唐。有人用大数据统计过，在现存 57300 多首唐诗（包括近世陈尚君等辑补的佚诗与长沙窑瓷器上的佚诗）里，与酒有关的诗篇就有 11405 首，几占总数的 20%。其中盛唐诗人的涉酒诗，如岑参有 132 首，为他现存 411 首诗的 32.12%；李白有 334 首，为现存 1206 首诗的 27.69％；李颀有 36 首，为现存 133 首诗的 27.07％；韦应物有 123 首，为现存 584 首诗的 21.06％；杜甫有 276 首，为现存 1489 首诗的 18.54％……①以这上万首涉酒诗为代表的现存 5.7 万多首唐诗，是诗人们献给大唐盛世的赞歌。在诗人们此起彼伏的引吭放歌中，与大唐社会繁荣富庶景象相偕的耽于感官刺激的享乐主义风气也弥漫开来，成为大唐由盛转衰的一个文化诱因。

法国文艺理论家兼史学家丹纳在《艺术哲学》一书中说："总是环境，就是风俗习惯与时代精神，决定艺术品的总类。"② 具有人性自觉、人格独立特点，又带有反享乐主义色彩（以极写享乐之态而行反享乐之实）的《饮中八仙歌》便是醉态盛唐烂漫花树上结出的一枚硕果。

《饮中八仙歌》的缘起

唐玄宗天宝元年（742）孟秋时节，李白在东鲁南陵（今山东曲阜南陵城村）接到皇帝召他入京的诏书，十分兴奋，当即收拾书箧行囊，启程赴京。临行之际，他挥毫写下一首神采奕奕的七古——《南陵别儿童入京》以纪事：

> 白酒新熟山中归，黄鸡啄黍秋正肥。
>
> 呼童烹鸡酌白酒，儿女嬉笑牵人衣。

---

① 参见"百度"2021 年 1 月 21 日及 3 月 24 日《五万七千首唐诗……》等文，署名"安安小小姐姐"。

② ［法］丹纳著、傅雷译：《艺术哲学》，人民文学出版社，1963 年，第 37 页。

> 高歌取醉欲自慰，起舞落日争光辉。
>
> 游说万乘苦不早，著鞭跨马涉远道。
>
> 会稽愚妇轻买臣，余亦辞家西入秦。
>
> 仰天大笑出门去，我辈岂是蓬蒿人。

此诗凡十二句，前六句都在说酒和饮酒，活脱出一副以酒为伴、以酒为命的酒仙之状。明人朱谏评此说："蔼然天性之真，此山中之乐也。我亦有怀，不得自试，未免抑郁，乃高歌取醉以自慰遣，既醉且舞，动荡激昂之态，殆与落日争其光辉。"[1]

李白入京，在天宝元年的唐朝可以说是一个大事件。李白的族叔李阳冰在唐代宗宝应元年（762）十一月——即李白逝世的当年当月所作《草堂集序》中记叙这一历史事件说：

> 天宝中，皇祖下诏，征就金马，降辇步迎，如见绮、皓。以七宝床赐食，御手调羹以饭之，谓曰："卿是布衣，名为朕知，非素蓄道义，何以及此。"置于金銮殿，出入翰林中，问以国政，潜草诏诰，人无知者。[2]

惜乎这样扬眉吐气的日子并不太长。天宝三载（744）春，李白即遭皇帝身边的小人谗毁，被迫别任离京。他出京前写过一首《玉壶吟》，中有"世人不识东方朔，大隐金门是谪仙"句，那"谪仙"是秘书监贺知章给他"封"的。李白在"供奉翰林"初，便在京师

---

[1]　［明］朱谏：《李诗选注》，转引自詹锳主编《李白全集校注汇释集评》第四册，百花文艺出版社，1996年，第2240页。

[2]　［唐］李阳冰：《草堂集序》，转引自詹锳主编《李白全集校注汇释集评》第一册，第1—2页。

的道教重地紫极宫与这位自号"四明狂客"的老诗人见了面。后者看完李白呈上的《蜀道难》诗（或云《乌栖曲》），抬头再一看李白面相，便惊乍乍地高呼他为"谪仙人"，又说："此诗可以哭鬼神矣！"

贺知章于李白的意义，乃在于点醒了李白的"谪仙人"意识或者说促发了其"谪仙人"的自觉。李白在长安"供奉翰林"期间之所以慢薄公卿、睥睨群小的精神动力，便来源于这种自觉。他原想做世外的仙人，却在现世中圆了这个梦。他在客居长安的一两年间，过的就是神仙的日子，享受着神仙的快活。这在使一般布衣知识分子欢呼雀跃的同时，也令许多心地猥琐之人嫉妒、仇视而诋毁。《新唐书·李白传》载有李白在"供奉翰林"时的一段飘然若仙的故事以及这故事何以终止的原委：

> （李）白犹与饮徒醉于市。帝坐沈香子亭，意有所感，欲得白为乐章，召入，而白已醉，左右以水额面，稍解，授笔成文，婉丽精切，无留思。帝爱其才，数宴见。白尝侍帝，醉，使高力士脱靴。力士素贵，耻之，摘其诗以激杨贵妃。帝欲官白，妃辄沮止。白自知不为亲近所容，益骜放不自修，与知章、李适之、汝阳王琎、崔宗之、苏晋、张旭、焦遂为"酒八仙人"。恳求还山，帝赐金放还。

《新唐书·李白传》的这段记载还讲了李白与贺知章、李适之、汝阳王李琎、崔宗之、苏晋、张旭、焦遂等七人结为"酒八仙人"的事。更早的李阳冰《草堂集序》其实就已指出："（李白）又与贺

知章、崔宗之等自为'八仙之游'。"① 这八位"仙人"能自动走在
一起玩"诗酒风流",不必说是志同道合、情趣相投了。《新唐书·
李白传》亦说,李白在开元(713—741)中客居任城(今山东济宁)
时,"与孔巢父、韩准、裴政、张叔明、陶沔居徂徕山(在今山东泰
安城外东南),日沈饮,号'竹溪六逸'"。同声相应,同气相求——
自古皆然。李白在长安供奉翰林期间结交的这七位"仙人",既有达
官显贵(如汝阳王李琎、前左丞相李适、秘书监贺知章),又有名士
名家(如崔宗之、苏晋、张旭),还有平民百姓(如焦遂),身份高
低不同,但共同的志向性情、共同的诗酒嗜好则泯灭了阶级(阶层)
的界限,让他们走到一起来,三天两头即聚会于酒楼,推杯送盏之
间又吟诗写字,觥筹交错中且大呼小叫,竟成为长安一景,这才有
了尔后同道中人的杜甫《饮中八仙歌》为其画像、写意,使之千古
流传。

《饮中八仙歌》的意义

杜甫《饮中八仙歌》大约写于天宝五载至十三载(746—754)
之间②。歌云:

---

① [唐]李阳冰:《草堂集序》,转引自詹锳主编《李白全集校注汇释集评》第
一册,第1—2页。

② 宋人黄鹤注此《饮中八仙歌》著作时间:"蔡兴宗《年谱》云天宝五载,而
梁权道编在天宝十三载。按史:汝阳王天宝九载已薨,贺知章天宝三载、
李适之天宝五载、苏晋开元二十二年,并已殁。此诗当是天宝间追忆旧事
而赋之,未详何年。"(转见清仇兆鳌《杜诗详注》第一册,中华书局,
1979年,第81页)今人张忠纲则言:"然据《唐书》李适之传及《玄宗
纪》,适之罢相在天宝五载四月,则此诗最早亦必作于五载四月之后。"(萧
涤非主编《杜甫全集校注》(一),人民文学出版社,2014年,第136页)

知章骑马似乘船，眼花落井水底眠。

汝阳三斗始朝天，道逢曲车口流涎，恨不移封向酒泉。

左相日兴费万钱，饮如长鲸吸百川，衔杯乐圣称避贤。

宗之潇洒美少年，举觞白眼望青天，皎如玉树临风前。

苏晋长斋绣佛前，醉中往往爱逃禅。

李白一斗诗百篇，长安市上酒家眠，天子呼来不上船，自称臣是酒中仙。

张旭三杯草圣传，脱帽露顶王公前，挥毫落纸如云烟。

焦遂五斗方卓然，高谈雄辩惊四筵。

在有唐一代的上万首涉酒诗中，最具代表性者当数李白的《将进酒》和杜甫的这首《饮中八仙歌》（以下简称《饮歌》）。有好事者搞"唐诗排行榜"，《将进酒》高居第一，因其"慷慨淋漓""最为豪放"而论者甚夥，这里就不再赘言了。而《饮歌》则以幽默谐谑、神韵灵动见长。清人李因笃说："此诗别是一格，似赞似颂，只一二语，可得其人生平。大家之作，妙是叙述，一语不涉议论，而八公身份自见，风雅中马迁也。"① 稍晚点的吴瞻泰则说："篇中醉者八人，人各一章，或一句醉态，或数句合一醉态，彼此无一同，而天真烂漫，各成奇趣。若宾筵所谓号呶侧弁者，摹写极工，然是醉后之舆隶，非饮中之神仙也。通篇只李白点一'仙'字，而又从对天子口中说出，明于八仙中推尊李白，是又公用意所在。"② 《饮歌》

① ［清］李因笃：《杜诗集评》卷五引，转引自萧涤非主编《杜甫全集校注》（一），人民文学出版社，2014年，第141页。

② ［清］吴瞻泰：《杜诗提要》卷五，转引自萧涤非主编《杜甫全集校注》（一），第141页。

的艺术性如此，而其于架构上独出创意的别致手法则如清人沈德潜所言："前不用起，后不用收，中间参差历落，似八章仍似一章，格法古未曾有。每人各赠几语，故有重韵而不妨碍。"① 在先，明人王嗣奭就指出《饮歌》布局的手法奇异，"前无所因，后人不能学。描写八公都带仙气，而或两句、三句、四句，如云在晴空，卷舒自如，亦诗中之仙也"②。

《饮歌》中的"八仙"都是酒仙，个个醉眼蒙眬、憨态可掬，却各有特色，各有韵趣。他们来自不同阶级（或阶层），彼此身份悬殊，却因着共同的杯中之物而聚集在一起，谈笑天地，放纵自我，旁若无人，乐此不疲，以至后人津津称之，羡叹不已。

《饮歌》最出彩的两人为李白与贺知章。这里先按下不表，依次简析其他六人。汝阳王李琎是第二位出场人物。他是唐玄宗长兄、宁王李宪的长子，即玄宗皇帝的侄子，深得玄宗宠爱，封汝阳郡王。他恃宠而骄，竟敢饮酒三斗后去面见圣上。其与贺知章、褚庭诲为诗酒之交，特别好酒，看见载酒之车就垂涎三尺，一路追着酒香奔，恨不得将封地迁到酒泉（即今甘肃酒泉）去（按《汉书·地理志下·酒泉郡》注引应劭说，那里"其水若酒，故曰酒泉也"）。杜甫抓住李琎贵为皇族且嗜酒如命的特点而戏谑之，为他画了一幅令人忍俊不禁的漫画。

接着出场的是前左相李适之。《大唐新语》卷七说他"性简率，不务苛细，人吏便之，雅好宾客，饮酒一斗不乱，延接宾朋，昼决公务，庭无留事"；但因"每事不让李林甫"，遭后者构

---

① ［清］沈德潜：《唐诗别裁集》卷六，转引自萧涤非主编《杜甫全集校注》（一），第141页。

② ［明］王嗣奭：《杜臆》卷一，转引自萧涤非主编《杜甫全集校注》（一），第141页。

陷，说他好酒而"颇妨政事"。玄宗居然轻信谗言，免去他左相职务，让他去做太子少保的清闲活儿，这让他特别窝火。所以他虽在职，仍有闲去酒肆与友人抱团吃酒，"饮如长鲸吸百川"。他这饕餮背后，有满腹郁闷与辛酸，这真是借酒浇愁呢！

第四个出场的是名士崔宗之。他是吏部尚书崔日用的儿子，风流倜傥，放任不拘，像阮籍一样能做青白眼——对看不惯的人便立即形之于色，翻白眼貌视之。他能酒醉而身不倒，举杯望青天，凛凛如玉树临风，真是翩翩美少年。

第五位出场者是一会儿嚷着要拜佛念经，一会儿又酒肉穿肠过的名士苏晋。他是名相苏颋的儿子。谢肇淛《五杂俎》卷一六讲他得到一幅西域和尚慧澄作的弥勒佛绣像，欢喜得很，说："是佛好饮米汁（米酒），正与吾性合。吾愿事之，他佛不爱也。"看来他的信佛是有选择性的，酒肉和尚正和他意。杜甫说他"醉中往往爱逃禅"，并未切中肯綮。他其实是清醒时也不拜真佛。

有"草圣"之誉的张旭是在李白之后第七个出场的。《新唐书·张旭传》讲他"嗜酒，每大醉，呼叫狂走，乃下笔；或以头濡墨而书，既醒自视，以为神，不可复得也，世呼'张颠'"。当今某些书家也曾上演过"以头濡墨而书"的闹剧，还抱怨批评者不知"张颠"。殊不知张旭之"颠"乃有真本事撑持，当今怪异书家却无真经而东施效颦，成了哗众取宠。宋《宣和书谱》卷一八记张旭："其草字虽奇怪百出，而求其源流，无一点画不该规矩者。或谓'张颠'不颠者是也。"诚如斯言。杜甫说他"挥毫落纸如云烟"，乃言其驾轻就熟，"得意疾书之兴"。

最后一位出场的是平民焦遂。史籍对其记载不多，大致知道他平常口吃，貌不惊人，对客不出一语；一旦饮酒醉了，便立刻换了个人一般，目光如炬，滔滔不绝，时人谓之"酒吃"。杜甫说他"高谈雄辩惊四筵",是捕捉住了他性情的闪光点而以旌扬。

回头再看首位出场的大佬贺知章。天宝元年（742）他与李白在长安相识时已是 83 岁的耄耋老翁，仍嗜酒如命，不输小年轻。这老贺初遇李白就拉他去酒楼饮酒，不料仓促间两人都未带酒钱，那老贺当即解下随身佩戴的金龟付给店家，这才坐下推心置腹，饮了个痛快。唐朝官员按品级颁赐鱼袋，袋上以金银等制成的小龟（武后天授元年九月前为鱼）做装饰，三品以上为金饰，四品、五品则用银、铜饰。贺知章官居秘书省监，当为从三品；又是太子宾客，则当为正三品，自然该佩金龟。但以此官物随便做质换物，倘追究起来是触犯刑律的。可是老贺与李白都是性情中人，即便是天规天条，高兴起来也是不管不顾的。

《旧唐书》本传还讲老贺"晚年尤加纵诞，无复规检，自号'四明狂客'，又称'秘书外监'，遨游里巷，醉后属词，动成卷轴，文不加点，咸有可观"。杜甫《饮歌》讲他"眼花落井水底眠"，活脱出一位放诞不羁，又十分真诚的可爱老头儿的形象，令人会心莞尔。

在《饮歌》中，李白是第六个出场者，却是用墨最多的人物。杜甫给李白的是四句，其他人物或两句，或三句。在这四句中，以"李白一斗诗百篇""天子呼来不上船"最为关键，最是李白其人的高光处。它道出了李白的盖世才华和不事权贵、浮云富贵的独立人格与磊落襟怀，即道出了李白之所以成为"八仙"之核心或大脑的原因。

据闻一多先生《少陵先生年谱会笺》考证，李白与杜甫初交是在天宝三载（744）。时李白遭群小谗毁而辞别长安，经商州大道，于四月间在洛阳与杜甫相会，"遂相从如弟兄耳"[1]。他俩此后

---

① 闻一多：《唐诗杂论》，山西古籍出版社，2001 年，第 43 页。

的互相唱和，相知相交，颇见人间真情。

末了，再看杜甫的《饮中八仙歌》，似乎还有没说完（或没讲出）的话。他在极颂"八仙"我行我素、豪放不羁的叛逆精神的同时，又大概会从其纵情买醉、及时行乐推及当时上流社会普遍于歌舞升平中的纵情声色，醉生梦死（这方面贵为最高掌权者的唐玄宗带了一个很不好的头）。所以他才于天宝十一载（752）春有"致君尧舜上，再使风俗淳"（《奉赠韦左丞丈二十二韵》）的陈情。正是基于这个推理，可以认为，此前的杜甫一面为李白等"八仙"画情绪昂扬、色调欢快的肖像，一面又忧心忡忡、五味杂陈。论者多诧异《饮歌》的无头无尾（如前引沈德潜语："前不用起，后不用收"），开篇即高潮，似大江磅礴东去，却戛然而止，划地不知所终，以为是诗格上的革新。如果排除该诗在辗转流传过程中的失句情况（李白名声极响的《静夜思》日本版、《将进酒》敦煌本，便与现今的规范版本差异甚大），则有可能是作者踟蹰之下的无奈之举。不过因为今天所看到的这部分实在元气淋漓，神采飞扬，且明快而亲切，惹人怜爱鼓舞，这才让人不去计较它的失格（"起承转合"四法丢"起"失"合"）而以啧啧叹奇，并送上"别是一格""风雅中马迁"① 的美誉；但又指出："此创格……后人不能学。"②

话又说回来，其实杜甫面对这群孩童般无拘无束、恃才逞快的时代骄子，还多是他的至交好友，真不知该说什么，又如何说？笔者猜想在他的欲言又止中，很可能隐藏着《孟子·告子下》里的一句话："生于忧患而死于安乐。"而杜甫以极辞而隐义的手法，乃与

---

① ［清］李因笃：《杜诗集评》卷五引，转引自萧涤非主编《杜甫全集校注》（一），人民文学出版社，2014年，第141页。

② ［明］王嗣奭：《杜臆》卷一，转引自萧涤非主编《杜甫全集校注》（一），第141页。

他之前司马相如《上林赋》、扬雄《羽猎赋》极写天子声威的烈烈皇皇，他之后白居易《长恨歌》极写唐玄宗与杨贵妃爱情的缠绵悱恻，颇有异曲同工之妙。

杜甫是当时少有读懂李白的人，也是少有于太平盛世而保持头脑清醒之士。他在《饮歌》中为李白的画像，为李白朋友的画像，十分丰满、贴切而又生动形象。他用洗练而颇具力道的笔墨，不仅为中国知识分子树立起不唯上、不信邪、敢于张扬自我、勇于追求自由梦想的自信自立的伟岸群像，而且还为耽乐于盛世风光的芸芸众生奉献了一篇蕴意隽永而深刻的"警世通言"。其良苦用心，他人未必能知。

一篇高尚的"饮酒"哲理诗

——李白《月下独酌》之二的文化解读

舒大刚[①]

大唐诗仙李白有《月下独酌》四首,作于唐玄宗天宝三载 (744),当时李白在京都长安任文学侍从性质的翰林院供奉官,但是 由于其个性放浪不羁,不适合在朝为官,故申请放还故山,唐玄宗 倒也爽快,竟然同意他的申请,李白于是无官一身轻,过起了自己 的"诗酒人生"。这组《月下独酌》诗就是其在辞官后的一次醉酒后 所吟。

一、原文

《月下独酌》其一曰:"花间一壶酒,独酌无相亲。举杯邀明 月,对影成三人。月既不解饮,影徒随我身。暂伴月将影,行乐须 及春。我歌月徘徊,我舞影零乱。醒时相交欢,醉后各分散。永结 无情游,相期邈云汉。"

---

① 舒大刚,四川省人民政府文史研究馆馆员,四川大学国际儒学研究院院长、 古籍整理研究所所长、教授。

其二曰："天若不爱酒，酒星不在天。地若不爱酒，地应无酒泉。天地既爱酒，爱酒不愧天。已闻清比圣，复道浊如贤。贤圣既已饮，何必求神仙。三杯通大道，一斗合自然。但得酒中趣，勿为醒者传。"

其三曰："三月咸阳城，千花昼如锦。谁能春独愁，对此径须饮。穷通与修短，造化夙所禀。一樽齐死生，万事固难审。醉后失天地，兀然就孤枕。不知有吾身，此乐最为甚。"

其四曰："穷愁千万端，美酒三百杯。愁多酒虽少，酒倾愁不来。所以知酒圣，酒酣心自开。辞粟卧首阳，屡空饥颜回。当代不乐饮，虚名安用哉。蟹螯即金液，糟丘是蓬莱。且须饮美酒，乘月醉高台。"

二、问题

这组诗大家最为熟悉的，无疑是第一首，尤其是其中的第一、二联"花间一壶酒，独酌无相亲。举杯邀明月，对影成三人"，更是家喻户晓，妇孺皆知。关于组诗的作者，唐宋之间本无异辞，明人（胡震亨）却怀疑第二首诗非李白作（云是宋人马子才伪托）。清人王琦据《文苑英华》已有此诗加以驳正曰："马子才乃宋元祐中人，而《文苑英华》已载太白此诗。胡说恐误。"（《李太白集注》卷二三）近人安旗《李白全集编年集注》亦谓："敦煌残卷唐诗写本载此诗，其非马诗明矣。"郁贤浩《李白诗选集》又据"《太平广记》卷二〇一引《本事诗》云：而白才行不羁，放旷坦率，乞归故山。玄宗亦以非廊庙器，优诏许之。尝有醉吟诗曰'天若不爱酒……'即此诗。由此证之，决非伪作"。这些考证都是可靠的，四诗之为李白作盖无疑义。

关于四诗的主旨，自古都认为是李白在长安混得不如意，借酒浇愁的产物。如《太平广记》引《本事诗》就说：李白初得玄宗赏识，"常出入宫中，玄宗恩礼极厚，而白才行不羁，放旷坦率，乞归故山。玄宗亦以非廊庙器，优诏许之。尝有醉吟诗"云云，所引正是组诗第二首。后人解读也多沿此途，从写作背景上考察推断各诗的主旨。

如郁贤浩先生等"为了将前人和今人研究李白的成果进行系统总结并反映出来，给喜爱李白及其作品的人提供一部工具书，同时也给研究李白的学者提供一座内容丰富足资参考的资料库"，并"约请国内外研究李白的专家、学者能通力合作"，编写而成的目前最为权威的《李白大辞典》，就说："此诗作于玄宗天宝三载（744）春。时李白供奉翰林，遭小人谗毁，君王见疏，思想极为苦闷。"（郁贤浩《李白大辞典》第133页）又在《本事诗》的个人因素（"才行不羁，放旷坦率，乞归故山"）外，增加了"遭小人谗毁"等内容。还将"玄宗亦以非廊庙器，优诏许之"的自由解放，增饰为"君王见疏，思想极为苦闷"。这样一来，就将整个组诗定格在"借酒浇愁"，"排遣个人苦闷"，"牢骚满腹"上了。

因此《大辞典》在评其第一首诗时说："全诗写花间月夜独饮情景。表面豪放不羁，及时行乐，实则隐含失意孤独之痛苦心情。"评其二首诗说："诗中叙写爱酒的道理，表现了诗人酒中求乐、排遣现实痛苦的感情。"（倪培翔。下同）评第三首诗说："诗写春好花开时节，诗人却穷愁独饮，以求醉中彻底解脱。诗情悲愤。"评第四首诗说："诗中借酒销愁，强调饮酒之乐趣胜于服食金液和求仙长生，反映了诗人愤世疾俗之心情"云云，不一而足。

这样一来，一个快活乐天的诗人，就变成了一个苦大仇深、愁眉不展、自怨自艾的穷斯滥矣之人了，只见他：

月下花间对饮愁，法天则地酣饮愁，京都三月畅饮愁，美酒三百醉饮愁。真是无事不愁，杯杯皆愁，好一个"愁"字了得！

诚然，李白诗中原有几个"愁"字，如其三有一个"愁"字："三月咸阳城，千花昼如锦。谁能春独愁，对此径须饮。"其四有三个"愁"字："穷愁千万端，美酒三百杯。愁多酒虽少，酒倾愁不来。所以知酒圣，酒酣心自开。"

但是，如果结合上下文来体会，诗的重点不是讲愁，而是要人"不愁"。如第三诗身居春光三月、花团锦簇的"咸阳城"（喻京城），不要"春独愁"，而要对景畅饮，浮一大白。第四首诗字面是借酒销愁，但落实却在要人做"酒酣心自开"的"酒圣"。显然诗人不是要做沉湎于酒醴的穷愁之徒，而是要做超越现实的"酒圣"。其主调显然不在抒发和渲染"愁"绪上面。

况且组诗的其一、其二根本就没有"愁"字呢。如果结合李白的快乐人生哲学来看，恰恰是花间执酒、且饮且舞的欢畅和以酒通神、天人合一的升华。

第一首诗恰如赏析者所云：首四句，"诗人忽发奇想，把天边的明月和月光下自己的影子，拉了过来，连自己在内，化成了三个人，举杯共酌，冷清清的场面，顿觉热闹起来"。第五句至第八句，"从月影上发议论，点出'行乐及春'的题意"。最后六句为第三段，"诗人执意与月光和身影永结无情之游，并相约在邈远的天上仙境重见"。明月如水，鲜花解语，美酒作伴，好不洒脱！

其三是劝人们趁京城的阳春三月、花团锦簇，借助美酒进入齐死生、忘名教的自然状态。

其四是劝人忘掉虚幻的名利，且饮美酒三百杯，享受醉卧高台的人生吧！

特别是第二首立意更为高远，将饮酒爱酒上升到哲学、宗教的境界，实为《将进酒》的姊妹篇。

三、解析

《月下独酌》其二，前三句讲，制酒饮酒，合乎天地之道、人生之理：

> 天若不爱酒，酒星不在天。地若不爱酒，地应无酒泉。天地既爱酒，爱酒不愧天。

酒星，古星名，也称酒旗星。《晋书·天文志》："轩辕右角南三星曰酒旗，酒官之旗也，主享宴酒食。"酒泉，郡名。《汉书·地理志》："酒泉郡，武帝太初元年开。"应劭注："其水若酒，故曰酒泉也。"颜师古注："相传俗云，城下有金泉，泉味如酒。"

天上有"主享宴酒食"的酒旗星，地上有醇味天然的酒泉水，说明醪酒之气，自然天成，人类饮酒不过是对天地之道的遵循效法而已。故汉孔融面对曹操严厉的禁酒令，理直气壮地写了封《与曹操论酒禁书》与之辩解："天垂酒星之耀，地列酒泉之郡，人著旨酒之德。"成功地从天地人合一角度争取了饮酒的合法性。

天地人合德，自来是中国人思维的固定模式，尧舜有"饮若昊天"之德，大禹有"天锡洪范九畴"之运，殷商有"天命在我"之誓，周人更是将法天则地运用得纯熟精练。最具代表性的就是《周易》系辞所云："故有天道焉，有人道焉，有地道焉，兼三才而两之，故《易》六画而成章。"

地处西南的巴蜀人民，也早早具备了天地人三才一统的意识。当中原还信奉"伏羲、女娲、神农"为"三皇"的时候，巴蜀信奉的则是"天皇、地皇、人皇"这"三才皇",三星堆出土青铜神坛的天界、地界、人界结构,也与"蜀肇人皇"(《华阳国志》)、"三皇乘袛车出谷口"(《三国志》)的历史记载,互相吻合。

严遵撰《道德指归》,扬雄撰《太玄》,皆明确地突出了蜀学三才皇这一意识。严氏《指归》揭示天地万物演化时说:

> 天地所由,物类所以,道为之元,德为之始,神明为宗,太和为祖。道有深微,德有厚薄,神有清浊,和有高下。清者为天,浊者为地;阳者为男,阴者为女。

人物万类,都是受天地阴阳运行的左右和作用的结果。

扬雄《太玄》欲揭天地人之奥,故将书分为三篇,分别命名为"天玄""地玄""人玄"。桓谭指出其用意说:"扬雄作《玄》书,以为玄者,天也,道也。言圣贤制法作事,皆引天道以为本统,而因附续万类、王政、人事、法度,故宓羲氏谓之'易',老子谓之'道',孔子谓之'元',而扬子谓之'玄'。"天地人一统自是蜀学的传统宇宙观。

从小在蜀学氛围中学习成长的李白也不例外,他思考问题也是将人事推至天道、地道,从三才合一的高度来思考问题。故第二首诗揭天之酒星、地之酒泉,驯致法天则地的人事酒醴,这就奠定了制酒饮酒的哲学依据和天然合理性。

诗的第四、五句"已闻清比圣,复道浊如贤。贤圣既已饮,何必求神仙"。清圣、浊贤,喻酒清为圣,酒浊称贤,盖本之曹操与徐邈故事。《三国志·魏书·徐邈传》:"时科禁酒,而邈私饮至于沈醉。校事赵达问以曹事,邈曰:'中圣人。'达白之太祖,太祖甚怒。度辽将军鲜于辅进曰:'平日醉客,谓清者为圣人,浊者为贤人。邈性修慎，偶醉言耳。'"曹操下令禁酒，尚书郎徐邈却私下饮至沉醉，校书赵达以公事相问，徐邈一心还想着酒品之事，随口答以"中圣人"（中就是合符的意思，此赞酒味清美，合乎圣人的标准）。赵达告诉曹操，曹操大怒，欲治其罪。渡辽将军鲜于辅劝解，说平日这些醉客们都称"酒清者为圣人，酒浊者为贤人"。徐邈性情历来谨慎，这次是偶尔醉言罢了。曹操也就赦免了徐邈。相传曹操死后，曹丕在许昌见到徐邈，还特地开玩笑地问他："近来还经常中圣人吗？"徐邈先举春秋时司马子反和御叔嗜酒取祸的教训为例，然后又说："臣嗜同二子，不能不惩，时复中之，然宿瘤以丑见传，而臣以醉见识。"曹丕大笑，称其善对："名不虚立。"自后"中圣"便成了饮酒的代名词。苏东坡诗："孟嘉嗜酒桓温笑，徐邈狂言孟德疑。公独未知其趣尔，臣今时复一中之。"其子苏过《和承之重九》："行行且作归装束，子云校书入天禄。一杯且复中圣贤，周南留滞谁我怜。"父子二人俱用此典故。

"圣贤既已饮，何必求神仙。"圣贤代表儒家，神仙代表道家。《庄子·天下篇》根据对"道"的掌握持守程度，将学人分为"天人、神人、至人、圣人、君子"五等：

> 不离于宗，谓之天人；不离于精，谓之神人；不离于真，谓之至人。以天为宗，以德为本，以道为门，兆于变化，谓之圣人；以仁为恩，以义为理，以礼为行，以乐为和，熏然慈仁，谓之君子。

前三等（天人、神人、至人）是庄子为代表的道家所追求的理想人格；后二等（圣人、君子）则是儒家所提倡的理想人格。道家人格的最大特征是"独与天地精神往来，而不敖倪于万物，不谴是非,以与世俗处……上与造物者游,而下与外死生、无终始者为友",也就是不需要礼法制度等设施,一切因任自我感觉,自由自在,其根本目的就是要摆脱现有一切负累和束缚,"芒然彷徨乎尘垢之外"(《大宗师》),"逍遥乎无何有之乡、广莫之野"(《逍遥游》),从而实现心灵的无限超越和个性彻底解脱。一言以蔽之,就是要使主体超然尘世之外而独与天地精神相往来。

儒家则是要立规矩,立制度,树榜样,守绳墨,克己奉公,热心为人,做一个文质彬彬的"君子""己欲立而立人,己欲达而达人"的贤人;如果能谋取到职位,利用有利条件,替天行道,解民倒悬,做一个"博施济众"的"圣人"。

简言之,不立规矩就是神仙,有规有矩就是圣贤。不过,在李白看来,恰恰通过饮酒,可以消除儒道两家的隔阂。因为饮酒,主客同乐,精神放松,情绪释放,高谈阔论,平日的拘谨与礼法都暂时抛诸脑后了,这就可以直接从儒家遵礼守法的"圣贤"境界,一下提升到道家因任自然的"天人、神人、至人"境界。再没有刻苦攻读、小心修仙等麻烦。

由于酒有清浊,就可以直接进入圣贤境界(饮清酒者为圣,饮浊酒者为贤);然后再拾级而上,便升等入道、成为神仙了。

事实上,在饮酒的问题上,儒道二家的表现还是不一样的,孔子提倡"唯酒无量不及乱",饮酒不要乱了礼法,一切行为都在以礼为度(非礼勿视,非礼勿听,非礼勿言,非礼勿动)。道家则是率性而为,尽兴而止。魏晋清谈家们:"礼法岂为我辈设?"刘伶沟死沟埋、路死路埋的态度,则是将道家的放诞发挥到了极致。李白《古风》诗曰:"自古圣贤皆寂寞,唯有饮者留其名。"也是同一心境下的别样表达,表现出对拘泥于礼法的圣贤的怜悯、对率真饮者的赞美。

最后两句"三杯通大道,一斗合自然。但得酒中趣,勿为醒者传"。大道，指万物的本源。《老子》"道可道，非常道"，"道生一，一生二，二生三，三生万物"。道是万物之所本。《庄子·天下》："天能覆之而不能载之，地能载之而不能覆之，大道能包之而不能辩之，知万物皆有所可，有所不可。"道为万物之所由。

自然，即不假外力的存在。《老子》："人法地，地法天，天法道，道法自然。"如果说道是万物的本源，自然则是万物生成的状态，似乎"自然"又在"大道"之上。相对于自然而言，儒家的礼法、名教，统统都是后天人为的。结合《论语》载孔子与子贡之间的"礼后乎"的对话，对此就不难理解了。

在道家看来，道无乎不在，但是由于后天人为的东西（私欲、物欲，甚至包括知识、礼法）过多，闭塞了人们理解大道的原有的本能。《老子》说："为学日进，为道日损。"要想真正知道道，就得减少后天的设施和障蔽："损之又损，以至于无为，无为而无不为。"《荀子》也提倡"虚一而静"："未得道而求道者，谓之虚一而静。"提出"虚一而静谓之大清明"。《周易》提出："易无思也，无为也，寂然不动，感而遂通天下之故。"讲的都是要去除后天无谓信息造成的纷扰，让受体感官处于虚静状态，以求得瞬间顿悟和豁然贯通。

在李白看来，饮酒就有助于促成人们去除烦扰，恢复感知大道、通神达仙的功能。只不过不同的人群在饮酒时要把握好摄入的度量："三杯通大道，一斗合自然。"魏晋名士"越名教而任自然"也是这个效果。"三杯"能否通大道，就看你自己后天被蒙翳的深浅程度了。一斗，又作五斗，是"一"是"五"，也应作如是观。

文献记载，在人类认识的早期历史上，曾经存在过通过直觉、顿悟、感知等方式认识事物及其规律的阶段。当时的人们（或者特殊功能的人），可以不借助现代才有的科学认知手段，不必通过积累、分析、归纳、推理和总结（或演绎），就能够预知或感知事物

（甚至天道、地道）规律或将然可能，只因后来由于人文知识的不断积累，这一功能逐渐被经验所湮没和取代，这就是《老子》"为学日进，为道日损"的真相。去除这些有碍于大道认知的积垢，就是道家认识论的首要任务。李白则想通过饮酒来完成这一去垢除尘的工作。

《尚书》《国语》皆记载了颛顼氏"绝地天通"的故事，也从另一个侧面反映了这一历程。《吕刑》载周穆王说。由于"蚩尤惟始作乱""苗民弗用灵"，尧"乃命重、黎，绝地天通，罔有降格"。孔传说："重即羲，黎即和。尧命羲和，世掌天地、四时之官，使人神不扰，各得其序，是谓绝地天通。言天神无有降地，地祇不至于天，明不相干。"苏轼《书传》解《洪范》时说："天人有相通之道，若显然而通之，以交于天地、鬼神之间，则家为巫史矣。故尧命重、黎绝地天通，惟达者为能默然而心通也，谓之阴隲。君子而不通天道，则无以助民而合其居矣。"说明在尧命羲和为专管天地之官以前，存在过"家为巫史""人神杂糅"的状况（也就是人能通神）。是帝尧命羲、和，世掌天、地、四时之官，使人、神不扰，各得其序，这称作"绝地天通"。其实就是神职人员专门化，通神能力帝有化了。

在《国语·楚语下》也记载了这一趣事："（楚）昭王问于观射父曰：'《周书》所谓重黎实使天地不通者，何也？若无然，民将能登天乎？'"韦昭注："《周书》，谓周穆王之相甫侯所作《吕刑》也。重、黎、颛顼掌天地之臣也。《吕刑》曰'乃命重黎，绝地天通'，谓少皋之末，民神杂揉，不可方物。颛顼受之，乃命南正重，司天以属神；火正黎，司地以属民。谓绝地与天相通之道也。"楚王以为颛顼的"绝地天通"（即人神分治），是阻断了人们由地升天的道路，观射父有一大篇对话来解释，其意与韦昭此注差不多，不再全录。"绝地天通"，从政治的角度讲，就是最高统治者，既要掌握政权，又要控制神权。根据文献记载，在其实现这一专制之前，是存在民（至少部分）亦有"通神"的本领，只是功法不等、感知不一，是否能人人准确，则是一大问题。

什么是"自然"状态？李白在其三诗中有补充："穷通与修短，造化夙所禀。一樽齐死生，万事固难审。醉后失天地，兀然就孤枕。不知有吾身，此乐最为甚。"也就是说，所谓穷通与修短、死与生、天与地、物与我，都是客观（造化）预设好了的，人类何必去斤斤计较。清醒时节才会有这些计较，一杯"忘忧物"下肚，什么穷通、长短、死生、万物、天地、物我，就统统不在话下了，但得一樽美酒在手，便可与物同化、与时消息了。组诗之四的"所以知酒圣，酒酣心自开"，正可通过饮酒打通被关塞已久的"通神达道"的任督二脉。

"酒中趣"，一般理解为"饮酒的乐趣"，浅矣！晋陶潜《晋故征西大将军长史孟府君传》："孟嘉好酣饮，愈多不乱。温（桓温）尝问君：'酒有何好，而卿嗜之？'君笑而答曰：'明公但不得酒中趣尔。'"这个"酒中趣"对于普通人来说，如此理解未必不可。但是对于通神达道的人来说，"酒中趣"则是通神交神的预演。儒家祭祀，祭神如神在，故事前要斋戒沐浴、静心修身，以免渎神。而作为推崇道家个性自由的李白，则提倡通过饮酒来转换角色。"醒者"即始终保持理智、清醒状态，却未能进入通神境界的人。能通神的人与不能通神的人，自然是没有共同语言的，故李白告诫，不要不分对象地将通神体验对人乱说。南朝刘宋时颜延之《五君咏》赞叹嵇、阮、刘伶的嗜酒曰："沉醉似理照，寓词类托讽。长啸若怀人，越礼自惊众。"（《阮步兵》）"韬精日沈饮，谁知非荒宴。颂酒虽短章，深衷由此见。"（《刘参军》）揭示出他们形似越礼，实为通神；言似夸诞，实乃托讽的实情。饮者的个中滋味，亦唯延之能够会得。

结　语

李白《月下独酌》创作本事也许还另有隐情，其主题也许可以做多种解读。但是从"其二"所举物事来看，是不能单单以"政治失意""心情苦闷""借酒浇愁"来解读的。其诗从天有酒星，地有酒泉，引出人有酒醴，来说明造酒饮酒合乎天道、地道、人道，大气凛然地为饮酒通神提供了合理性；接着以酒之清浊分出圣人贤人，说明酒也具有儒家精神；同时将儒家圣贤、道家神仙相提并论，认为人们可以通过饮酒做圣贤，并且进而超越礼法（圣贤），直达自然神仙之境。道家任自然，儒家重名教；名教辛苦践履，自然放达任诞。一轻松，一沉重，相比之下，孰易孰难，晓然可判矣。根据个人的资质，李白认为可能通过"三杯""一斗"等不同程量，实现对"大道"的体悟，进而与"自然"相契合，这正是李白貌似纵酒而实际是要达到"通神悟道"目的之真相，也是他那"借酒浇愁"放浪形骸外表下的超越名教和万物的高尚情操。这其中的滋味，只有醉过的人才能体验，其中的道理也只有悟道者能够意会，其他人是不会知道的（"勿为醒者传"）。全诗境界崇高，层次分明，举事言理，丝丝入扣。《月下独酌》（其二）与其说是李白的"爱酒辩"，不如说是他的"酒哲学""酒宣言"和"酒纲领"。可惜论者偏偏要说："此诗通篇说理，其实其宗旨不在明理，而在抒情，即以说理的方式抒情。"非得将其定义为"只是对政治上失意的自我排遣"不可。如此一来，岂不对于李白诗作的艺术造诣和哲学境界，大为降低矣哉？

诗中酒味扑面香

——以王十朋夔州诗为例

张邦炜[①]

一、从寓情诗酒说起

诗中有酒，酒中有诗，诗酒交融，是我国文化史上的一个常见现象。生于晚宋、外号紫阳居士的诗家方回《重阳后绝句》："九日若无诗与酒，人生如此定凡人。""昨朝卯酒醉至酉，不记满斟凡几巡。"[②] 卯时日出，酉时日落，方回重九日从早到晚狂饮滥醉，称他为酗酒者，只怕并不过分。但方回说："诗与酒常并言，未有诗人而不爱酒者也。虽不能饮者，其诗中亦未尝无酒焉。"[③] 此言则系中肯之论，认同度极高。

就唐宋时期而言，诗家几乎无人不好酒。"李白一斗诗百

---

① 张邦炜，首都师范大学历史学院特聘教授，四川师范大学历史文化与旅游学院教授。

② 方回：《重阳后绝句五首》，傅璇琮等主编《全宋诗》第 66 册，北京大学出版社，1998 年，第 41876 页。

③ 方回选评、李庆甲集评校点：《瀛奎律髓汇评》中册卷一九《酒类》，上海古籍出版社，1986 年，第 725 页。

篇","自称臣是酒中仙"①；白居易"但遇诗与酒，便忘寝与餐。高声发一吟，似得诗中仙"②；欧阳修"酿泉为酒饮辄醉，自号醉翁乐无涯。醉来落笔驱龙蛇，电雹万里轰雷车"③；苏轼虽"饮酒至少"，但"常以把杯为乐"，并感叹："使我有名全是酒，从他作病且忘忧。"④ 这些尽人皆知，此外例证还多。

宋代诗人好酒，鼎鼎大名者如梅尧臣自称："我生无所嗜，唯嗜酒与诗，一日舍此心肠悲。"⑤ 辛弃疾词云："万事一杯酒，长叹复长歌"；"我饮不须劝，正怕酒尊空"；"天下事，可无酒?"⑥ 陆游诗曰："排日醉过梅落后，通宵吟到雪残时。""天寒欲与人同醉，安得长江化浊醪。"⑦ 不甚知名者如《参军集》的作者寇元弼"无日不醉"，他"一无所好，顾嗜酒与诗，方其展纸濡笔，立下疾行，倏忽数十百韵"⑧。黄山隐士汪莘"自号方壶居士，寓情诗酒，每饮辄

① 杜甫：《饮中八仙歌》，彭定求等编《全唐诗》（增订本）第 4 册，中华书局编辑部点校，中华书局，1999 年，第 2260 页。
② 白居易：《自咏》，《全唐诗》（增订本）第 7 册，中华书局编辑部点校，中华书局，1999 年，第 4775 页。
③ 郭祥正：《卧龙山泉上茗酌呈太守陈元舆》，《全宋诗》第 13 册，第 8792 页。
④ 王文诰辑注《苏轼诗集》卷三五《和陶饮酒二十首》、卷三〇《次韵王定国得晋卿酒相留夜饮》，孔凡礼点校，中华书局，1982 年，第 1881、1617 页。
⑤ 梅尧臣：《依韵和永叔劝饮酒莫吟诗杂言》，《全宋诗》第 5 册，第 3217 页。
⑥ 辛弃疾：《水调歌头（即席和金华杜仲高韵）》《水调歌头（淳熙丁酉）》《贺新郎（题傅岩叟悠然阁）》，唐圭璋等编《全宋词》第 3 册，中华书局，1999 年，第 2517、2440、2490 页。
⑦ 陆游：《小饮梅花下作》《对酒》，《全宋诗》第 39 册，第 25182、25007 页。
⑧ 陈师道：《寇参军集序》，曾枣庄、刘琳主编《全宋文》第 123 册，上海辞书出版社、安徽教育出版社，2006 年，第 324 页。

醉，醉辄赋诗。其诗造境生而出语险，不拘绳墨法度，自为方壶一家言"①。严州学官林正大《括江神子》："磊落平生忠义胆，诗与酒，醉还醒。"② 林正大与辛弃疾相似，系好酒诗家中的豪迈者。《东堂词》的作者毛滂在北宋末年似乎倾向于颓废，他花天酒地："醉醉，醉击珊瑚碎；花花，先借春光与酒家。"③ 诸如此类，不胜枚举。言归正传，以免离题。

二、王十朋与巴蜀

南宋状元王十朋（1112—1171）一生诗作甚多，所到之处，"簪盍良朋，把酒论文，俯仰湖山，怀古伤今，登高赋诗"④。王十朋诗云："百年能几何，不饮乃痴汉"；"唱酬应有诗千首，谈笑长怀酒一尊"⑤。他同样是一位好酒爱饮的诗人。但唐宋时期"酒中仙""诗中仙"颇多，无论以酒或诗而论，王十朋均非"仙"级人物。本文以他为例，出于多种考虑。首先固然由于王十朋有"一代正人"之称⑥。他在朝"刚毅正直称天下"，人称"真御史"⑦；出知州郡，"为政甚严，而能以至诚感动人心，故吏民无不畏爱"。朱熹称赞道：

---

① 曹庭栋：《宋百家诗存》卷二九《方壶集》，《景印文渊阁四库全书》第 1477 册，台北商务印书馆，1986 年，第 724 页。
② 林正大：《括江神子》，《全宋词》第 4 册，第 3149 页。
③ 毛滂：《忆秦娥（冬夜宴东堂）》，《全宋词》第 2 册，第 884 页。
④ 梅溪集重刊委员会编《王十朋全集》（以下简称《全集》）文集卷一六《蓬莱阁赋并叙》，上海古籍出版社，1998 年，第 844 页。
⑤ 《全集》诗集卷一《辛亥九日侍家君》、卷一《寄方叔》，第 7、9 页。
⑥ 其生平事迹，可参看拙著《王十朋悠然治夔州》《王十朋的巴蜀情缘》，载《恍惚斋两宋史论集》，河北大学出版社，2020 年，第 538—584 页。
⑦ 汪应辰：《龙图阁学士王公墓志铭》，《全宋文》第 215 册，第 276 页。

"而今难得此等人!"① 其次更因为王十朋与巴蜀颇有渊源。内中情形,说来话长,下文仅能长话短说。

王十朋其人,对于我辈巴蜀老者中的川剧爱好者来说,可谓如雷贯耳。我等当年观看过源于元杂剧的川剧热门剧目《荆钗记》,其中名丑周企何所演《逼嫁》一折,特别是艺名筱桐凤的名旦阳友鹤表演的《刁窗》《投江》两折至今记忆犹新。《荆钗记》剧中的主人翁正是王十朋的爱妻钱玉莲。但据汪应辰《龙图阁学士王公墓志铭》记载,王十朋仅有一任妻子,不姓钱而姓贾②。钱玉莲系后世戏剧家虚构,塑造为旧时代节妇的典范。

汪著《墓志铭》对王十朋的生平事迹记述较详,是《宋史·王十朋传》资料的主要来源之一。王十朋系浙东温州乐清人,但对巴蜀前贤仰慕至深。"平生风义慕相如", "西京儒者,莫如扬雄氏","东坡文章,百世之师","愿为执鞭,恨不同时"③。这类言辞每每见于王十朋诗文。他言及诗与酒,自比扬子云:"我似扬雄贫嗜酒,笔作耕犁纸为亩。"在其并世巴蜀士人中,王十朋好友甚多。如与安岳"奇男子"冯方情同手足。冯方,字员仲,被权臣迫害冤死。王十朋挥泪写下《哭冯员仲》:"身为多才误,朝无一日安。宁为独醒鬼,不作附炎官。"④ 其《祭冯少卿(方)文》曰:"抱济世之才而以才见忌,怀许国之忠而以忠见疑。"⑤ 关于王十朋与绵竹张浚、

① 黎靖德编《朱子语类》第8册卷一三二《本朝六·中兴至今人物下》,王星贤点校,中华书局,1994年,第3176页。
② 汪应辰:《龙图阁学士王公墓志铭》,《全宋文》第215册,第277页。
③ 《全集》文集卷一六《会稽风俗赋(并叙)》、卷七《上舍试策三道(第二道)》、卷六《国朝名臣赞·苏东坡》,第820、692、673页。
④ 《全集》诗集卷五《七月十七日离夔州是夜宿瞿唐》、卷一七《哭冯员仲》,第69、288页。
⑤ 《全集》文集卷二四《祭冯少卿(方)文》,第1001页。

张栻父子的情谊，下面多说几句。

张浚，号紫岩，人称"紫岩张先生"，绍兴五至七年（1135－1137）、隆兴元至二年（1163－1164）两度官居宰相。他再相后，力荐才俊王十朋。鉴于张浚对王十朋有知遇提携之恩，黄宗羲《宋元学案》将王十朋列为"紫岩门人"之首①。王十朋诗云："名德重华夏，皇朝两魏公。"两宋名相韩琦与张浚，封号均为魏公。其诗又云："魏公名德最芬馨。"② 此处魏公，专指张浚。王十朋与张浚同属主战派，他赞颂张浚"天姿忠义，誓不与敌俱生。天下闻浚之名，必以手加额。盖忠义人心所同。臣实敬慕之"。张浚仙逝，王十朋哀痛之至，其《祭张魏公文》称："公学造诚明，才全文武，忠孝根于天性，节操贯乎岁寒，社稷之功最高。"③ 并有悼亡诗传世："可怜未战身先死，贯日精忠化白虹。"④ 王十朋与张浚之子、著名理学家张栻同样志趣相投，在政坛相互援引。张栻兼任侍讲时，宋孝宗询问："王十朋如何？"张栻回答道："天下莫不以为正人。"⑤ 王十朋谢任太子詹事，推荐张栻继任。其《举张栻自代状》曰："张栻学术精深，气禀刚正。"张栻因得罪佞幸惨遭贬黜，王十朋竭力声援："以栻之学问、操履，举皆过人，在今朝列，少见其比。""一旦外除，有识无不短气。"⑥ 推荐与声援虽然无效，但足见两人情谊何

---

① 黄宗羲等：《宋元学案》卷四四《赵张诸儒学案》，陈金生等点校，中华书局，1986年，第1425页。

② 《全集》诗集卷一六《冯员仲赴阙奏事》、卷二二《张主管摄郡秩归赠以三绝》，第260、393页。

③ 《全集》文集卷二四《祭张魏公文》，第997页。

④ 《全集》诗集卷一八《次韵安国题余干赵公子养正堂》，第316页。

⑤ 罗大经：《鹤林玉露》丙编卷六《南轩辩梅溪语》，王瑞来点校，中华书局，1983年，第345页。

⑥ 《全集》文集卷四《举张栻自代状》、卷二一《与虞丞相》，第647、941页。

等深厚。王十朋与巴蜀缘分之深，更在于他曾亲临巴蜀大地，担任封疆要员。

三、三类夔州诗

王十朋乾道年间出任夔州（治今重庆奉节）知州，兼任夔州路安抚使①及夔州、利州（治今四川广元）两路兵马钤辖。他在夔州近两年，自称："使君无事只吟诗。"离开夔州时，自谦："使君无可念，空有诗篇留。"② 王十朋的夔州饮酒诗可粗略分为三类。

其一，节庆诗。王十朋按照当时的惯例，但凡节假日均邀约同僚及下属宴集。诸如"伏日与同官小饮""七夕呈同官""腊日与同官小集"之类，每每见于其诗集。宴集离不开酒，少不了诗："兴如太白谩三杯，月团不许无诗得。""诙谐未效东方朔，赋咏聊追杜少陵。"王十朋诗里的中秋节，"清光此夜十分好，有酒有客宜高歌"；重阳节，"殷勤呼酒伴，烂漫醉秋光"③。欢声笑语中，仍关注乡间的生产与百姓的生活。王十朋有《中元日得雨》诗一首："秋阳亢流火，时雨洗中元。既贺苗苏槁，还欣暑涤烦。"并称："但愿时旸及时雨，不独一州天下普。"夔州位于长江边，端午节是其隆重的节日之一。与外地不同，其时当地以五月初四为端午。王十朋《五月四日与同僚南楼观竞渡》诗云："蜀江险处是夔州，滟滪堆边看竞舟。"

---

① 据李昌宪：《宋代安抚使考》，齐鲁书社，1997 年，第 555－559 页。
② 《全集》诗集卷二三《别夔州三绝》、卷二四《登古峰岭望夔州》，第 434、437 页。
③ 《全集》诗集卷二二《会同僚于郡斋》、卷二一《伏日与同官小饮》、卷二二《中秋对月》、卷二二《又用前句作七绝》，第 408、384、394、399 页。

"台前八阵已陈迹,水底三间何处招。手把菖蒲对佳节,兴来呼酒劝同僚。"①

其二,观光诗。夔州名胜古迹甚多,王十朋几乎一一前往。卧龙山是他重九登高远望之处:"夔子山高峡天阔,骚人宅近刚肠悲。菊花上头不易得,酒盏到手何须辞。"后又陪同友人共登:"五马携壶上卧龙,四夔连骑与游从。山中古柏岁寒色,应为清流作意浓。"王十朋造访十贤堂,瞻仰屈原遗像,赞叹不已:"大夫楚忠臣,哀哉以谗逐。遗庙大江濆,醒清今古独。"身临昭烈庙,感慨良多:"老臣苦欲争天下,嗣子何曾思蜀中。古屋数椽犹庙食,伤心地近永安宫。"② 八阵碛是夔州的一大景观,当地有"踏碛而游"的习俗:"夔人重诸葛武侯,以人日倾城出游八阵碛上,谓之'踏碛'。"③ 知州充当"遨头",设宴于碛上。"人日"即正月初七,"踏"指踏歌。王十朋入乡随俗,与民同乐。其《人日游碛》诗曰:"今日日为人,倾城出江皋。遨头老病守,呼宾酌春醪。"④ "春醪"即"春酒",这一习俗在包括夔州在内的不少地方长期流传。

其三,唱和诗。唱和最多者无疑是同僚,王十朋《同僚和诗复用前韵》诗云:"扫地焚香待客来,煎泉瀹茗漉官醅。""相公溪近何

---

① 《全集》诗集卷二二《中元日得雨》《八月十二日雨》、卷二一《五月四日与同僚南楼观竞渡》,第 392、394、377 页。

② 《全集》诗集卷二二《九日登卧龙山又一绝》《梁彭州与客登卧龙山送酒二尊》、卷二三《夔路十贤屈大夫平》、卷二二《昭烈庙》,第 399—400、404、424、402 页。

③ 祝穆等:《方舆胜览》卷五七《夔州路·夔州·风俗》,施金和点校,中华书局,2003 年,第 1008 页。

④ 《全集》诗集卷二三《人日游碛》,第 417 页。

曾汲，白帝城寒正可杯。"① 时任夔州路转运司判官、后升任成都府路转运使的查钥（字元章）是王十朋的老友，两人"相得甚欢，多有倡酬"②。王十朋《再酬元章》诗云："一尊方喜细论文，春草题诗又送君。手握管城言不尽，诗坛谁复将中军。"夔州作为巴蜀东门，人来客往不断。客来前"预扫江头礼宾馆"，客到时王十朋"论文尊酒"。来客中有南宋名相仁寿虞允文，王十朋"出郊送虞参政，因游竹亭小饮，与者九人"。其纪事诗有句曰："穿林看修竹，偶与群贤偕。邂逅适我愿，三杯写幽怀。"王十朋尤其兴奋的是，与两位志同道合的同年好友邛崃（一说崇州）阎安中、崇州（一说双流）梁介在夔州喜相逢。王十朋称："我本东嘉田舍翁，登科偶与蜀龙同。"③ 《文献通考·选举考五》载：绍兴二十七年（1157）殿试，"及唱第，王十朋为首，第二人阎安中，第三人梁介。安中、梁介，皆蜀士也"④。他们三人一往情深。王十朋诗云："君家锦水边，我居浙江东。各在天一涯，芳尊偶相同。"三位同年久别再聚，"酌酒论文，煮惠山泉，瀹建溪茶，诵少陵'江流石不转'之句"。为纪念这次幸会，王十朋将会聚处定名为"三友堂"："阎、梁二同年过夔，把酒论文于小书室。"⑤

①　《全集》诗集卷二三《人日游碛》、卷二二《同僚和诗复用前韵》，第417、408—409页。

②　《（嘉庆）四川通志》卷一一三《职官志·政绩五·夔州府》，巴蜀书社，1984年，第3524页。

③　《全集》诗集卷二一《再酬元章》、卷二二《寄赵果州》、卷二一《出郊送虞参政》、卷一一《阎和诗叙别再用前韵》，第376、394、369、167页。

④　马端临：《文献通考》卷三二《选举考五》，中华书局，1986年，第300页。

⑤　《全集》诗集卷一一《赠梁同年（介）》、卷二二《三友堂》，第167、407页。

四、饮酒当有道

"不比不知道，一比就明瞭。"王十朋与开篇讲到的方回同为好酒诗人，但如果稍加比较，不难发现两人酒风大不相同。王十朋饮酒有两个特点。

一是有节制，不狂饮。在我等非好酒豪饮者看来，王十朋喝酒未免过多。但他与诗家方回酗酒不同，自制力较强，并非滥酒者。下面这些诗句或可作证："唱酬应有诗千首，谈笑长怀酒一尊"；"湖山如画水如蓝，杖屦湖边酒半酣"。往往"一尊"而已，"半酣"而止，不致酒后失态胡言。王十朋诗文中有若干"醉"字，如"春光醉绮罗""蓬莱醉秋月"①，又如"书读万卷，心醉六经"②，系陶醉于良辰美景或书籍海洋之中，与醉酒无关。他在夔州，身为一州之长，绝无无日不醉酒、终日醉如泥的可能。

二是讲正气，倡廉洁。方回诗作尚可，且擅长评诗论文，但节操则为世人所讥。王十朋始终保持"一代正人"本色。他说："我意岂在酒"，"虽醉亦有道"。他与阎、梁二同年欢聚饮酒时，仍满怀忧国忧民之心："故人相见谈时事，耿耿胸中直气存。""吾侪风味雅同科，领略江山逸兴多。诸葛阵图堂上看，少陵诗句酒中哦。"他们共同缅怀鞠躬尽瘁、力图结束三国分裂局面的诸葛亮和热爱人民、嫉恶如仇的杜甫。王十朋初到夔州便前往当地武侯祠、诗史堂酹酒凭

---

① 《全集》诗集卷一《寄方叔》《湖边怀刘谦仲》、卷八《春日游西湖》、卷一四《赵仲永和胡正字竹诗见赠》，第 9、8、125、234 页。
② 《全集》文集卷一九《贺汪尚书》，第 902 页。

吊:"敬瞻遗像观诗史,一酹云安曲米春。"① 有《题诸葛武侯祠》《登诗史堂,观少陵画像》等诗篇传世。他主持重修诸葛武侯祠及寇莱公(准)祠,并酹酒祭拜。其《国朝名臣赞·寇莱公》曰:"呜呼莱公,相我真宗。契丹南牧,朝野汹汹。群臣劝帝,幸蜀江东。微公决策,天下兴戎。百年无兵,繄谁之功。"② 此赞充分体现了他与绵竹张浚全然相同的主张,奋力抗金,以战逼和。难怪黄宗羲将王十朋视为张浚门下第一人。王十朋"以廉洁公正率其下"③。他本人曾"诗以自警云:尔俸尔禄民膏脂,下民易虐天难欺"。与下属同饮时,多次告诫:"虐民之事焉可为","一点欺心事莫萌"。在为张主管前往秭归任职饯行时,王十朋劝勉他爱惜百姓,轻徭薄赋:"把酒送行无别语,要先抚字后催科。"张主管系张浚的"犹子"即侄儿,名讳待考。王十朋鼓励张主管发扬绵竹张氏好家风,诚信待民,在秭归留个好名声:"魏公名德最芬馨,犹子传家有典刑。勉力施行诚与信,民谣待向峡中听。"概言之,王十朋寓情诗酒,不仅酒味香,而且正气浓。戏言之,王十朋的夔州饮酒诗属于浓香型。

五、关于瞿唐春

行文至此,本可搁笔,似乎还留下一些有关酒文化的问题应当回答:王十朋喝的什么酒?产于何地?有无名酒?

宋代的酒可分为白酒、黄酒、果酒、药酒四大类。苏舜钦诗云:

---

① 《全集》诗集卷一六《饮酒》、卷九《和秋怀十一首》、卷二二《梁彭州归自道山》《与二同年观雪于八阵台》、卷二一《登诗史堂观少陵画像》,第272、128、404、405、372—373 页。

② 《全集》文集卷六《国朝名臣赞·寇莱公》,第 671 页。

③ 汪应辰:《龙图阁学士王公墓志铭》,《全宋文》第 215 册,第 276 页。

"时有飘梅应得句，苦无蒸酒可沾巾。"① 贺铸有诗句曰："一尊烧酒美，应对阿戎斟。"② 吴潜中秋夜吟诗："良夜最佳唯午夜，今秋偏好是中秋。举杯酒露月同吸，仰面青天可问不。"③ "蒸酒""烧酒"与"酒露"均为宋时白酒的别名。通常认为宋代的白酒尚不具有蒸馏酒的性质④。据研究宋代已有瓶装酒，王十朋的诗句："云安曲木瓶双玉，聊助诗人作小醺。"⑤ 可否作为此说的佐证。

王十朋饮酒，当以白酒为主，有《林知常惠白酒》等诗篇名可证。其《酬行可惠白酒》诗云："渴怀思欲吸长江，闻说西台酿满缸。"⑥ 夔州路转运使周时字行可，"西台"当指转运使司。可见王十朋所饮，多为官府自酿酒。也喝品牌酒"瞿唐春"。王十朋《元日》诗有句曰："春色酌瞿唐"，原注很明确："酒名瞿唐春。"⑦ 此酒系夔州当地所产，酒名当源于杜甫诗句："瞿唐春欲至，定卜瀼西居。"⑧ 瀼水在夔州城边，王十朋，号梅溪，当地人为纪念他，更名梅溪河。无独有偶，名酒剑南春之名或许也出自杜甫："剑南春色还无赖，触忤愁人到酒边。"⑨ 所大不相同者是瞿唐春仅系地区性好酒，实难与声誉远播的名酒剑南春相提并论。上文所引"云安曲米

① 苏舜钦：《送陈进士游江南》，《全宋诗》第 6 册，第 3935 页。
② 贺铸：《怀寄潘孝本兼简其子言》，《全宋诗》第 19 册，第 12549 页。
③ 吴潜：《闻同官会碧沚用出郊韵三首》，《全宋诗》第 60 册，第 37871 页。
④ 参看绵竹籍学者李华瑞：《宋代酒的生产和征榷》，河北大学出版社，1995年，第 3—104 页。李氏对蒸馏酒的起源问题有专门讨论，题为《中国烧酒起始探微》，载《历史研究》1993 年第 5 期，第 40—52 页。
⑤ 《全集》诗集卷二二《梁彭州与客登卧龙山送酒二尊》，第 404 页。
⑥ 《全集》诗集卷二一《酬行可惠白酒》，第 377 页。
⑦ 《全集》诗集卷二三《元日》，第 416 页。
⑧ 杜甫：《瀼西寒望》，《全唐诗》（增订本）卷二二九《杜甫》，第 4 册，第 2479 页。
⑨ 杜甫：《送路六侍御入朝》，《全唐诗》（增订本）卷二二七《杜甫》，第 4 册第 2462 页。

春"，其中又有一个"春"字。宋代云安军（即今重庆云阳）归夔州路管辖，且夔州又称云安郡。所谓"曲米春"或许是当时人对瞿唐春的另一种称呼，曲与米是就其做法与原料而言。

除当地酒外，王十朋还喝友人馈赠的外地名酒。一种叫金泉酒，系赵果州所赠①。果州治今南充，但金泉酒的产地恐非南充。陆游有诗篇名《偶得北虏金泉酒小酌》②。"北虏"，《四库》本改为"北境"，指当时金朝管辖的北方。另一种是"青州白从事"，又称"青州六从事"。王十朋《酬行可惠白酒》诗云："一斗青州白从事，忽随诗句到蓬窗。"③ 苏轼在北宋时，便言及此酒，有诗篇名为《章质夫送酒六壶，书至而酒不达，戏作小诗问之》，诗句曰："白衣送酒舞渊明，急扫风轩洗破觥。岂意青州六从事，化为乌有一先生。"④ 其酒名出自《世说新语》："桓公有主簿，善别酒，有酒辄令先尝，好者谓'青州从事'。"⑤ "桓公"即桓温，东晋权臣。"青州从事"作何解？只怕并非专指青州（今属山东）所产名酒，应是酒的别称，泛指上乘好酒。苏轼诗《真一酒》即是其例证："人间真一东坡老，与作青州从事名。"⑥ 王十朋将周时所赠官府自酿酒恭维为"青州白从事"，又是一例证。"青州白从事"，所谓"白"当指酒的性质为白酒。"青州六从事"，所言"六"应指酒的数量为六尊或多尊。此事学界或许早有定论，恕我孤陋寡闻。本人对酒文化无专门研究，此文所言错讹难免，恳请方家斧正。

---

① 《全集》诗集卷二三《赵果州送黄柑金泉酒》，第 417 页。
② 陆游：《偶得北虏金泉酒小酌赋绝句两首》，《全宋诗》第 39 册，第 24612 页。
③ 《全集》诗集卷五《林知常惠白酒》、卷二一《酬行可惠白酒》，第 69、377 页。
④ 《苏轼诗集》卷三九《章质夫送酒六壶》，第 2155 页。
⑤ 刘义庆撰、徐震堮著《世说新语校笺》卷下《术解第二十》，中华书局，2001 年，第 383 页。
⑥ 《苏轼诗集》卷三九《真一酒》，第 2124 页。

醉侯刘伶的酒文学与酒德文化

李　伟①

刘伶，字伯伦，沛国（今安徽濉溪）人，魏晋名士，与阮籍、嵇康、山涛、向秀、王戎和阮咸并称"竹林七贤"。晚唐皮日休在《夏景冲澹偶然作二首》诗中称刘伶为"醉侯"："他年谒帝言何事，请赠刘伶作醉侯"，宋陆游亦云："莫悲晚节功名误，即死犹堪赠醉侯。"（《百岁》）

刘伶曾在建威将军王戎幕府下任参军，"泰始初对策，盛言无为之化。时辈皆以高第得调，伶独以无用被罢官"②。关于他的结局，《晋书》以"竟以寿终"③四字作结。然据《徐水县新志》卷八《职官记》载，谢昌言于乾隆二十二年（1757）任安肃县（今河北徐水）知县时，曾重新修葺了刘伶的坟墓，并撰写碑记。碑记中有："志载：（刘伶）与张华善，访之而卒于此地，遂葬焉。"④则刘伶最后当卒于河北遂城（今河北徐水），"刘伶孤冢"还是徐水旧八景之一，此地至今尚有名酒品牌"刘伶醉"。特别是京剧《刘伶醉酒》的

---

①　李伟，四川师范大学文学院博士研究生。

②　房玄龄：《晋书》，中华书局，1974 年，第 1376 页。

③　房玄龄：《晋书》，中华书局，1974 年，第 1376 页。

④　张廷银：《方志所见文学资料辑释》，北京图书馆出版社，2006 年，第 58 页。

普及，这位"惟酒是务"的"大人先生"成为研究中国酒文化绕不开的代表人物。醉侯刘伶的存世作品不多，仅有《酒德颂》文一篇和《北芒客舍》诗一首。

一、文本解读

（一）《酒德颂》

苏东坡有诗云："为文不在多，一颂了伯伦"（《崔文学甲携文见过萧然有出尘之姿问之则孙介》），一篇《酒德颂》足可窥见醉侯刘伶对酒和人生理想的深刻体悟。

《晋书·刘伶传》中录有《酒德颂》全文①，总集《昭明文选》也有收录②，计异文 6 处，字数均为 187 字，移录如下：

> 有大人先生，以天地为一朝，万期为须史，日月为扃牖，八荒为庭衢。行无辙迹，居无室庐，幕天席地，纵意所如。止则操卮执觚，动则挈榼提壶，惟（《文选》作"唯"）酒是务，焉知其余？
>
> 有贵介公子，搢绅处士，闻吾风声，议其所以，乃奋袂攮襟（《文选》作"衿"），怒目切齿，陈说礼法，是非蜂（《文选》作"锋"）起。先生于是方捧罂承槽，衔杯漱醪，奋髯箕踞，枕曲藉糟，无思无虑，其乐陶陶。兀然而醉，恍（《文选》作"豁"）尔而醒。静听不闻雷霆之声，熟视不睹泰山之形。不觉

---

① 房玄龄：《晋书》，中华书局，1974 年，第 1376 页。
② 李善等：《六臣注文选》，中华书局，1987 年，第 886—888 页。

寒暑之切肌，利欲之感情。俯观万物，扰扰焉若（《文选》作"如"）江海（《文选》作"汉"）之载浮萍。二豪侍侧焉，如蜾蠃之与螟蛉。

刘伶笔下的"大人先生"如庄子《逍遥游》中的"无所待者"，是"乘天地之正，御六气之辩"的仙人智者，喝酒是他唯一的追求，"闻风"而来的公子、处士愤怒地以礼法教训他。"是非蜂起"在《文选》中作"是非锋起"，吕延济给出的解释是："说礼经法制以示先生，言其是非如剑戟之锋刃相竞逐而起"①，况仅此公子、处士二人的指责，不足为"蜂"，吕说为是，尤可见二人言辞之激烈。但大人先生的反应是"枕曲藉糟"的卧姿，并未针锋相对，而是"无思无虑"地"衔杯漱醪"，即以浊酒漱口，在醉和醒的弹指间，已经让身的"二豪"（贵介公子和搢绅处士）"如蜾蠃之与螟蛉"。

《酒德颂》在文体上属于"颂"体，对于"颂"的解读，最早见于《诗大序》："颂者，美盛德之形容，以其成功告于神明者也。"颂与风、小雅、大雅并称"四始"，为"诗之至者"②。挚虞的《文章流别论》进一步对其进行了全面的论述："王泽流而《诗》作，成功臻而《颂》兴……后世之为诗者多矣，其功德者谓之颂，其余则总谓之诗。颂，诗之美者也。古者圣帝明王，功成治定，而颂声兴。"③ 刘勰在《文心雕龙·颂赞》中继承了挚虞的观点："四始之至，颂居其极。颂者，容也，所以美盛德而述形容也。""颂主告

---

① 李善等：《六臣注文选》，中华书局，1987年，第887页。
② 阮元：《十三经注疏》，中华书局，1980年，第272页。
③ 严可均：《全上古三代秦汉三国六朝文》，中华书局，1958年，第1905页。

神，故义必纯美。"① 有研究者认为《酒德颂》"具有咏物颂和隐逸颂的双重特质"，"受赋、谐谑文的影响，带有一些综合性的文体特征，这一方面使它的文体属性显得复杂，另一方面则展现出汉魏六朝文体交叉互渗的文体学实际"②。

《酒德颂》在形式上属于骈文，魏晋时期颇为流行。骈文讲究声律调谐、用字绮丽、词汇对偶和巧妙用典，不仅考验作者驾驭语言的能力，而且对个人的学识也有很高的要求。这篇颂尽管只有 187 字，但确是骈文中短小的精品，兹以三点论之。

首先，刘伶借鉴了赋体文学主客两方的双线模式，但彼此并未展开论辩，尽管"二豪"撸胳膊挽袖子、瞪大眼睛咬着牙地陈说礼法，"大人先生"都只是"其乐陶陶"地饮酒自若，人物的神态、动作刻画得入木三分。面对"公子处士"的来势汹汹，"大人先生"以"酒"作为媒介，在悠闲自得中既给予了他们回答，又改变了二人的想法。这种"无言之教"无疑是老庄思想影响下的玄学所倡导的，而且给读者留足了思考的空间，彰显了竹林七贤作品的含蓄蕴藉。

其次，"大人先生"只是一个好酒之人，却能招致"二豪"上门面斥；他俯察一切、从容自信，是无需明言，还是现实根本不允许他明言，这其中的所指发人深省。但刘伶巧妙地让"大人先生"在举杯饮酒间完成了对之前充满气势的"二豪"的思想改造，这其中对于所谓礼法的批判，对于"酒德"的呼唤，却又是显而易见的。何为"酒德"，不正是"二豪"礼法的对应面吗？

再次，这里需要指出的是，在很多版本的《酒德颂》译文

---

① 周振甫：《文心雕龙今译》，中华书局，1986 年，第 83 页。
② 赵俊玲：《刘伶〈酒德颂〉的文体学意义》，《天中学刊》2019 年第 1 期。

中，"如螺蠃之与螟蛉"被解释为"二豪"之于"大人先生"的渺小，从而作为"大人先生"蔑视礼法的力证，这种误解正是对于典故的陌生造成的。"螺蠃"和"螟蛉"的意向最早见于《诗经·小雅·小宛》："螟蛉有子，螺蠃负之。教诲尔子，式穀似之。"① 意思是螺蠃养螟蛉之子，使其成为自己的孩子。《诗经注析》云："这是旧时传说，故后世称养子为螟蛉子。"② 扬雄的《法言·学行》有"螟蛉之子，殪而逢螺蠃，祝之曰：'类我，类我。'久则肖之矣。速哉！七十子之肖仲尼也。"汪荣宝疏曰："此章乃用《诗》义以明教诲之功之大也。"③ 如果仅仅局限于字面意思上的二者相较，就未免误会了刘伶的本意。然而用典还不仅是结尾的画龙点睛一笔，前文中的"行无辙迹，居无室庐"也有出处，李善在《文选》注中已说得明白："老子曰：'善行无辙迹'，马融《琴赋》曰：'游闲公子，中道失志，居无室庐，罔所自置。'"④

　　同为竹林七贤之一的阮籍，也有一篇"大人先生"的作品《大人先生传》。这篇文章对当时司马氏集团虚伪的礼法制度，做了激烈的斥责和辛辣的嘲讽："今汝造音以乱声，作色以诡形，外易其貌，内隐其情。怀欲以求多，诈伪以要名；君立而虐兴，臣设而贼生。坐制礼法，束缚下民。欺愚诳拙，藏智自神。强者睽视而凌暴，弱者憔悴而事人。假廉而成贪，内险而外仁，罪至不悔过，幸遇则自矜。"⑤ 强者瞪大眼睛欺凌弱者，弱者却神情憔悴地服侍强者；当政者假托廉洁为的是实现其贪欲，内心险恶却对外表现出仁

---

① 阮元：《十三经注疏》，中华书局，1980 年，第 451 页。
② 程俊英、蒋见元：《诗经注析》，中华书局，1991 年，第 597 页。
③ 汪荣宝：《法言义疏》，中华书局，1987 年，第 9 页。
④ 李善等：《六臣注文选》，中华书局，1987 年，第 1376 页。
⑤ 阮籍：《阮籍集》，上海古籍出版社，1978 年，第 66 页。

爱；罪大恶极却不思悔过，小人得志便骄傲自得。正是阮籍对统治集团表面制造所谓的礼法，实则施行愚民政策的无情揭露。

有研究者认为《大人先生传》中的"大人先生"是"阮籍塑造出的理想精神的归宿"，在文中与之相对的"士君子""隐者""薪者"是"现实世界的形象，分别代表了三种生存境界"①。《大人先生传》一开始的"大人先生盖老人也，不知姓字。陈天地之始，言神农黄帝之事，昭然也；莫知其生年之数"②，与陶渊明《五柳先生传》的开头"先生不知何许人也，亦不详其姓字"③ 非常类似，这三位"先生"都可以理解为作者自己，或者是一种理想状态，盖"先生""大人先生"是魏晋时期文人创作的"共享意象库"。

（二）《北芒客舍》

唐人欧阳询所撰《艺文类聚》卷七《山部上》北邙山条中收录了刘伶的《北芒客舍》④，其诗曰：

> 泱漭望舒隐，黮黮玄夜阴。
>
> 寒鸡思天曙，拥翅吹长音。
>
> 蚊蚋归丰草，枯叶散萧林。
>
> 陈醴发悴颜，巴歈畅真心。
>
> 缊被终不晓，斯叹信难任。
>
> 何以除斯叹，付之与瑟琴。

---

① 郑华：《与自然齐光　逍遥而抱一——从〈大人先生传〉看阮籍心灵历程》，《菏泽学院学报》2019 年第 6 期。
② 阮籍：《阮籍集》，上海古籍出版社，1978 年，第 63 页。
③ 陶渊明：《陶渊明集》，作家出版社，1956 年，第 123 页。
④ 欧阳询：《艺文类聚》，上海古籍出版社，1982 年，第 137 页。

长笛响中夕，闻此消胸衿。

从诗题和诗中所流露的情调来看，当是刘伶在洛阳对策以无用被罢后，心情抑郁，旅经北芒山，借宿在某客舍时所作。韩格平先生认为："（《北芒客舍》）诗文明晰而务实，全无玄虚飘逸之气，与作者生活后期陶兀昏放、崇尚无为的行为截然不同，当为其早期的作品。"①"玄夜""寒鸡""蚊蚋""枯叶""萧林"这样的意象，加之"泱漭""黮黤""隐""阴"这样的修饰，让人很容易联想到韩愈的雄奇怪异主张，这些意象群给读者一种窒息般的压抑之感，司马氏统治的恐怖气氛呼之欲出。特别要指出的是"寒鸡"，在古代是指半夜时分不按一定时间啼叫的荒鸡，杨万里的《寒鸡》诗有"寒鸡睡着不知晨，多谢钟声唤起人"，古代迷信认为半夜鸡鸣为不祥的恶声。后文的"缊被终不晓"句看出诗人同样在煎熬的寒夜里企盼天明，或许可以理解为刘伶如"寒鸡"般在黑暗中发出长音，却徒增听者的排斥和厌恶。然而诗人这般忧郁"悴颜"从"陈醴"开始得到疏解，以至于巴渝歌舞，琴瑟长笛陆续出现，这里的陈年佳酿是刘伶舒遣愁怀必不可少的存在，有了美酒才生发出这一系列的解脱。"发悴颜"需要酒，"缊被"难抵寒夜需要酒，"除斯叹"也需要酒。琴瑟之付，又何尝不是对志同道合的知音之付，而就在此时，真有长笛之声在半夜里响起，这似乎抚平了刘伶心中的悲雾愁云。但实际上不过是表面的平静而已，内心深处的愤慨并没有彻底消失，不过是在无可奈何中暂时歇息下来罢了。

---

① 韩格平：《竹林七贤诗文全集译注》，吉林文史出版社，1997年，第576页。

二、酒德文化

刘伶之文所颂的对象为"酒德"，那么何为"酒德"，从刘伶的生活实践中不难探得一些蛛丝马迹。

（一）智慧的处世之道

刘伶嗜酒如命，曾经携带一壶酒乘鹿车出行，还派人扛着铁锹跟着他，为的是有一天自己死了便就地埋葬①。爱喝酒、爱喝醉者往往给人以放荡、无礼、不可靠等负面印象，如果我们也如此认识刘伶，那未免失之肤浅了。刘伶实际上是一个沉默寡言的人，《晋书》中评价他"澹默少言"，而且交友还很谨慎，"不妄交游，与阮籍、嵇康相遇，欣然神解，携手入林"。酒鬼们往往多的是酒肉朋友，这是我们的习惯认知，而刘伶却只有和阮籍、嵇康这样志同道合的知音才会"携手入林"②。刘伶还是一个聪明的人，"伶虽陶兀昏放，而机应不差"③。韩愈在《送高闲上人序》中也说："苟可以寓其巧智，使机应于心，不挫于气，则神完而守固，虽外物至，不胶于心。……伯伦之于酒，乐之终身不厌，奚暇外慕?"④

嗜酒在魏晋名士中是一种普遍的社会现象，在《世说新语·任诞》中有颇多记载："诸阮皆能饮酒，仲容（阮咸）至宗人间共集，不复用常杯斟酌，以大瓮盛酒，围坐相向大酌。"⑤ 西晋张季鹰

---

① 房玄龄：《晋书》，中华书局，1974 年，第 1376 页。
② 房玄龄：《晋书》，中华书局，1974 年，第 1376 页。
③ 房玄龄：《晋书》，中华书局，1974 年，第 1376 页。
④ 屈守元、常思春：《韩愈全集校注》，四川大学出版社，1996 年，第 2770 页。
⑤ 徐震堮：《世说新语校笺》，中华书局，1984 年，第 394 页。

（张翰）曰："使我有身后名，不如即时一杯酒。"① 东晋毕茂世（毕卓）云："一手持蟹螯，一手持酒杯，拍浮酒池中，便足了一生。"② 魏晋文人之所以好酒的特别多，很重要的一个原因是魏晋易代、社会动荡，统治者之间相互倾轧，文人大多无法施展自己的抱负，甚至生命的安全也没有保障。由于无力反抗司马氏的暴政，又不肯与朝廷同污并垢，只得对黑暗现实采取消极反抗的态度。

对于竹林七贤的饮酒之风和放荡言行，历史上也不乏批判之声，如清顾炎武、钱大昕等人，就将七贤的无为和晋朝的灭亡关联起来。然而，在当时的社会环境下，七贤的选择实在是无奈之举，耿介的嵇康就付出了生命的代价。在统治者的眼皮子底下求生存，不得不说刘伶需要生存的智慧。丁南湖认为"阮咸、向秀、刘伶虽无足录，而当魏晋篡乱之日，皆拖饮以自全，不失为智士"③。清人余世廉诗作《吊参军刘伶》"伯伦居浊世，沉湎称天民。独醒众所忌，一醉全其真"④ 是对醉侯刘伶的绝妙概括。清代谢昌言的《刘伶墓碑记》中则如此评价刘伶："借杯中之醇醪，浇胸中之块垒，终日在醉乡中而世道之沉沦总置之不议不论。盖其品似卫伶之执篚秉翟而并不露榛苓美人之思，其心同孤竹采薇行歌而并无命衰安往之叹。世人不察，指为酒人，几使伯伦笑千载下无知己也。"⑤ 张廷银对竹林七贤最后的归宿如此分析："好酒几乎是竹林七贤的共同爱好，但王戎好酒，仍未免俗；阮籍沉醉，却代草《劝进表》；阮

---

① 徐震堮：《世说新语校笺》，中华书局，1984 年，第 397 页。

② 徐震堮：《世说新语校笺》，中华书局，1984 年，第 397 页。

③ 袁黄：《御批增补了凡纲鉴》，同文升记书局，1904 年。

④ 张廷银：《方志所见文学资料辑释》，北京图书馆出版社，2006 年，第 64 页。

⑤ 张廷银：《方志所见文学资料辑释》，北京图书馆出版社，2006 年，第 58、59 页。

咸恋酒，失之于滥；嵇康乐酒，言行太张扬。只有刘伶，给人的感觉就是迷酒，而无其他任何的追求与行为，这就依然显得真纯和高尚，当然统治者也觉得无需防忌。所以，他就不会惹人生厌，不会招致祸端。既全了生，也全了性"①，尤其可见刘伶的智慧。

（二）幽默的生活态度

在司马氏政权的恐怖统治下，刘伶依靠自己的智慧以酒"一醉全其真"，而面对退隐后的生活时，酒依然是他笑对人生的必备良方。据《世说新语》的记载，刘伶经常通宵达旦地饮酒，喝醉了便除去衣衫裸身而存，有人看见了便讥笑他的放荡。刘伶回答说，天地是我的房子，房子是我的衣裤，你们为何闯进了我的裤裆中呢②？由此可明《刘伶传》中"放情肆志，常以细宇宙齐万物为心"③的评价。刘伶早已将己身置于广阔的天地之间，他的想法别人无从理解，一个幽默的"裤裆"之喻可谓巧妙天成。

醉酒的刘伶难免与人发生冲突，对方撩衣服举拳头欲拳脚相加，刘伶却不慌不忙地说："鸡肋不足以安尊拳。"④所谓伸手不打笑脸人，更何况还是以如此幽默的方式，打人者都被逗乐了，哪还有适才打人的冲动。刘伶在这种小事情的处理上，及时地贵人贱己，估计自己一米五的个头也不是人家的对手吧，想来让人忍俊不禁。这里有一个细节，刘义庆把对方称为"俗人"，言外之意"细宇宙齐万物"的刘伶又怎会和这种凡夫俗子计较呢？

刘伶的妻子面对求酒喝的丈夫，扔掉了他的酒器，哭着劝其戒

---

① 　张廷银：《方志所见文学资料辑释》，北京图书馆出版社，2006年，第65页。
② 　徐震堮：《世说新语校笺》，中华书局，1984年，第392页。
③ 　房玄龄：《晋书》，中华书局，1974年，第1375页。
④ 　房玄龄：《晋书》，中华书局，1974年，第1376页。

酒。刘伶一本正经地叫她准备酒肉，自己要在鬼神前祈祷立誓，刘伶之妻在当时必定是倍感欣慰吧，这位酒大人终于要改过自新了！一切准备停当，刘伶果真跪下来祈祷："天生刘伶，以酒为名。一饮一斛，五斗解酲。妇儿之言，慎不可听。"于是拿起妻子刚备好的酒肉大吃大喝起来，迷迷糊糊又醉了①，这样的"无赖"着实让人捧腹。

刘伶没有阮籍的"容貌环杰"，嵇康的"身长七尺八寸""龙章凤姿"，有的只是"身长六尺，容貌甚陋"的外表；更没有阮籍"文帝初欲为武帝求婚于籍"的地位，有的只是"独以无用被罢官"的窘境。《世说新语》记载："东晋王孝伯（王恭）问王大（王忱）：'阮籍何如司马相如？'王大曰：'阮籍胸中垒块，故须酒浇之。'"②刘伶委身于酒，又何尝不是为了"浇胸中之垒块"。在归隐的日子里，刘伶没有选择在酒中蓄积愁怨，而是诙谐地在醉酒中应对着生活，以至于其幽默故事传延至今。

（三）隐忍的无奈之举

始称刘伶为"醉侯"的皮日休生活于晚唐时期，与罗隐、陆龟蒙、刘蜕、孙樵等文人，创作了大量的讽刺性极强的小品文，无情地揭露和抨击黑暗现实。《皮子文薮》卷九《鹿门隐书六十篇并序》有："醉士隐于鹿门，不醉则游，不游则息。"③"古之杀人也，怒；今之杀人也，笑。……古之置吏也，将以逐道；今之置吏也，将以为盗。"④鲁迅先生在《小品文的危机》一文中，曾对其做过高度评

---

① 房玄龄：《晋书》，中华书局，1974年，第1376页。
② 徐震堮：《世说新语校笺》，中华书局，1984年，第409页。
③ 皮日休：《皮子文薮》，上海古籍出版社，1981年，第91页。
④ 皮日休：《皮子文薮》，上海古籍出版社，1981年，第99页。

价："皮日休和陆龟蒙自以为隐士，别人也称之为隐士，而看他们在《皮子文薮》和《笠泽丛书》中的小品文，并没有忘记天下，正是一塌胡涂的泥塘里的光彩和锋铓。"① 皮日休虽诗才出众，但因其参与了唐末黄巢起义，在义军攻下长安后，还做了农民政权的翰林学士。在史家眼中，这品行就是带有瑕疵的，所以对其的记载和评价也很少，以至于正史中无传。其事迹仅零星地散见于孙光宪的《北梦琐言》、钱易的《南部新书》和辛文房的《唐才子传》等书中。《唐才子传》卷八记载："日休，字袭美，一字逸少，襄阳人也。隐居鹿门山。性嗜酒，癖诗，号'醉吟先生'，又自称'醉士'；且傲诞，又号'间气布衣'，言己天地之间气也。"②

刘伶与皮日休一位"醉侯"，一位"醉士"，二人都是好酒之人，处境也有类似，以一介文弱书生之躯裹挟在如此乱世，何以御之？然二人又是不同的，皮日休可以纵身投入农民起义的洪流中并最终献身，而刘伶却在西晋王朝兴致勃勃欲攻下东吴之际"盛言无为之化"，最后被罢免，只能选择隐忍，遂将理想寄之于醉酒，了此一生。皮日休将落魄的刘伶尊为"醉侯"，足见他对刘伶和其酒德的认同，在皮日休的眼中，醉酒的刘伶具备王侯的才干。倘若刘伶见得皮日休在诗文中的犀利言辞，在农民起义中的积极无畏，想必也有几分羡慕吧！

"智慧"是刘伶的处世之道，"幽默"是刘伶的生活态度，"隐忍"是刘伶的无奈之选，也是世人与之产生共鸣、共情的情感基础。醉侯正是以此实践着他的酒德文化，深刻地影响着历代文人在酒、在醉中不断探索，不断生发，不断完善着酒德的内涵与外延。

---

① 鲁迅：《魏晋风度及其他》，上海古籍出版社，2019 年，第 421 页。
② 辛文房：《唐才子传》，黑龙江人民出版社，1985 年，第 165 页。

三、结语

在中华酒文化的长流中，有书法家在醉酒后的挥毫泼墨，有武术家在醉酒后的闪转腾挪，有艺术家在醉酒后的即兴演绎，而与酒因缘际会的文人墨客更是灿若星辰。酒，已经成为古代文人在失意归隐后的寄托和伴侣；醉，则成为他们消愁抒怀的独醒别态。醉酒与文人的相伴，与文学的相契，已然成为中国士人的一种特质。在这其中，醉侯刘伶正是最具代表者。他以区区不到两百字的小文，深刻地诠释出"惟酒是务，焉知其余"，气定神闲以行无言之教的酒德文化，对世人影响深远。刘伶成全了酒名，更为后世之人留下酒德之典范，自刘伶始，历朝历代的文人与酒再也分不开。应该说，中国的酒文化，不可缺少杜康，更不可缺少刘伶。

从《醉乡记》看王绩的嗜酒情结

王燕飞　冯　昊①

引　言

　　王绩（585—644），字无功，绛州龙门（今山西河津）人。隋末大儒王通之弟。隋大业中，举孝廉高第，除秘书正字。不乐在朝，辞疾，复授扬州六合县丞。以嗜酒不任事，时天下亦乱，因劾，遂解去。唐高祖武德初，以前官待诏门下省。贞观初，以疾罢。复调有司，固求太乐丞，自是太乐丞为清职。贞观十八年卒。著有《东皋子集》。事迹见《旧唐书·隐逸传》《新唐书·隐逸传》等。

　　王绩是初唐著名诗人，在唐诗发展史上有着重要的作用，"作为初唐第一诗人，他以其创作宣告与齐梁余风决裂，重开一代文风"②。对于这样一位诗人，限于观念、资料等原因，学界一直以来对其研究并不充分，直到1983年《王无功文集》五卷本的发现，补充了王绩众多的诗文作品，从而才大大推进了王绩研究的进程，人

---

①　王燕飞，西华大学文学与新闻传播学院副教授。冯昊，西华大学文学与传播学院2021级古典文献学专业硕士研究生。
②　杨军、吕艳芳：《五十年来王绩研究回顾》，《运城高等专科学校学报》2001年第1期。

们对王绩也逐渐有了较为全面的认识和深入的研究。据杨军、吕艳芳《五十年来王绩研究回顾》一文，学界对王绩的生平、诗文作品、文学成就、诗文集整理等各个方面均进行了较为广泛和深入研究，取得了丰硕的成果①。尤其是作为一位嗜酒如命、具有浓厚嗜酒情结的诗人，他在诗文中创作了大量和酒有关的作品。这不仅丰富了中国古典诗文的创作，而且王绩还借酒表达了个人的思想情感和社会理想。对此，前人也进行了较多的探讨，代表性的成果，如：张锡厚《应当全面评价王绩的题酒咏隐诗》②、刘建春《王绩咏酒诗初探》③、刘蔚《从桃源到醉乡——试论王绩对陶诗文化内涵的继承与衍变》④、美国学者丁香《再议王绩饮酒诗》⑤、刘小兵《"酒神精神"的传承——王绩对刘伶及其〈酒德颂〉的接受》⑥ 等。这些研究主要侧重从诗歌的角度阐释王绩的饮酒诗，对于其借"酒乡"寄寓社会理想的《醉乡记》则关注较少。因此，本文即以此为切入点，结合王绩的诗文作品及其他相关资料，对其嗜酒情结略做探讨，以期就正于方家。

---

① 杨军、吕艳芳：《五十年来王绩研究回顾》，《运城高等专科学校学报》2001年第1期。
② 张厚锡：《应当全面评价王绩的题酒咏隐诗》，载《唐代文学论丛》（第7辑），陕西人民出版社，1986年。
③ 刘建春：《王绩咏酒诗初探》，《赣南师范学院学报（社会科学版）》1997年第4期。
④ 刘蔚：《从桃源到醉乡——试论王绩对陶诗文化内涵的继承与衍变》，《徐州师范大学学报（哲学社会科学版）》1999年第3期。
⑤ （美）丁香·沃娜撰，张丽华译：《再议王绩饮酒诗》，《古典文学知识》2001年第2期。
⑥ 刘小兵：《"酒神精神"的传承——王绩对刘伶及其〈酒德颂〉的接受》，《文艺评论》2011年第2期。

一

《醉乡记》是王绩以酒为主题创作的一篇具有浪漫主义气息的散文名篇。全文不长，抄录如下：

醉之乡，去中国不知其几千里也。其土旷然无涯，无丘陵阪险；其气和平一揆，无晦明寒暑；其俗大同，无邑居聚落；其人任清，无爱憎喜怒，吸风饮露，不食五谷。其寝于于，其行徐徐，与鸟兽鱼鳖杂处，不知有舟车械器之用。

昔者黄帝氏尝获游其都。归而杳然丧其天下，以为结绳之政已薄矣！降及尧舜，作为千钟百壶之献。因姑射神人以假道，盖至其边鄙，终身太平。禹、汤立法，礼繁乐杂，数十代与醉乡隔。其臣羲和，弃甲子而逃，冀臻其乡，失路而道夭。故天下遂不宁。至乎末孙，桀、纣怒而升其糟丘，阶级千仞，南面向而望，卒不见醉乡。成王得志于世，乃命公旦立酒人氏之职，典司五齐，拓土七千里，仅与醉乡达焉，故四十年刑措不用。下逮幽、厉，迄乎秦、汉，中国丧乱，遂与醉乡绝。而臣下之爱道者，往往窃至焉。阮嗣宗、陶渊明等数十人，并游于醉乡。没身不返，死葬其壤，中国以为酒仙云。

嗟呼！醉乡氏之俗，岂古华胥氏之国乎？何其淳寂也如是！绩将游焉，故为之记。①

————————

① 王绩：《醉乡记》，载韩理洲校点《王无功文集五卷本会校》卷五，上海古籍出版社，1987年，第181—182页。

吕才《王无功文集序》云："（王绩）性简傲，饮酒至数斗不醉。常云：'恨不逢刘伶，与闭户轰饮。'因著《醉乡记》及《五斗先生传》，以类《酒德颂》。"① 按，《酒德颂》是"竹林七贤"之一的刘伶（约221—300）创作的一篇骈文。文中虚构了两组对立的人物形象，一是"唯酒是务"的大人形象，一是贵介公子和缙绅处士，他们代表了两种不同的处世态度。大人先生沉醉酒中，睥睨万物，不受羁绊；而贵介公子和缙绅处士则拘于礼教，固守礼法，不敢越雷池半步。此文以颂酒为名，表达了作者超脱世俗、蔑视礼法的鲜明态度。

和刘伶的《酒德颂》不同，王绩在《醉乡记》中通过假想的"乌托邦"社会，虚构了一个古风古俗的理想的醉乡王国，寄寓了作者超越现实的理想境界，寄托自己遗世独立、明哲保身、消极遁隐的思想。

第一段诗人首先指出醉乡之所在，然后通过排比的句式，生动形象地将醉乡的自然风光、民俗风情、社会形态及生活方式等一一展现，这里的描写明显受到陶渊明《桃花源记》的影响。而在描写醉乡的过程中，字里行间洋溢着诗人的赞美和仰慕之情，这为后文写诗人"将游焉"埋下了伏笔。

第二段叙述古代各朝君王与醉乡的关系，其中有以不同方式与醉乡交往的黄帝、尧、舜和周武王，也有与醉乡隔绝的禹、汤、桀、纣以及幽、厉、秦、汉各代。诗人以历史为借鉴，宣泄其不满现实的满腔怨愤，并通过褒贬的对比，揭示了醉乡所象征的理想社会的思想内涵。

---

① ［唐］吕才：《王无功文集序》，载韩理洲校点《王无功文集五卷本会校》卷首，上海古籍出版社，1987年，第2页。

最后，诗人以反诘的形式赞美醉乡，认为它是华胥氏之国的象征。华胥是寓言中的理想国。据《列子·皇帝》："（黄帝）昼寝而梦，游于华胥氏之国。……其国无帅长，自然而已。其民无嗜欲，自然而已。不知乐生，不知恶死，故无夭殇；不知亲己，不知疏物，故无爱憎；不知背逆，不知向顺，故无利害。"① 这样一个淳朴敦厚、安静闲适的社会，正是作者心驰神往的理想所在。

《醉乡记》朴实自然，挥洒自如，趣味隽永，对后代产生了一定的影响。"唐宋八大家"之首的韩愈曾为王绩的后人王含送行，写了一篇《送王含秀才序》，文中提及他阅读《醉乡记》的感受，云："吾少时读《醉乡记》，私怪隐居者无所累于世，而犹有是言，岂诚旨于味耶？及读阮籍、陶潜诗，乃知彼虽偃蹇，不欲与世接，然犹未能平其心，或为事物是非相感发，于是有托而逃焉者也。若颜子操瓢与箪，曾参歌声若出金石，彼得圣人而师之，汲汲每若不可及，其于外也固不暇，尚何曲之托，而昏冥之逃耶？吾又以为悲醉乡之徒不遇也。"② 白居易作有《九日醉吟》诗亦论及王绩，云："有恨头还白，无情菊自黄。一为州司马，三见岁重阳。剑匣尘埃满，笼禽日月长。身从渔父笑，门任雀罗张。问疾因留客，听吟偶置觞。叹时论倚伏，怀旧数存亡。奈老应无计，治愁或有方。无过学王绩，唯以醉为乡。"③ 宋代林正大还将其文檃栝为词《括摸鱼儿》："醉之乡、其去中国，不知其几千里。其土平旷无涯际。其气

① ［晋］张湛注，［唐］卢重玄解，［唐］殷敬顺，［宋］陈景元释文，陈明校点：《列子》，上海古籍出版社，2014 年，第 33 页。

② 刘真伦、岳珍校注：《韩愈文集汇校笺注》卷一〇，中华书局，2010 年，第 1101 页。

③ 朱金成笺校：《白居易集笺校》卷一七，上海古籍出版社，1988 年，第 1113 页。

和平一揆。无寒暑，无聚落居城，无怒而无喜。昔黄帝氏。仅获造其都，归而遂悟，结绳已非矣。   及尧舜，盖亦至其边鄙。终身太平而治。武王得志于周世。命立酒人之氏。从此后，独阮籍渊明，往往逃而至。何其淳寂。岂古华胥，将游是境，余故为之记。"① 清初著名诗人戴名世亦创作有同名的讽刺小品《醉乡记》，借醉乡指桑骂槐，抨击统治集团的昏庸残暴，比王绩之文更具有现实性和批判性。

宋人朱肱在《酒经》中评价王绩道："五斗先生弃官而归，耕于东皋之野，浪身醉乡，没身不返，以谓结绳之政已薄矣，虽黄帝华胥之游，殆未有以过之。繇此观之，酒之境界，岂餔啜者所能与知哉！……大哉，酒之于世也。礼天地，事鬼神；射乡之饮，《鹿鸣》之歌，宾主百拜，左右秩秩；上至缙绅，下逮闾里，诗人墨客，渔夫樵妇，无一可以缺此。"② 王绩这篇以醉名乡的散文，所举的人和事都与酒有关，如周公旦立酒人氏之职，夏桀和糟丘，阮籍、陶渊明的酣饮等。结合王绩的生平及其诗文创作，可见王绩对"酒"的谙熟和迷恋，这和他的嗜酒情结有着较为紧密的联系。

二

酒与诗人往往有着不解之缘。酒不仅能让诗人们自由驰骋思想的灵动，还能带来文章的生花妙笔。与酒为伴，他们少了红尘俗世的无奈与落寞，平添了几许潇洒、飘逸与放纵的气质。正如《酒经》

---

① 唐圭璋编：《全宋词》，中华书局，1965 年，第 2444 页。
② ［宋］朱肱著，宋一明、李艳译注：《酒经译注》，上海古籍出版社，2018年，第 3、6 页。

所云："污樽斗酒，发狂荡之思，助江山之兴，亦未足以知曲蘖之力、稻米之功。至于流离放逐，秋声暮雨，朝登糟丘，暮游曲封，御魑魅于烟岚，转炎荒为净土，酒之功力，其近于道耶！与酒游者，死生惊惧交于前而不知其视，穷泰违顺，特戏事尔。"① 在酒的世界里，诗人们兴然握翰，酣畅恣肆，摆脱了俗世的枷锁与束缚，进入到艺术创作的自由王国，于是创作出大量流传千古的不朽佳作。

《诗经》中已有关于酒的记载，如《小雅·鹿鸣》云："我有旨酒，以燕乐嘉宾之心。"这里的酒是用来招待客人的。《国风·邶风·柏舟》云："微我无酒，以敖以游。"则是借酒消愁。三国时期著名诗人曹操深感人生短暂，壮志未酬，于是"对酒当歌"，发出了"人生几何，譬如朝露，去日苦多"（《短歌行》）的无限感叹。东晋隐逸诗人陶渊明亦爱酒、嗜酒，认为"酒能祛百虑"（《九日闲居并序》）、"酒云能消忧"（《形影神并序》其二《影答形》），甚而因贪酒而求官："彭泽去家百余里，公田之利，足以为酒，故便求之。"（《归去来辞并序》）李白更是终生嗜酒，有"酒圣""醉圣"之誉，一生创作大量以酒为题材的诗篇，其中《将进酒》可谓是中国酒文化的宣言："人生得意须尽欢，莫使金樽空对月。"其好友杜甫曾作《饮中八仙歌》记录其醉酒的情态："李白斗酒诗百篇，长安市上酒家眠。天子呼来不上船，自称臣是酒中仙。"中唐诗人白居易一生与酒为伴，六十七岁时写下了《醉吟先生传》，成为诗人晚年生活的真实写照。苏轼一生仕途坎坷，他却能淡然处之，或许与他从酒那里获得的人生之道、生活之理有关："酒醒还醉还醒，一笑人间千

---

① ［宋］朱肱著，宋一明、李艳译注：《酒经译注》，上海古籍出版社，2018年，第6页。

古。"(《渔父四首》其一)"浮名浮利，虚苦劳神。"(《行香子》"清夜无尘")就连著名女诗人李清照也常在词作中借酒抒怀："三杯两盏淡酒，怎敌他晚来风急！"(《声声慢》"凄凄惨惨戚戚")……因此，纵观中国古典诗歌史，其实也是一部诗人的饮酒史。

王绩是众多爱酒诗人中较为独特的一员。他一生嗜酒，除了《醉乡记》，还作有《五斗先生传》，通过塑造一位行为怪诞却超世独往的酒徒形象，发抒自己内心的痛苦之情。文曰：

> 有五斗先生者，以酒德游于人间。有以酒请者，无贵贱皆往，往必醉，醉则不择地斯寝矣，醒则复起饮也。常一饮五斗，因以为号焉。先生绝思虑，寡言语，不知天下之有仁义厚薄也。忽焉而去，倏然而来，其动也天，其静也地，故万物不能萦心焉。尝言曰："天下大抵可见矣。生何足养，而嵇康著论；途何为穷，而阮籍恸哭。故昏昏默默，圣人之所居也。"遂行其志，不知所如。①

虽名为"传"，但全文无一字言及五斗先生的姓名、身世及功业等，而"天下大抵可见"一语，却包含多少对现实和身世的不满和感叹。其《自作墓志文并序》亦云："天子不知，公卿不识。四十五十，而无闻焉。于是退归，以酒德游于乡里。……行若无所之，坐若无所据。乡人未有达其意也。"②和《醉乡记》一样，名为颂扬酒德，其实是诗人逃避现实、明哲保身的遁词。

---

① 韩理洲校点：《王无功文集五卷本会校》卷五，上海古籍出版社，1987年，第180页。
② 韩理洲校点：《王无功文集五卷本会校》卷五，上海古籍出版社，1987年，第184—185页。

在写给朋友的书信中，王绩也毫不隐讳地提及自己的嗜饮："高吟朗啸，挈榼携壶，直与同志者为群，不知老之将至"（《答刺史杜之松书》）、"性嗜琴酒，得尽所怀，幸甚幸甚""春秋岁时，以酒相续""烟霞山水，性之所适，琴歌酒赋，不绝于时"（《答处士冯子华书》）、"性又嗜酒，形骸所资。河中黍田，足供岁酿。闭门独饮，不必须偶。每一甚醉，便觉神明安和，血脉通利；既无忤于物，而有乐于身，故常纵心以自适也"（《答程道士书》）。所以，王绩的莫逆之交吕才在给他的诗文集作序时，便记录了王绩与酒有关的许多逸闻趣事及他毫无节制的豪饮之状。后来，宋祁等人在撰写《新唐书》时，即以此为蓝本，在不足千字的《王绩传》中，也用大量篇幅记载王绩因酒恋官、弃官、解官的故事：

> 不乐在朝，求为六合丞，以嗜酒不任事，时天下亦乱，因劾，遂解去。
>
> ……
>
> 高祖武德初，以前官待诏门下省。故事，官给酒日三升，或问："待诏何乐邪？"答曰："良酝可恋耳！"侍中陈叔达闻之，日给一斗，时称"斗酒学士"。……时太乐署史焦革家善酿，绩求为丞，吏部以非流不许，绩固请曰："有深意。"竟除之。革死，妻送酒不绝，岁余，又死。绩曰："天不使我酣美酒邪？"弃官去。
>
> 绩之仕，以醉失职，乡人靳之，托无心子以见趣曰……其自处如此。①

---

① ［宋］欧阳修、宋祁撰，中华书局编辑部点校：《新唐书》卷一九六《隐逸·王绩传》，中华书局，1975年，第5594—5596页。

由此可见，王绩的三仕三隐都与酒有关。王绩还作有《酒经》
《酒谱》等文赋专门论酒。而据《王无功文集序》和《新唐书》本
传，他还曾为杜康立庙，以焦革享配，并撰写了《杜康新庙文》，可
见其浓厚的嗜酒情结。可以说，他的一生与酒有着剪不断理还乱的
不解之缘，正如有学者评价的那样："酒不仅成了他逃禄、出仕的媒
介，而且是他在隐逸中调控情绪的良方。"① 因此，王绩的嗜酒情
结，是其爱酒嗜酒的性情所致。

三

正因为喜酒、爱酒、嗜酒，所以王绩在诗中提及酒的地方甚多。
据韩理洲先生统计，王绩"现存的五十二首诗中，言及酒者竟有二
十六首"②。美国学者丁香·沃娜亦云："五卷本的《王绩集》中超
过 35％的内容都提到他好酒。而在三卷的节本中甚至有 50％。"③ 关
于王绩的饮酒诗，前人研究成果丰硕且多有启发性观点。如张锡厚
认为："王绩的题酒诗也不全是宣扬酒德，还有对现实不满和反抗的
一面。……寓有'寄情言怀'的内容。"④ 姚乃文认为："一方面他
以饮酒解除自己思想上的苦闷，……另一方面这些诗文也宣扬了喝

① 玉弩：《陶渊明与王绩的归隐比较研究》，《东疆学刊》（哲学社会科学版）
1991 年第 4 期。
② 韩理洲：《论王绩的诗》，《西北师大学报》（社会科学版）1984 年第 1 期。
③ ［美］丁香·沃娜撰，张丽华译：《再议王绩饮酒诗》，《古典文学知识》
2001 年第 2 期。
④ 张厚锡：《应当全面评价王绩的题酒咏隐诗》，载《唐代文学论丛》（第 7
辑），陕西人民出版社，1986 年，第 23 页。

酒'可以全身，杜明塞智'的妙处，亦渐源于道家常讲的'醉者神全'的观点。"① 许总认为："在纵饮尽醉的表象背后，王绩对世事与人生实际上自有清醒的看法与明确的选择，表现为对政治的戒惧心理以及远祸全身的思想倾向。"② 玉弩通过陶渊明与王绩归隐的比较研究，指出："他们沉醉人生都是一种宣泄情感的方式，在这表象后面，都潜含着孤独意识，表现出一种自由意志，精神寄托。"③

除了上文学者们提出的观点，我们还认为：王绩的嗜酒，和他所具有的"魏晋情结"有关。"魏晋情结指的是魏晋之后文人所感发生成的怀古情怀，这种怀古情怀既昭示着后人对魏晋文化精神的追思，又蕴含着后人对其现实境况的忧思。"④ 王绩的"魏晋情结"，首先体现他在诗文中多次提及魏晋时期与酒为伴的风流名士。《酒经》云："大率晋人嗜酒，……至于刘、殷、嵇、阮之徒，尤不可一日无此。"⑤ 王绩的嗜酒，除了个人性情的原因，与魏晋名士之影响亦有一定关联。王绩在诗中提及的魏晋名士如下表：

---

① 姚乃文：《论王绩的思想和文学成就》，《山西大学学报》（哲学社会科学版）1985 年第 1 期。

② 许总：《王绩诗歌的时代类型特征新议》，《齐鲁学刊》1994 年第 3 期。

③ 玉弩：《陶渊明与王绩的归隐比较研究》，《东疆学刊》（哲学社会科学版）1991 年第 4 期。

④ 屈雪娇：《宗白华的魏晋情结研究》，淮北师范大学 2018 年硕士学位论文。

⑤ ［宋］朱肱著，宋一明、李艳译注：《酒经译注》，上海古籍出版社，2018 年，第 3 页。

诗题	诗句
《田家三首》其二	阮籍生涯懒，嵇康意气疏。
《醉后》	阮籍醒时少，陶潜醉日多。
《春园兴后》	散腰追阮籍，招手唤刘伶。
《游仙四首》其四	许迈心长切，嵇康命似奇。
《日还庄》	坐棠思邵伯，看柳忆嵇康。
《戏题卜铺壁》	旦逐刘伶去，宵随毕卓眠。
《晚年叙志示翟处士》	庚桑逢处跪，陶潜见人羞。
《山中独坐自赠》	解组陶元亮，辞家向子平。
《薛记室收过庄见寻率题古意以赠》	尝爱陶渊明，酌醴焚枯鱼。

阮籍、嵇康、刘伶，是"竹林七贤"中的代表人物，他们均爱饮酒，可谓饮酒的个中好手，史册上记载他们嗜酒的故事甚多。阮籍，据《世说新语·任诞》载："步兵校尉缺，厨中有贮酒数百斛，阮籍乃求为步兵校尉。"《晋书·阮籍传》亦云："嗜酒能啸，善弹琴。……籍闻步兵厨营人善酿，有贮酒三百斛，乃求为步兵校尉。"嵇康喜酒，自言平生"浊酒一杯，弹琴一曲，吾愿毕矣"（《晋书·嵇康传》），其醉时"巍峨若玉山之将崩"（《世说新语·容止篇》）。刘伶自称"天生刘伶，以酒为名。一饮一斛，五斗解酲"（《世说新语·任诞》），"常乘鹿车，携一壶酒，使人荷锸而随之，谓曰：'死便埋我。'"（《晋书·刘伶传》）

不仅如此，嵇康还作有《酒赋》，刘伶作有《酒德颂》，均为咏酒的名篇佳作。而且，酒还频繁地出现在他们的诗文作品中。他们以酒挑战礼教，行乐逍遥，躲灾避祸，这成为魏晋酒文化的独特魅力所在，不仅在当世留下了不可磨灭的印记，而且对后世的文学及酒文化亦产生了重大影响。另外，竹林七贤还喜欢读《老子》《庄子》一类的道家著作。阮籍"博览群籍，尤好《庄》《老》"（《晋书·阮籍传》），嵇康"学不师受，博览无不该通，长好《老》《庄》"
（《晋书·嵇康传》），刘伶"放情肆志，常以细宇宙齐万物为心"
（《晋书·刘伶传》）。王绩则是"以《周易》《老子》《庄子》置床
头，他书罕读也"（《新唐书·王绩传》），曾"注《庄子》，并别成一
家"（吕才《王无功文集序》）。由此可见，王绩的爱酒、嗜酒和他对
老庄哲学、魏晋玄学以及魏晋名士的学习、追模有很大的关系。

除了"竹林七贤"，王绩还非常崇拜陶渊明。作为初唐第一个推崇
陶渊明的大诗人，王绩在写诗作文和为人处世等各个方面均效法陶渊明。

陶渊明自号"五柳先生"，王绩自号"五斗先生"；陶渊明写了
一篇《五柳先生传》，王绩也写了一篇《五斗先生传》。陶渊明自号
"五柳先生"是因《五柳先生传》中的主人公宅边有五棵柳，王绩自
号"五斗先生"除了表明自己好酒之外，更主要是要表达对陶渊明
的崇拜。陶潜的《五柳先生传》中自言"性嗜酒，而家贫不能恒得。
亲旧知其如此，或置酒招之，造次必尽，期在必醉。既醉而退，曾
不吝情"①。而王绩的《五斗先生传》中自言"以酒德游于人间。有
以酒请者，无贵贱皆往，往必醉，醉则不择地斯寝矣，醒则复起饮
也"。王绩还模仿陶渊明《自祭文》而作《自作墓志铭》。《醉乡记》
亦着力模仿陶渊明的《桃花源记》。诚如李剑锋在《元前陶渊明接受
史》中所言："《醉乡记》是对《桃花源记》的一次富有创造性的成
功接受，是在创作上接受陶渊明所产生的第一个也是最优秀的成果
之一。"② 和陶渊明的五仕五隐一样，王绩经过三仕三隐的反复过程
后终于退归田园了，成为继陶渊明之后在中国文学史上留下了隐逸
诗人大名的又一诗人。

---

① ［晋］陶渊明著，王瑶编注：《陶渊明集》，作家出版社，1956 年，第 123 页。
② 李剑锋：《元前陶渊明接受史》，齐鲁书社，2002 年，第 119 页。

结　论

　　作为一个生活于易代之际的诗人，王绩和魏晋时期的名士一样对老庄哲学及酒有着浓厚的兴趣，表现出强烈的嗜酒情结。因此，他在其诗文集中不仅多次提到酒，还提及魏晋时期诸如阮籍、嵇康、刘伶、陶渊明等风流名士，以他们的人生和诗文为追模的对象。出于对陶渊明《桃花源记》的学习和模仿，王绩以《醉乡记》为依托，建造了一个传说中的古国，一个民风质朴率真的世界，寄寓了他理想社会的内涵。

宋代市民社会生活与酒文化

谢桃坊[①]

中国封建社会自唐代中叶以后政治经济结构发生了变化，到北宋时期渐渐趋于定型。它表明我国封建社会进入后期发展阶段。北宋的政治、经济和文化都呈现出与前代相异的面貌，尤其在经济的发展方面达到前所未有的水平。北宋时已初步具有了资本主义萌芽的物质条件，或者说具有了资本主义的若干因素。这促使劳动分工的新变化，城市与农村分离，因而市民社会的形成是社会经济发展的必然。北宋城市出现的新变化，移民向城市提供大量的劳动力，商人和手工业者社会群体利益的形成，构成商品经济与自然经济的分裂。北宋天禧三年（1019）在全国户籍中分别坊郭户和乡村户，列籍定等。城市坊郭户以经济状况分为十等：上户为一、二、三等人户，其中一等户又称高强户，包括住在城市的大地主、大房产主、大商人、高利贷者、大手工业主、赋税包揽者；中户为四、五、六等人户，包括中产商户、房主、租赁主、手工业主；下户为七等以下人户，包括小商、小贩、小手工业者、工匠、雇佣、自由职业者和贫民。坊郭户的出现标志着我国封建社会中一个新的社会

---

① 谢桃坊，四川省政府文史研究馆资深馆员，四川省社会科学院研究院研究员。

阶层——市民阶层的兴起。当然坊郭户并不完全等同市民阶层。市民阶层的基本组成部分不是旧的封建生产关系中的农民、地主、统治者及其附庸，而是代表新的商品生产关系与交换关系的手工业者、商贩、租赁主、工匠、苦力、自由职业者和贫民等坊郭户中的大多数人群，他们组成一个庞杂的市民社会，在城市经济活动和社会生活中发挥巨大作用，成为城市文化的创造者。宋代除了都城而外，其他各府、州、县均有级别不同的城市，还有乡村的镇和草市等商品经济集中之地。伴随着城市经济的发展和市民社会的形成，相应地商店、茶馆、酒楼、民间文艺场所以及各种服务行业均发展起来。这正如我们在《清明上河图》中所见的北宋都城经济活跃、商店林立、人烟稠密、车马往来、熙熙攘攘的繁盛景象。在此幅图中，高搭彩门的华丽的酒楼尤为都市繁荣的象征。

中国的饮食文明在长期的发展中不断提高，至宋代达于前所未有的丰富。宋代国家的赋税收入中茶课、盐课、酒课占有相当重要的地位。白酒起源于唐代，至宋代而获得大力发展。"宋榷酤之法：诸州城内皆置务酿酒，县、镇、乡、间或许民酿而定其岁课，若有遗利，所在多请官酤。三京官造曲，听民纳直以取。"① 当时的酿酒业是为政府控制的，各地方设酒务官监管。南宋时期在四川设置清酒务监官，成都府设二员，其他重要的州设一员，酒务监设于州治。当时绵竹县属于汉州，而酒务监却设在绵竹县，是因此县在唐代已产剑南烧春白酒知名，在宋代尤为产酒之名地。白酒在宋代为社会上层和下层消费量很大的饮料，它在都市的社会生活中由各种酒楼、酒店向市民提供消费服务，市民在此饮酒、消闲、饮食、娱乐，起到了活跃经济、丰富市民生活的重要作用，是城市经济繁荣的一个

---

① 《宋史》卷一八五《食货志下》，中华书局，1977年。

重要组成部分。广大的市民以及乡镇的民众是白酒的基本消费群众。当我们考察唐宋时期的酒文化时，对宋代市民社会生活与酒文化关系的考察是很有必要的。

一

北宋都城开封的酒楼，据宋人孟元老的《东京梦华录》记载有：

樊楼　　杨楼　　仁和店　　姜店　　宜城楼　　张四店

班楼　　刘楼　　曹门蛮王家　　乳酪张家　　八仙楼

张八家园宅正店　　郑门河王家　　李七家正店

景灵宫　　清风楼　　唐家酒店　　高阳正店

南宋都城杭州的酒楼，据宋人耐得翁《都城纪胜》、吴自牧《梦粱录》和周密《武林旧事》的记载有：

大和楼　　西　楼　　和乐楼　　春风楼　　和丰楼　　丰乐楼

太平楼　　中和楼　　春融楼　　武林园　　赏新楼　　双凤楼

日新楼　　熙春楼　　三元楼　　五闲楼　　赏月楼　　花月楼

银马杓　　康沈店　　包子酒店　　宅子酒店　　花园酒店

散酒店　　庵酒店

在以上的酒楼中最有名而又见于较详记载者有：

樊楼。孟元老说："白矾楼，后改为丰乐楼。宣和间更修三层相高，五楼相向。各用飞桥栏槛，明暗相通，珠帘绣额，灯烛晃耀。初开数日，每先到者赏金旗，过一两夜则已。元夜则每一瓦陇中皆置莲灯一盏。内西楼后来禁人登眺，以第一层下视禁中。"①，这是开封最豪华的酒楼。关于此楼之得名，宋人吴曾说"京师东华门外景明坊有酒楼，人谓之矾楼，或者以为楼主之姓，非也。本商贾鬻矾于此，后为酒楼，本名白矾楼"②，宋人常称为樊楼。南宋初年刘子翚在追忆北宋都城的繁盛作的《汴京纪事》有云："梁园歌舞足风流，美酒如刀解断愁。忆得少年多乐事，夜深灯火上樊楼。"他怀念的是梁园的歌舞和樊楼的美酒。

遇仙正店。孟元老说："朱雀门街西，过街即投西大街，谓之（曲）院街。街南遇仙正店，前有楼子，后有台，都人谓之台上。此一店最是酒店上户，银瓶酒七十二文一角，羊羔酒八十一文一角。"③

会仙楼正店。孟元老说："新门里会仙楼正店，常有百十厅馆动使，各各足备，不尚少阙一件。大抵都人风俗奢侈，度量稍宽，凡酒店中不问何人，止两人对坐饮酒，亦须用注碗一副，盘盏两副，果菜碟各五片，水菜碗三五只，即银近百两矣。虽一人独饮，碗遂亦用银盂之类。其果子菜蔬，无非精洁。"④

丰乐楼。北宋樊楼又名丰乐楼，南宋时于杭州重建。宋人周密记述："丰乐楼，旧为众乐亭，又改耸翠楼，政和中改今名。淳祐间赵京尹……重建，宏丽为湖山冠。又甃月池，立秋千梭门，植花木，构数亭，春时游人繁盛。旧为酒肆，后以学馆致争，但为缙绅同年会、拜乡会之地。"⑤ 词人吴之英作有《莺啼序·丰乐楼节斋新建》。节斋即京尹赵德渊。词有云："麟翁衮舄，领客登临，座有诵

① 孟元老著，邓之诚注：《东京梦华录注》卷二，中华书局，1982年。
② 吴曾：《能改斋漫录》卷八，上海古籍出版社，1984年。
③ 孟元老著，邓之诚注：《东京梦华录注》卷二。
④ 孟元老著，邓之诚注：《东京梦华录注》卷四。
⑤ 周密：《武林旧事》卷五，西湖书社，1981年。

鱼美。翁笑起、离席而语，敢诧京兆，以役为功，落成奇事。明良庆会，赓歌熙载，隆都观国多闲暇，遣丹青雅饰繁华地。"① 丰乐楼在杭州西湖南山路。

武林园。宋人吴自牧记述："（杭州）中瓦子前武林园，向是三园楼康、沈家在此开沽。店门首彩画欢门，设红绿杈子，绯绿帘幕，贴金红纱栀子灯，装饰厅院廊庑，花木森茂，酒座潇洒。但此店入其门，一直主廊，约一二十步，分南北两廊，皆济楚阁儿，稳便座席。向晚灯烛荧煌，上下相照，浓妆妓女数十，聚于主廊檐面上，以待酒客呼唤，望之宛如神仙。"②

以上皆为豪华的高级酒楼，乃富商大贾及官吏士人消费之处。然而普通市民及其他民众则多在小酒店或村镇酒店饮酒。宋人洪迈记述北宋时："赵应之，南京宗室也，偕弟茂之在京师，与富人吴家小员外日日纵游。春时至金明池上，行小径，得酒肆，花竹扶蔬，器用罗陈，极萧洒可爱，寂无人声。当垆女年甚艾。三人驻留买酒，应之指女谓吴生曰：'呼此侑觞如何？'吴大喜，以言挑之，（女子）欣然而应，遂就坐。"③ 这是开封金明池旁的小酒店。洪迈记京师酒肆："廉布宣仲、孙恢肖之在太学，遇元夕，与同舍生三人告假出游，穷观极览，眼饱足倦，然心中拳拳未尝不在妇人也。夜四鼓，街上行人寥落，独见一骑来，驺导数辈，近而觇之，美好女子也。遂随以行。欲迹其所向。俄至曲巷酒肆。下马入，买酒独酌，时时与导者笑语。三子者亦入，相对据案索酒。情不能自制。遥呼妇人曰：'欲相伴坐如何？'即应曰：'可。'皆欣然趋就之。且

---

① 唐圭璋：《全宋词》，中华书局，1980 年，第 2907 页。
② 吴自牧：《梦粱录》卷一六，中国商业出版社，1982 年。
③ 洪迈：《夷坚志》甲志卷四，中华书局，1981 年。

推肖之与接膝。意为名倡也。"① 这是在京师小巷小酒店的事。

北宋初年词人柳永在科举考试被黜落之后，曾有一段时期漫游江南。他在《夜半乐》中表述舟行时，"望中酒旆闪闪，簇孤村，数行霜树。"他又在《洞仙歌》里叙述，"芳树外，闪闪酒旗遥举。"这是乡村酒店的酒旗，即酒帘、酒望、望子、招子，悬于酒店门首，以作招徕酒客之用，自唐代以来多以青白布为之。都城、府、州、县、镇、村之酒店皆悬有酒旗。柳永在旅游中见乡村的酒旗尤为明显，引起饮酒的兴趣。

二

宋代的酒楼不仅是供市民饮酒之所，而且集消闲、饮食、娱乐、聚会等功能；尤其是都市豪华的高级酒楼。孟元志记述："凡京师酒店门首，皆缚彩楼欢门，唯任店入其门。一直主廊约百余步，南北天井两廊皆小阁子。向晚灯烛荧煌，上下相照。浓妆妓女数百，聚于主廊檐面上，以待酒客呼唤，望之宛若神仙……九桥门街市酒店，彩楼相对，绣旆相招，掩翳天日。""诸酒店必有厅院，廊庑掩映，排列小阁子，吊窗花竹，各垂帘幕，命妓歌笑，各得稳便。"孟元老还记述在一般酒店中有社会下层各种民众活动的情形：

> 凡店内卖下酒厨子，谓之茶饭量酒博士，至店中小儿子皆通谓之大伯。更有街坊妇人，腰系青花布手巾，绾危髻，为酒客换汤斟酒，俗谓之焌糟。更有百姓入酒肆，见子弟少年辈饮酒，近前小心供过使令，买物命妓，取送钱之类，谓之闲汉。

① 洪迈：《夷坚志》乙志卷一五。

又有向前换汤、斟酒、歌唱或献果子、香药之类，客散得钱，谓之厮波。又有下等妓女，不呼自来筵前歌唱，临时以些小钱物赠之而去，谓之札客，亦谓之打酒坐。又有卖药或果实萝卜之类，不问酒肆买与不买，散与坐客，然后得钱，谓之撒暂。如此处处有之。①

此种情况在南宋人耐得翁的《都城纪胜》、吴自牧的《梦粱录》和周密的《武林旧事》里皆有大致相同的记述。这些酒店还卖各种各样的佳肴食物，其他的小酒店也卖煎鱼、鸭子、炒鸡兔、煎肉、梅汁、血羹、粉羹等下酒食物。

宋代诸州随事设置监当官，管理茶、盐、酒税场务等事，都城官设之酒库隶属点检所。官酒库出现设法卖酒的情形。官府专利卖酒为"榷场"。北宋王林记述官府设法卖酒：

> 官榷酒酤，其来久矣。太宗皇帝深恐病民，淳化五年(994)三月戊申，诏曰："天下酒榷，先遣使者监管，宜募民掌之。减常课之十二，使其易办，吏勿复预。"盖民自鬻则取利轻，吉凶聚集，人易得酒，则有为生之乐，官无讥察警捕之劳，而课额一定，无敢违欠，公私两便。然所入无赢余，官吏所不便也。新法既行，悉归于公，上散青苗钱于设厅，而置酒肆于谯门，民持钱而出者，诱之使饮，十费其二三矣。又恐其不顾也，则命娼女坐肆作乐以蛊惑之。小民无知，争竞斗殴，官不能禁，则又差兵官列枷杖以弹压之，名曰"设法卖

---

① 孟元老著，邓之诚注：《东京梦华录注》卷二。

酒"。而"设法"之名不改，州县间无一肯厘者。①

北宋初年以来官府管理酒务允许民间卖酒，定下税额，民众买酒方便，但官酒库获利甚少。北宋熙宁实施新法以来，全由官酒库卖酒。当时实行青苗法，农民向政府借贷青苗钱，官酒库遂为赢利而于城内设酒肆并命官妓坐肆作乐以卖酒。在后来罢行新法，民间仍可卖酒，但官酒库"设法卖酒"的情形便沿袭下来。吴自牧记述南宋都城："点检所官酒库，各库有两监官，下有专吏酒匠掌管其役。但新、煮两界，系本府关给工本，下库酿造，所解利息，听充本府赡军，激赏公支，则朝家无一毫取解耳……其诸库皆有官名角妓，就库设法卖酒。此郡风流才子，欲卖一笑，则径往库内点花牌，惟意所择，但恐酒家人隐庇推托，须是亲识妓面，及以微利唉之可也。"② 这里所说的"妓乐"或"官名角妓"是指官妓。宋代各级官府从民间选取有才艺之女子加入乐籍，以供官府庆典、宴会时歌舞演出和侑觞。她们在服役期间不能婚配，亦不得与官员有私。在官酒库设法卖酒时，她们奉命以歌唱和音乐引诱民众饮酒，为官府效力。在一般的酒楼，为客人歌唱侑觞的则是自由的民间私妓。这使宋代的酒业富于娱乐的特色。

在宋代民俗中寒食节前各酒库开沽煮酒，中秋节诸店卖新酒，这成为节序的民俗内容。北宋时，"中秋节前，诸店皆卖新酒，重新结络门前彩楼，花头画竿，醉仙锦旗。市人争饮，至午未间，家家无酒，拽下望子（酒旗）……中秋夜，贵家结饰台榭，民间争占酒楼玩月"③。南宋时兴起煮酒迎新的民俗，宋人耐得翁、西

① 王栐：《燕翼诒谋录》卷三，中华书局，1981年。
② 吴自牧：《梦粱录》卷一〇。
③ 孟元老著，邓之诚注：《东京梦华录注》卷八。

湖老人、吴自牧和周密在笔记小说里均有记述，而以吴自牧之记述最详：

> 临安府点检所，管城内外诸酒库，每岁清明节前开煮，中（秋节）前卖新迎年，诸库复呈本所，择日开沽呈样，各库预颁告示，官私妓女，新丽妆著，差雇社队鼓乐，以荣迎引。至期侵晨，各库排列整肃，前往州府教场，伺候点呈。首以三丈余高白布写"某库选到有名高手酒匠，酝造一色上等浓辣无比高酒，呈中第一"谓之布牌，以大长竹挂起，三五人扶之而行。次以大鼓及乐官数辈，后以所呈样酒数担，次八仙道人，诸行社队，如鱼儿活担、糖糕、面食、诸般市食、车架、异桧奇松、赌钱行、渔父、出猎、台阁等社。又有小女童子，抚琴瑟，妓家伏役婆嫂，乔妆绣体浪儿，手擎花篮、精巧笼仗。其官私妓女，择为三等，上马先以顶冠花衫子裆袴；次择秀丽有名者，带珠翠朵玉冠儿，销金衫儿，裙儿，各执花斗鼓儿，或捧龙阮琴瑟；后十余辈著大红衣，带皂时髻，名之"行首"，各雇赁银鞍闹妆马匹，借倩宅院及诸司人家虞候押番，及唤集闲仆浪子引马随逐，各青绢白扇马兀供值。……妓女之后，专知大公皆新巾紫衫乘马随之。州府以彩帛、钱会、银碗，令人肩驮于马前，以为荣耀。其日在州治呈中祇应讫，各库迎引至大街，直至鹅鸭桥北酒库，或俞家园都钱库，纳牌放散。①

这是一支浩浩荡荡的庞大的游行队伍，由五部分组成：第一是三五人扶举的高大布牌；第二是乐队，各库所呈新酒，以及各行和

---

① 吴自牧：《梦粱录》卷二。

社团代表人物；第三是小女、童子、服役婆嫂的技艺表演；第四是三种华丽妖艳的官妓和民间私妓献艺，同时有名妓的豪华马队行进；第五是专管酒务的官员的马队随后。这应是诸节令中规模宏大和热闹的民众大流行，是市民社会文化生活的最为典型的表现。

宋代统治者已经注意到酒业的发展可以使民众感到"有为生之乐"，并由此可以带动社会的经济的活跃。其意义已经大大超越了饮酒的单纯的物质的层面，而有丰富的文化内涵了。

三

当我们谈到宋代市民社会生活与酒文化时，具体的事例甚少，兹从宋代文献中寻求到一些市民在小酒店中会友、消闲、娱乐以及民间艺人在酒肆卖艺的情形，略述于下。《警世通言》卷三〇所存宋人话本《金明池吴清逢爱爱》，叙述北宋富家子弟吴清等三人在都城金明游玩，于酒楼遇到酒家姑娘爱爱："北街第五家，小小一个酒楼，内中有个量酒的女儿，大有姿色，年纪也只好二八……上得案儿，那女儿便叫：'迎儿，安排酒来，与三个姐夫贺喜。'无时酒到痛饮，那女儿所事熟滑，唱一个娇滴滴的曲儿，舞一个妖媚媚的破儿，掐一个紧飕飕的筝儿，道一个甜甜嫩嫩的千岁儿。"① 吴清因此喜欢上了卖酒的女子爱爱。今存宋人戏文《小孙屠》叙述市民孙必达于开封西郊丽春园酒楼遇到官妓李琼梅的故事。李琼梅自述："妾身是开封府上厅角妓李琼梅的便是。自恨身如柳絮，无情狂嫁东风。貌若春花，空吁白昼。几度沉吟弹粉泪，对人空滴悲多情。对此三春好景，就西郊这丽春园内沽卖香醪。一来趁时玩赏，二来恐

---

① 参见胡士莹：《话本小说概论》，中华书局，1980 年，第 229 页。

遇得个情人，亦是天假其便。奴家身畔，只有一个使唤梅香在此，就叫她整顿酒器。"孙必达在丽春园饮酒到红日将坠：

> （生白）酒钱多少？（旦）这个不妨，看官人与多少。（生）略有些小银子，权当酒钱。（旦）谢得官人！（生）娘子，酒阑人散醉扶归，细柳轻云拂地垂，何时连理枝？（旦）官人，桃艳美，杏艳美，若得阑干遮盖围，方宜结果时。（生）娘子不必忧虑，如蒙不外，待小生多将些金珠，去官司上下使了，与娘子落籍从良，不知意下如何？（旦）只怕奴家无此福分。若得官人如此周庇之时，待奴托与终身未为晚矣。①

孙必达终于经官府同意，允许李琼梅落籍从良，与他结为夫妇。宋人话本《金鳗记》讲述社会下层妇女庆奴贫困于旅舍，失去生活来源，遂到酒店卖艺。她说："我会一身本事，唱得好曲，到这里怕不得羞。何不买个锣儿，出去诸处酒店内卖唱，趁百十文，把来使用，是好也不好？"② 这即是属于在酒店里的卖艺，"筵前歌唱，临时以些小钱物赠之而去"的"打酒座"。

北宋末年士人朱敦儒本是洛阳人，他经历了靖康之难，国破家亡，逃难到了江南。南宋建炎元年（1127）朱敦儒流落到吴越之地，在一家酒楼偶然识别出小唱艺人竟是北宋宣和间著名的民间歌妓李师师，于是甚为感慨，作了一首《鹧鸪天》词：

> 唱得梨园绝代声。前朝惟有李夫人。自从惊破《霓裳》

---

① 钱南扬：《永乐大典戏文三种校注》，中华书局，2009年，第267页。
② 此话本保存于《警世通言》卷二〇，参见《话本小说概论》，第226页。

后，楚奏吴歌扇里新。　　秦嶂雁，越溪砧。西风北客两飘零。尊前忽听当时曲，侧帽停杯泪满襟。[①]

李师师由于与徽宗皇帝有一段不寻常的风流韵事，曾被召入宫中封为瀛国夫人。靖康之难，她被抄家籍产，历经战乱，隐姓埋名在江南卖艺。朱敦儒在酒楼听到这绝代的歌声，对李师师深表同情，更引起国破家亡的悲痛，不禁停杯泪下了。在酒楼似乎可以遇到一些悲欢离合的传奇故事。当宋高宗在杭州建立偏安政权之后，社会秩序渐渐恢复，在其晚年偶有游幸西湖的雅兴。他于一个春天乘御舟游湖，经过断桥，桥旁一家酒楼，甚为雅洁，但进入店内，见到一幅素屏题有《风入松》词：

一春长费买花钱。日日醉湖边。玉骢惯识西泠路，骄嘶过沽酒楼前。红杏香中歌舞，绿杨影里秋千。　　东风十里丽人天。花压鬓云偏。画船载取春归去，余情在湖水湖烟。明日再携残酒，来寻陌上花钿。[②]

词的落款是俞国宝。宋高宗以为此词写尽了西湖景物与游湖情趣，十分欣赏。他认为末句"明日再携残酒"显得有些寒酸气，遂改为"明日重扶残醉"，这样便有雍容富贵之气象了。他命人寻访作词者，乃知是一位太学生，遂为释褐——脱去布衣，换上官服。这位太学生有幸入仕了。在酒楼中发生的这一件事，由此成了宋词一段佳话。

---

① 朱敦儒：《樵歌》，邓子勉校注，上海古籍出版社，1998 年，第 138 页。
② 周密：《武林旧事》卷三。

在宋代州、府、县、镇及乡村的各种大小酒店里，许多一般的市民群众在此饮酒，固然有"为生之乐"，享受美酒，消闲娱乐，感受人生的一种乐趣。然而社会下层的市民，例如小商、小贩、工匠、学徒、流浪人、贫民、江湖卖艺者、店员等，他们也偶尔到小酒店饮酒，为的是消除疲劳，使心情安静，忘却人世的劳苦；也有以酒消愁的，欲以排遣种种愁绪。宋人话本《冯玉梅团圆》的入话是南宋初年一位漂泊江湖的中年男子在江边的酒楼即兴作的一首《南乡子》：

> 帘卷水西楼。一曲新腔唱打油。宿雨眠云年少梦，休讴。且尽生前酒一瓯。　　明日又登舟。却指今宵是旧游。同是他乡沦落客，休愁。月子弯弯照几州。

民间书会先生说："这首词末句，乃是借用吴歌成语。吴歌云：'月子弯弯照几州，几家欢乐几家愁。几家夫妇同罗帐，几家飘散在他州。'此歌唱出我宋建炎年间，述民间离乱之苦。只为宣和失败，奸佞专权，延至靖康，金虏凌城，掳了徽、钦二帝北去；康王泥马渡江，弃了汴京，偏安一隅，改元建炎。其时东京一路百姓，惧怕鞑虏，都跟随车驾南渡；又被虏骑追赶，兵火之际，东逃西躲，不知拆散了几多骨肉，往往父子夫妻，终身不复相见。"[①] 此首吴歌在南宋时多为舟师行船时所唱，声情悲苦而凄怨。词的作者是飘散他乡的夜泊江头的中年人，他在酒楼同北客共饮，相互慰藉，饮着深底大碗的酒，唱起悲苦凄怨的吴歌，试图以旷达的态度来排解人生的苦难，却只是以消极虚无的思想冲淡内心的痛苦。他也是属于流离失所的中原人，所以特别唱出苦难的遭遇。此首酒楼

① 《京本通俗小说》卷一六，上海古籍出版社，1986 年。

之歌，能体现南宋初年市民的真实情绪。

《东京梦华录》的作者孟元老是一位生平事迹不详的文人。我们从其序言仅知道他在北宋都城开封生活了二十三年，经历了靖康之难，于南宋绍兴十七年（1167）写下其在都城的见闻。南宋淳熙十四年（1187）赵师侠刊印此著时跋云：

> 祖宗仁厚之德，涵养生灵，几二百年，至宣政间太平极矣。礼乐刑政，史册俱在，不有传记小说，则一时风俗之华，人物之盛，讵可得而传焉？……幽兰居士（孟元老）记录旧所经历为《梦华录》，其间事关宫禁典礼，得之传闻者，不无谬误；若市井游观，岁时物华，民俗风尚，则见闻习熟，皆得其真。①

在此著之前，关于中国的历史，自《史记》之后，历代史臣皆有编著，记载国家大事、礼乐刑政等制度及重要历史人物。孟元老之著开始以亲历记述一个时代节序风物，街巷市井，社会民俗，都市民众生活，自此开创了一种新的历史记述的风尚，影响甚为深远。在孟元老、西湖老人、耐得翁、吴自牧和周密等记述中，我们可见到他们追述一个时代的繁盛时，令他们最难忘记的是具体表现时代的真实是都市的物质文明和社会民俗。其中可以从一个侧面体现都市经济繁荣的是众多豪华的酒楼和各种酒店，而在酒楼酒店饮酒、消闲、饮食、娱乐和消费则是市民社会的一种"为生之乐"的生活方式。因此我们考察宋代市民社会生活与酒文化的关系可见其中具有较为丰富的文化意义。

---

① 孟元老著，邓之诚注：《东京梦华录注》，第 255 页。

宋代四川榷酤考

彭东焕[①]

一、榷酤制度的源流与特征

榷酤，又称"榷沽"，始创于西汉。汉武帝天汉三年（前98），始榷酒酤[②]，垄断酒的产销。后历代沿之，或由政府设店专卖；或对酤户及酤肆加征酒税；或将榷酒钱匀配，按亩征收；等等，用以增加政府财政收入。历朝历代，不断强化酒的专卖权，管理制度不断完善。

二、宋代榷酤制度的发展

宋初承唐末五代之制，有的地方榷曲，有的地方榷酒。官设"曲院"，酒户从曲院买曲酿酒，官府垄断造曲，而不禁民酿酒出售，此为榷曲。既禁民造曲，又禁酿酒出售，由官设"酒务"造曲

---

① 彭东焕，四川省社会科学院文学与艺术研究所助理研究员、《中华文化论坛》编辑部副主任。
② 《汉书》卷六《武帝纪》："始榷酒酤。"

酿酒，酒户只能从酒务批发酒零售，实施官酤法，此为榷酒。酒务委派监官管理，也称官监酒务。宋代东京开封、西京洛阳、南京应天府榷曲，福建、广南、夔州路及少数州县不榷酒，许民户自酿，绝大部分州县设官监酒务，实行官酤法①。

在宋代，榷酤制度得到了充分发展，南宋周煇《清波杂志》卷六"榷酤"条："榷酤创始于汉，至今赖以佐国用。"当时京城及州府县镇皆置酒官，经理酒务。《宋史·食货志下七》："宋榷酤之法：诸州城内皆置务酿酒，县、镇、乡、闾或许民酿而定其岁课，若有遗利，所在多请官酤。三京官造曲，听民纳直以取。"此为"榷曲"，是宋初沿用唐末五代制度的情形②。当时官设"曲院"，酒户从曲院买曲自酿出售。如果酒户不能买曲自酿，而只能通过官方获取酒的话，就已属于"榷酒"的范畴了。

实际上，在宋代，围绕榷酤的政策已有许多变通的方法，总的目的在于尽可能地提高酒课，最大限度地攫取酒利，以满足国家财政的需要。宋代酒课征收的途径五花八门，名目繁多③：

（一）立祖额。官府为收取的酒课数额设定的一种计划指标。宋初酒课因地而异"各有元定酒数"④。酒课立额不仅是北宋政府保障酒课收入的重要步骤，而且也表明酒课收入已成为北宋政府开支不可缺少的一项固定财源⑤。

（二）添酒钱。在正常课利的基础上，通过提高酒的售价而扩大酒课收入的一种方法。它是官府通过垄断价格，变相地向消费者增

---

① 魏天安：《宋代的官监酒务与官酤法》，《中州学刊》2008 年第 4 期。
② 魏天安：《宋代的官监酒务与官酤法》，《中州学刊》2008 年第 4 期。
③ 李华瑞：《宋代酒课的征收方法析论》，《河北学刊》1993 年第 2 期。
④ 《续资治通鉴长编》卷六五景德四年四月甲午引王旦语。
⑤ 李华瑞：《宋代酒课的征收方法析论》，《河北学刊》1993 年第 2 期。

收酒税的手段。最早出现于庆历二年，北宋时期有六次，一文至数文不等，涨幅不大。南宋从建炎二年到绍兴九年，十年间上色酒每斤上涨 78 文，涨幅很大。

（三）曲引钱。《宋史》卷四三七《刘清之传》："旧法，民有吉凶聚会，许买引为酒曲，谓之曲引钱，其后直以等第敷纳。"曲引本是一种发行的票据，持此凭证可以根据自己的需要寄造酒曲于酒户。但实际执行过程中，曲引渐失去其原初的功能，成为酒税之一种。

（四）曲钱。原是唐五代实行的一种榷酤方法，"称曲钱者，给民曲使得酿而归，其曲之直于官"[1]。但宋代统一天下后，实行了严格的榷酤制度，却没有废除曲钱。

（五）科配摊派。主要指非法配卖官酒。一种是将劣质或过剩的酒分配到地方售卖，一种是强制购买。

（六）设法卖酒。利用妓女帮助经营，刺激消费，从而增加酒课的一种方法[2]。

（七）赏格法。最早行于元丰七年，从所增课额中抽出二厘赏给酒务监官，一厘赏给酒务专匠，用作奖励增加酒务岁课的一种手段，称元丰赏格法。南宋赏格更加严密。

（八）"别求课利"。属于叠加盘剥，具有很大的随意性。

可见，宋人围绕酒课问题做足了功夫。所以清人赵翼称："史册所载历代榷酤，未有如宋之甚者。"[3]

---

① 《新安志》卷二《杂钱》。
② 王楙：《野客丛书》卷一五"设法"条："今用女倡卖酒，名曰'设法'。"
③ 赵翼：《陔余丛考》卷一八"宋元榷酤之重"条，商务印书馆，1957 年，第343 页。

三、宋代四川榷酤制度

四川在宋代是全国主要财税来源地之一，事关国计民生，而茶盐酒是四川财税收入的主要来源，李心传称："四川财赋利源，大者无过盐酒。"[1] 以绍兴五年（1135）为例，当年四川全部财政收入共三千三百四十二万缗，酒税一项独占收入总数的五分之一，可见"酒税是宋代四川财赋利源的根本和支柱"[2]。

宋代四川酿酒业的发展居于全国领先水平。据《通考》卷一七记载，熙宁十年前各地酒务数统计，四川有酒务 376 个，占全国酒务总数 1839 个中的 20％；四川的酒课收入为 20 万贯，占全国酒课收入 1506 万贯的 13％。南宋绍兴末年"东南及四川酒课一千四百余万缗"。而四川酒课在建炎四年就已达 690 万缗，几乎占全国酒课收入的一半[3]。

为尽可能完成税收任务，宋代四川地区除执行当时国家统一的酒课政策之外，还采取了一些具有变通性的改革措施。

（一）惠边政策

为了保证酒的专卖利益，宋代榷酤制度非常严格，对造酒原料的酒曲控制极严，规定对私酿私贩为重罪。但对四川有些地区却有一些不同，因为四川为多民族聚居区，很多地区为多民族杂居，为了维护社会安定，搞好和少数民族关系，四川地区在某些地方实行了

---

① 李心传：《建炎以来系年要录》卷一五六。
② 贾大泉：《宋代四川的酒政》，《社会科学研究》1983 年第 4 期。
③ 贾大泉：《四川在宋代的地位》，贾大泉主编《四川历史论文集》，四川省社会科学院出版社，1987 年，第 93 页。

特殊的照顾政策，在夔、达、开、施、泸、黔、黎、威、茂州、富顺、云安监和梁山郡不实行酒禁，所谓"此汉夷杂居，故驰其榷禁，以惠安边人"①。

(二) 隔槽酒法

金兵入侵，宋室南渡，宋金决战前夕，十万宋军驻屯川陕前线，筹集军费开支成为南宋朝廷的第一要事，军需供应仰赖四川。赵开受命总领四川财赋，为了应付这严峻的局面，开始大变茶、酒、盐法，以剧增的税收来保证川陕军队和地方日益激增的开支。其中酒法之大变，即隔槽酒法（或称隔酿法）的创建。高宗建炎三年（1129）十月，官任川陕宣抚处置使司随军转运使，专一总领四川财赋的赵开，首先在成都府路推行此法。废除原来的国家专卖和扑买制（即官方采用自由投标的方式，将官属酒坊的承包经营权交付于出价最高的人），改由官府设立隔槽酿酒坊，由政府提供酒曲和工具，听由酿户输米自行酿酒。隔槽酿酒坊之外的酿卖皆为非法，严令禁止。政府只按酿户输米之多少收税（其他环节不再收税），酿酒的数量，并无限额。官方只需提供酿酒场所，不用追加投资，不需要提供原料和人手，任何人只要纳钱就可以在官方的组织下，利用官方的隔槽等设备进行酿造。此法不但收税偏高，同时又节省了官府的许多人力、财力，并可防止酒户的偷税漏税。隔槽酒法首先在成都府路推行，第二年即推广到四川全境。《宋史·食货志》："渡江后，屈于养兵，随时增课，名目杂出，或主于提刑，或领于漕

---

① 脱脱等：《宋史》卷三五三《蒲卣传》："有议榷酤于泸、叙间，云岁可得钱二十万。卣言：'先朝念此地夷汉杂居，故弛其榷禁，以惠安边人。今之所行，未见其利。'乃止。"中华书局，1977 年，第 11154 页。

司，或分隶于经、总制司，惟恐军资有所未裕。建炎三年，总领四川财赋赵开遂大变酒法：自成都始，先罢公帑卖供给酒，即旧扑买坊场所置隔酿，设官主之，民以米入官自酿，斛输钱三十，头子钱二十二。明年，遍下其法于四路，岁递增至六百九十余万缗，凡官槽四百所，私店不预焉，于是东南之酒额亦日增矣。"① 《续资治通鉴·宋纪一百六》："（建炎三年）辛丑，张浚承制以朝请郎、同主管川陕茶马盐牧公事赵开兼宣抚司随军转运使，专一统领四川财赋。开言：'蜀民已困，惟榷率尚有盈余，而贪猾认以为己私。惟不恤怨詈，断而行之，庶救一时之急。'浚以为然，于是大变酒法。自成都始，先罢公帑，卖供给酒，即旧扑买坊场所置隔槽，听民以米赴官自酿。每一斛，输钱三千，头子钱二十二，多寡不限数。明年，遂遍四路行其法。夔路旧无酒禁，开始榷之。旧四川酒课岁为钱一百四十万缗，自是递增至六百九十余万缗。"此法比较严苛，客观大大增加了政府的财政收入。

（三）官监买扑

买扑，又称"扑买"，类似于今天的"拍卖"，是宋元时期实行的一种包税制度。宋初对酒、醋、陂塘、墟市、渡口等的税收，由官府核计应征数额，招商承包。政府向商人、民户出卖某种征税权。包商（买扑人）缴保证金于官，取得征税之权。后由承包商自行申报税额，以出价最高者取得包税权。宋代因其商品经济发展的特殊背景，不仅继承了官榷，还壮大了私人承包经营的买扑制度②。这

① 脱脱等：《宋史》卷一八五，第 4520 页。
② 刘超风、郭风平、杨乙丹：《宋代酒类买扑制度的演变逻辑》，《兰台世界》2016 年第 24 期。

种制度在宋代常见，在四川地区成效尤其明显，并且有效地衔接了赵开推行的隔槽酒法，在隔槽酒弊端渐显时发挥了作用。

《宋史·食货志》："（绍兴）七年，以户部尚书章谊等言，行在置赡军酒库。四川制置使胡世将即成都、潼川、资、普、广安立清酒务，许民买扑，岁为钱四万八千余缗。自赵开行隔槽法，增至十四万六千余缗（绍兴元年），及世将改官监，所入又倍，自后累增至五十四万八千余缗（绍兴二十五年），而外邑及民户坊场又为三十九万缗（淳熙二年）。然隔槽之法始行，听就务分槽酤卖，官计所入之米而收其课，若未病也。行之既久，酤卖亏欠，则责入米之家认输，不复核其米而第取其钱，民始病矣。十年，罢措置赡军酒库所，官吏悉归户部，以左曹郎中兼领，以点检赡军酒库为名，与本路漕臣共其事。十五年，弛夔路酒禁。以南北十一库并充赡军激赏酒库，隶左右司。十七年，省四川清酒务监官，成都府二员，兴元遂宁府、汉绵邛蜀彭简果州、富顺监并汉州绵竹县各一员。"①

结　语

宋人言："取民无制，莫甚于榷酤。"② 四川人民对宋代的政治军事及经济社会发展做出了卓越贡献，付出了沉重代价。李心传《建炎以来朝野杂记》："四川总领所赡军钱并金帛，以绍兴休兵之初计之，一岁大约费二千六百六十五万缗，其中五百五十六万缗酒课"，可见酒课收入在当时有力支持了川陕的抗金斗争。贾大泉先生在考察四川酒政之后曾总结说："宋代四川的酒课为国计所赖，为民

①　脱脱等：《宋史》卷一八五，第 4520—4521 页。
②　楼钥：《攻媿集》卷一八《论明政刑》。

所苦。……四川人民为保卫四川地区高度发达的经济和文化，曾忍受如此沉重的酒税等负担，实为可赞。"①

---

① 贾大泉：《宋代四川的酒政》，《社会科学研究》1983 年第 4 期。

中国古代诗酒文学长河与剑南（烧）春

谢应光　蒋　琴[①]

　　自从有诗以来，酒在其中就占据了不容小觑的分量。在中国灿烂的诗歌长河中，酒如同那翻涌的朵朵浪花，不仅给诗人带来了奇妙的灵感源泉，还陪诗人们走过了漫漫人生旅程。诗与酒成全了诗人，也给文学史画上了浓墨重彩的一笔。

　　《诗经》，作为中国第一部诗歌总集，里面有许多关于酒的记录，可以说较早地阐述了诗歌与酒的联系，从此以后，诗与酒便结下了不解之缘。

　　《国风·周南·卷耳》："陟彼崔嵬，我马虺隤。我姑酌彼金罍，维以不永怀。陟彼高冈，我马玄黄。我姑酌彼兕觥，维以不永伤。"虽然没有出现"酒"字，但是"金罍""兕觥"这类酒具的出现，正是借酒杯消怀人之愁。而在《国风·邶风·柏舟》直接就有"酒"字的记录，"泛彼柏舟，亦泛其流。耿耿不寐，如有隐忧。微我无酒，以敖以游"。也许这是诗歌中借酒抒发报国无门之志的源头，风格质朴、情感真挚。《小雅·正月》："彼有旨酒，又有嘉肴。

---

①　谢应光，西华大学文学与新闻传播学院教授，硕士生导师。蒋琴，西华大学文学与新闻传播学院助理研究员。

洽比其邻，婚姻孔云。念我独兮，忧心殷殷。"则是讽刺喝酒宴饮之人，表露出愤世嫉俗、爱国忧民之情，道出了乱世人民的不幸。此外，《大雅·抑》"其在于今，兴迷乱于政。颠覆厥德，荒湛于酒。女虽湛乐从，弗念厥绍。罔敷求先王，克共明刑"；《大雅·荡》"文王曰咨，咨女殷商。天不湎尔以酒，不义从式。既愆尔止，靡明靡晦。式号式呼，俾昼作夜"；《小雅·小宛》"人之齐圣，饮酒温克。彼昏不知，壹醉日富"；《小雅·北山》"或湛乐饮酒，或惨惨畏咎；或出入风议，或靡事不为"，都是借酒讽劝嗜酒如命、不务正业之人，可谓用心良苦。当然，与酒相关的还有轻松欢快、君臣同乐的诗歌，比如，《鲁颂·有駜》："有駜有駜，駜彼乘牡。夙夜在公，在公饮酒。振振鹭，鹭于飞。鼓咽咽，醉言归。于胥乐兮！"写出了君臣宴饮、带醉而归，一片祥和欢乐之景。还有《鲁颂·泮水》："思乐泮水，薄采其茆。鲁侯戾止，在泮饮酒。既饮旨酒，永锡难老。顺彼长道，屈此群丑。"在《小雅》中有许多宴请宾客，表现物产丰饶、主人热情好客的诗句，例如《小雅·鹿鸣》"呦呦鹿鸣，食野之蒿。我有嘉宾，德音孔昭。视民不恌，君子是则是效。我有旨酒，嘉宾式燕以敖。……我有旨酒，以燕乐嘉宾之心"；《小雅·鱼丽》"鱼丽于罶，鲿鲨。君子有酒，旨且多。鱼丽于罶，鲂鳢。君子有酒，多且旨。鱼丽于罶，鰋鲤。君子有酒，旨且有"；《小雅·南有嘉鱼》"南有嘉鱼，烝然罩罩。君子有酒，嘉宾式燕以乐。"《诗经》中用酒来祭祀祈福的诗歌很多，弥漫着严肃的氛围，彰显出一种仪式感，如《豳风·七月》"十月获稻为此春酒，以介眉寿……九月肃霜，十月涤场。朋酒斯飨，曰杀羔羊。跻彼公堂，称彼兕觥，万寿无疆"；《周颂·丰年》"丰年多黍多稌，亦有高廪，万亿及秭。为酒为醴，烝畀祖妣。以洽百礼，降福孔皆"；《周颂·载芟》"为酒为醴，烝畀祖妣，以洽百礼"。值得注意的是，《诗经》中已经有借酒来书写人的豪迈了，如《国风·郑风·叔于田》"叔于狩，巷无饮酒。岂无饮酒？不如叔也。洵美且好"，将众人与青年猎人的饮酒相比较，突出猎人的爽快洒脱。《唐风·山有枢》："山有漆，隰有栗。子有酒食，何不日鼓瑟？且以喜乐，且以永日。宛其死矣，他人入室。"则是借酒来主张人生应该及时行乐，流露出潇洒的人生态度。其中，借酒表达夫妻恩爱、和睦美好的是《郑风·女曰鸡鸣》"弋言加之，与子宜之。宜言饮酒，与子偕老。琴瑟在御，莫不静好。"由此可见，《诗经》已经孕育出诗歌与酒关系的大部分主题，以后的诗人们则在《诗经》的基础上继续泼墨挥毫，书写着诗与酒的动人故事。

《楚辞》留下了许多关于酒的痕迹，其中《渔父》中的描写令人印象深刻。屈原遭到放逐后，在江边游荡，形容枯槁，他遇到了渔父，两人便交谈了起来。

> 渔父见而问之曰："子非三闾大夫与？何故至于斯？"屈原曰："举世皆浊我独清，众人皆醉我独醒，是以见放。"渔父曰："圣人不凝滞于物，而能与世推移。世人皆浊，何不淈其泥而扬其波？众人皆醉，何不哺其糟而歠其醨？何故深思高举，自令放为？"屈原曰："吾闻之，新沐者必弹冠，新浴者必振衣。安能以身之察察，受物之汶汶者乎？宁赴湘流，葬于江鱼之腹中。安能以皓皓之白，而蒙世俗之尘埃乎！"

在这里，渔父反问屈原：既然大多数人都是沉醉不醒的，你为什么不和他们一样吃酒糟喝薄酒呢？为什么想得那么远而且自命清高，让自己沦落到被驱逐的下场？屈原表示宁愿葬身鱼腹，也不愿意同流合污。其中，"醨"通"醨"，意为味道清淡的酒，薄酒。《渔父》借酒来喻指那些沉迷酒色、同流合污的人，反衬出屈原高洁傲岸的品质，历来为人称道。

用美酒佳肴来招魂，算是《楚辞》的特色之一。人们拿出琼浆玉酿呼唤那些死去的亡灵，以此表达在世者的怀念与敬意。比如，《招魂》："瑶浆蜜勺，实羽觞些。挫糟冻饮，酎清凉些。华酌既陈，有琼浆些。归来反故室，敬而无妨些。……娱酒不废，沉日夜些。兰膏明烛，华镫错些。结撰至思，兰芳假些。人有所极，同心赋些。酎饮尽欢，乐先故些。魂兮归来！反故居些。"《大招》："四酎并孰，不涩嗌只。清馨冻歠，不歠役只。吴醴白蘗，和楚沥只。魂乎归来！不遽惕只。"

《远逝》则续写了《诗经》里"我姑酌彼兕觥，维以不永伤"的借酒消愁，如："日杳杳以西颓兮，路长远而窘迫。欲酌醴以娱忧兮，蹇骚骚而不释。"值得注意的是，这里的"愁"不是怀人之愁，而是前程之愁，郁郁不得志，而此后一代又一代的诗人则继续将酒与人怀才不遇的主题发挥得淋漓尽致。

东汉宋子侯《董娇饶》："何如盛年去，欢爱永相忘。吾欲竟此曲，此曲愁人肠。归来酌美酒，挟瑟上高堂。"此诗算是较早用美酒来感叹女子青春易逝，后来的唐诗宋词则更多地将两者联系起来。

在乐府诗歌当中，以曹操《短歌行·对酒当歌》为例，酒的韵味则更加复杂突出。

　　对酒当歌，人生几何！譬如朝露，去日苦多。慨当以慷，忧思难忘。何以解忧？唯有杜康。青青子衿，悠悠我心。但为君故，沉吟至今。呦呦鹿鸣，食野之苹。我有嘉宾，鼓瑟吹笙。

一代枭雄曹操拿着酒与天对饮，感叹人生短暂，譬如朝露，期望用酒来消散这种忧愁，同时也发挥美酒的社交功能来招揽天下贤士，与他共谋大业，古直悲凉，气魄雄伟。

西晋著名文学家、书法家陆机的《短歌行》受到了曹操《短歌行》的影响。

> 置酒高堂，悲歌临觞。人寿几何，逝如朝霜。时无重至，华不再阳。苹以春晖，兰以秋芳。来日苦短，去日苦长。今我不乐，蟋蟀在房。乐以会兴，悲以别章。岂曰无感，忧为子忘。我酒既旨，我肴既臧。短歌可咏，长夜无荒。

同样是借酒抒发人生短暂的感伤，陆机的《短歌行》多了些荒凉与悲苦，输了气魄。

魏晋南北朝诗人写下了许多脍炙人口的饮酒诗，以陶渊明的饮酒诗二十首为代表。陶渊明在序言中写道："余闲居寡欢，兼比夜已长，偶有名酒，无夕不饮。顾影独尽，忽然复醉。既醉之后，辄题数句自娱；纸墨遂多，辞无诠次，聊命故人书之，以为欢笑尔。"由此可见，酒在陶渊明的诗歌中起着关键作用，刺激着陶渊明的创作神经。细读陶诗，正如萧统《陶渊明集序》所评价的那样："有疑陶渊明之诗，篇篇有酒；吾观其意不在酒，亦寄酒为痕也。"魏晋时期的酒在诗人心中的地位也越来越高了，它暗含着诗人的心灵寄托。鲍照的七言乐府《拟行路难》沿袭了楚辞《远逝》"日杳杳以西颓兮，路长远而窘迫。欲酌醴以娱忧兮，蹇骚骚而不释"的愁苦，却又更加悲壮。作为寒士的鲍照饮酒消愁，愤慨道："酌酒以自宽，举杯断绝歌路难。心非木石岂无感？吞声踯躅不敢言。"

唐代诗人继承了前人的诗歌基因，诗与酒的这片广袤土壤里渐渐开出了朵朵奇葩。

初唐"斗酒学士"王绩留下了许多酒诗，如《过酒家》"眼看人尽醉，何忍独为醒"，《醉后》"阮籍醒时少，陶潜醉日多。百年何足度，乘兴且长歌"，《独酌》"浮生知几日，无状逐空名。不如多酿酒，时向竹林倾"。王绩的酒诗，既有愤世嫉俗之恨，又有一蹶不振之憾。

孟浩然《过故人庄》："故人具鸡黍，邀我至田家。绿树村边合，青山郭外斜。开轩面场圃，把酒话桑麻。待到重阳日，还来就菊花。"此时的酒充满了乡村田园的味道，洋溢着与友人的暖暖情谊，连接着诗人与故人的内心世界。王维《送元二使安西》"劝君更尽一杯酒，西出阳关无故人"则用酒续唱着友谊之歌，饱含深情与不舍，而王维《少年行》中的酒却别有一番风味。"新丰美酒斗十千，咸阳游侠多少年。相逢意气为君饮，系马高楼垂柳边。"（《少年行》其一）此时的酒是少年豪放不羁之酒，荡漾的是侠客的豪情与壮志，气势轩昂。李白的《侠客行》则在王维《少年行》的气势上更胜一筹。"闲过信陵饮，脱剑膝前横。将炙啖朱亥，持觞劝侯嬴。三杯吐然诺，五岳倒为轻。眼花耳热后，意气素霓生。……纵死侠骨香，不惭世上英。"侠客壮士以酒为诺，情义比山高比海深，感动苍天，气势雄伟。

诗仙李白沿用乐府古体写的《将进酒》，则将诗与酒的事书写得酣畅淋漓，精妙入神。

君不见黄河之水天上来，奔流到海不复回！君不见高堂明镜悲白发，朝如青丝暮成雪！人生得意须尽欢，莫使金樽空对月。天生我材必有用，千金散尽还复来。烹羊宰牛且为乐，会须一饮三百杯。岑夫子，丹丘生，将进酒，杯莫停。与君歌一

曲，请君为我侧耳听；钟鼓馔玉不足贵，但愿长醉不愿醒；古
来圣贤皆寂寞，唯有饮者留其名。陈王昔时宴平乐，斗酒十千
恣欢谑。主人何为言少钱，径须沽取对君酌。五花马，千金
裘，呼儿将出换美酒，与尔同销万古愁。

人生苦短，酒能消愁，亦能带来忘我忘时的欢乐，桀骜不驯的
李白痛饮着美酒，倾泻着内心的痛苦与烦闷，狂放不羁，豪迈洒
脱，诗歌感染力极强，《将进酒》实属诗酒文学里登峰造极之作。

经过《诗经》《楚辞》、乐府诗歌以及魏晋南北朝诗歌、初唐诗
歌的浸润与熏陶，诗酒文学慢慢发展、成熟起来，并在盛唐达到高
潮。这不仅有代代诗人们的努力，也有酿酒人的辛劳，并与当时繁
荣的经济息息相关。唐李肇撰《唐国史补》卷下记载了唐代的美酒：
"酒则有郢州之富水，乌程之若下，荥阳之土窟春，富平之石冻
春，剑南之烧春，河东之乾和蒲萄，岭南之灵溪、博罗，宜城之九
酝，得阳之谣水，京城之西市腔，虾蟆陵郎官清、阿婆清。又有三
勒浆类酒，法出波斯。三勒者谓庵摩勒、毗梨勒、诃梨勒。"在唐朝
众多美酒中，"剑南之烧春"榜上有名，标志着川酒的璀璨辉煌。

根据江玉祥《唐代剑南道春酒实考》，"我们可以把'剑南之烧
春'诠释为：剑南地区人民发明的、用火烧酿酒法生产的、酒精含
量比较高的重酿春酒"①。由此可知，"剑南之烧春"是众多高品质
川酒的统称。剑南地区自然条件优越，物产丰富，人们勤奋辛
劳，为"剑南之烧春"的出现奠定了坚实的基础。在唐宋诗歌里有
许多关于"剑南""春"（"烧春"）的记录，这些诗歌凸显了诗人们

---

① 江玉祥：《唐代剑南道春酒史实考》，《四川大学学报（哲学社会科学版）》
1999 年第 4 期。

独特的人生体验和剑南印象。

唐代诗人留有许多关于"剑南"的诗。杜甫的七言律诗《送路六侍御入朝》"剑南春色还无赖，触忤愁人到酒边"，《严氏溪放歌行》"剑南岁月不可度，边头公卿仍独骄"，《至后》"冬至至后日初长，远在剑南思洛阳"。杜甫诗歌中的"剑南"充满着离愁别绪与乡思。因为友人要到"剑南"任职，诗人们将此事记录了下来，其真挚的友谊可见一斑，如岑参《送郭仆射节制剑南》、刘得仁《送谢观之剑南从事》、韩翃《赠别成明府赴剑南》、贾岛《送朱休归剑南》、贾岛《送李傅侍郎剑南行营》、顾非熊《送李廓侍御赴剑南》等。还有些诗人则对"剑南"地区的秀丽风景印象深刻，例如周贺《送蜀僧》"看经更向吴中老，应是山川似剑南"，雍陶《送蜀客》"剑南风景腊前春，山鸟江风得雨新"，薛能《闻官军破吉浪戎小而固虑史氏遗忽因记为（其一）》"高楼一拟（一作凝）望，新雨剑南清"。

而在宋代，"剑南"在诗人们笔下出现的频率则更高，苏轼、陆游对"剑南"的书写不容忽视。宋祁《张宫苑拜嘉州刺史知恩州》"剑南剩腊梅迎使，塞下新春柳映营"，《次陕郊》"惊风吹客梦，西落剑南天"，宋祁的"剑南"颇有军营之风。生在剑南、长在剑南的苏轼对"剑南"的感情比其他诗人更为强烈，对"剑南"的思念之情浓烈而深沉，如《次韵李修孺留别二首（其二）》"穷通等是思家意，衰病难堪送客悲。好去江鱼煮江水，剑南归路有姜诗"，《次韵王定国会饮清虚堂》"卜筑君方淮上郡，归心我已剑南川。此身正似蚕将老，更尽春光一再眠"，《立春日小集戏李端叔》"开卷便知归路近，剑南樵叟为施丹"。也有因为滞留剑南，而苦闷惆怅的诗人，魏了翁就是其一，留有诗句"弟兄亲友剑南州，别思如山浩不收"，词则更多，如"应怜我，留滞剑南东"。其实，书写"剑南"最多的人要属爱国诗人陆游，其诗集就名为《剑南诗稿》。在陆游的诗歌里，记录了他与"剑南"的相遇、相知与怀念，如：《五鼓送客出城马上作》"此生那可料，六岁剑南州"，《晨至湖上二首（其一）》"剑南无剧暑，长夏更宜人"，《宿江原县东十里张氏亭子未明而起》"剑南十月霜犹薄，江上五更鸡乱号"，《成都书事二首（其一）》"剑南山水尽清晖，濯锦江边天下稀"，《忆昔》"忆昔浮江发剑南，夕阳船尾每相衔"，《东斋偶书》"弃官若遂飘然计，不死扬州死剑南"，《山居》"好奇自笑心无厌，行遍江南忆剑南"，《月夕幽居有感》"剑南旧隐虽乖隔，依旧柴门月色新"，《华亭院僧房二首（其一）》"剑南七月暑未退，明日更携棋簟来"，《城南寻梅得绝句四首（其四）》"篱边细路竹间庵，一段风流擅剑南"，《蒸暑思梁州述怀》"两年剑南走尘土，肺热烦促无时平"，《题明皇幸蜀图》"剑南万里望秦天，行殿春寒闻杜鹃"，《江楼吹笛饮酒大醉中作》"锦江吹笛余一念，再过剑南应小留"，《杂感十首以野旷沙岸净天高秋月明为韵（其九）》"我昔游剑南，烂醉平羌月"，《好事近（其一　寄张真甫）》"烦问剑南消息，怕还成疏索"。由于党派纷争，陆游辗转来到剑南地区，继续做着对国家和百姓有益的事情，而剑南地区舒适的气候、优美的自然条件以及志同道合的友人给陆游留下了深刻印象，陆游的诗风也在此时转型与定型。陆游的诗歌深深影响着其他诗人，并得到他们的赞赏，刘应时留有《读放翁剑南集》"放翁前身少陵老，胸中如觉天地小"，徐文卿《因放翁以剑南诗稿为赠咏叹之余赋短歌以谢》"半生诵公流传诗，每恨收拾多所遗"，杨万里《跋陆务观剑南诗稿二首（其一）》"今代诗人后陆云，天将诗本借诗人"，韩淲《陆丈剑南诗斯远约各赋一首》"清诗句句律有余，爱而不见今何如"，戴复古《读放翁先生剑南诗草》"茶山衣钵放翁诗，南渡百年无此奇"等，此后的元明清诗人对剑南诗多有称道。与此同时，陆游也是一名爱酒诗人，"逐首统计的结果，发现陆游诗中专写饮酒、写到饮酒和提到酒的作品竟多达 2940 多首，大约占他全部诗歌（9300 多首）的百分之三十二……所以可以肯定他的咏酒诗的数量不但是宋代第一，而且也是古代第一"①。

　　酒，在诗人笔下也用"春"来代替，这个用法是从《诗经》中的"春酒"沿用过来的②。唐代许多诗人将"春"与酒连用，或以"春"代酒。将"春"与酒连用，如初唐王绩《山中别李处士》"山中春酒熟，何处得停家"，《看酿酒》"从来作春酒，未省不经年"，《被征谢病》"鹤警琴亭夜，莺啼酒瓮春"，《山中叙志》"风鸣静夜琴，月照芳春酒"，《春日》"年光恰恰来，满瓮营春酒"；刘希夷《春日行歌》"野人何所有，满瓮阳春酒"；宋之问《蓝田山庄》"独与秦山老，相欢春酒前"，《龙门应制》"林下天香七宝台，山中春酒万年杯"；张说《送王尚一严巖二侍御赴司马都督军》"明年春酒熟，留酌二星归"；王昌龄《龙标野宴》"沅溪夏晚足凉风，春酒相携就竹丛"；高适《同河南李少尹毕员外宅夜饮时洛阳告捷遂作春酒歌》"彭门剑门蜀山里，昨逢军人劫夺我。到家但见妻与子，赖得饮君春酒数十杯，不然令我愁欲死"；杜甫《宴戎州杨使君东楼》"重碧拈春酒，轻红擘荔枝"，《入宅三首（其一）》"客居愧迁次，春酒渐多添"，《野望》"射洪春酒寒仍绿，目极伤神谁为携"，《遭田父泥饮美严中丞》"田翁逼社日，邀我尝春酒"，《郑驸马宅宴洞中》"春酒杯浓琥珀薄，冰浆碗碧玛瑙寒"；岑参《首春渭西郊行呈蓝田张二主簿》"闻道辋川多胜事，玉壶春酒正堪携"，《酬成少尹骆谷行见呈》"成都春酒香，且用俸钱沽"，《喜韩樽相过》"瓮头春酒黄花

---

①　刘扬忠：《平生得酒狂无敌，百幅淋漓风雨疾——陆游饮酒行为及其咏酒诗述论》，《中国韵文学刊》2008 年第 3 期。
②　李守亭：《古代酒名"春"字考》，《吉林师范大学学报（人文社会科学版）》2010 年第 6 期。

脂，禄米只充沽酒资"，《韦员外家花树歌》"朝回花底恒会客，花扑玉缸春酒香"；司空曙《塞下曲》"横吹催春酒，重裘隔夜霜"。在这些将"春"与酒连用的诗句中，更多的是洋溢着唐代诗人饮酒时的洒脱与欢乐，表达诗人们对酒的喜爱。唐代"春"字与酒连用彰显的是唐时人生气勃勃的精神面貌以及率性洒脱的个性特征。李白则直接以"春"代酒，凸显出他的豪放不羁，如《哭宣城善酿纪叟》"纪叟黄泉里，还应酿老春"，《答湖州迦叶司马问白是何人》"青莲居士谪仙人，酒肆藏名三十春"，《寄韦南陵冰余江上乘兴访之遇寻颜尚书笑有此赠》"堂上三千珠履客，瓮中百斛金陵春"，《自汉阳病酒归寄王明府》"莫惜连船沽美酒，千金一掷买春芳"，杜甫也有一些直接以"春"代酒的诗句，如《拨闷（一作赠严二别驾）》"闻道云安曲米春，才倾一盏即醺人"，《寄刘峡州伯华使君四十韵》"宴引春壶满，恩分夏簟冰"，《醉时歌》"清夜沈沈动春酌，灯前细雨檐花落"，而唐以后的诗人用"春"代酒的则更多了，但却少了奔放自由的气韵。

唐代也有"烧春"一说，而关于"烧春"还很有争议，有人认为是蒸馏酒，有人认为是经过火烧酿造法酿造的重酿酒。唐代诗句中"烧春"二字大多是春意浓重的意思，指代酒的几乎没有，有的是用"烧"字代酒或出现的是"烧酒"，而在词中则有"烧春"替代酒，牛峤《女冠子（其二）》"锦江烟水，卓女烧春浓美"。随着宋代酿酒技术的提高，"烧春"指酒的诗句则多些了，如释德洪《次韵游南岳》"适如醉乡识归路，醇如烧春浮玉觞"，沈与求《再用子虚韵和呈骏发次颜（其一）》"灯市烧春接郡楼，岁丰人乐事遨游"，李石《扇子诗（其十六）》"风雨楼上笛，烧春宽作程"，钱厚《梅亭》"更推银蜡上寒梢，冷艳烧春春未觉"，敖陶孙《灯前曲》"琉璃灯暖烧春红，水晶帘垂望欲空"。明代有袁宏道《和谷字韵》"茶花冷茜烧春云，酒晕生腮红照肉"，屈大均《赠钱郎饮酒（其一）》"陶公余醉石，纪叟有烧春"，《酒熟（其二）》"却爱烧春能爽口，一杯已觉暖氤氲"、《荔枝酒（王太守席上作）》"味得烧春逾酴釄，陈经越岁胜酴醿"等，清代也多。在这些"烧春"诗句中，有思乡饮酒的，有丰年团聚饮酒的，有友人离别饮酒的，也有爱酒饮酒的，虽则饮酒原因不同，但都在酒中找到了心灵的寄托与安慰。几百上千年以来，酒在人们的日常生活中扮演着重要的角色，这些酒歌也将继续鸣唱。

以今日名酒剑南春为例，产地"酒乡"绵竹，历史悠久。"绵竹坐落在著名的'U'形酿酒带，酿酒历史已有四千余年，广汉三星堆蜀文化遗址出土的陶酒具和绵竹金土村出土的战国时期的铜罍、提梁壶等精美酒器、东汉时期的酿酒画像砖等文物考证，《华阳国志·蜀志》《晋书》等史书记载都可证实：绵竹产酒不晚于战国时期。"① 关于绵竹大曲，还有两个凄厉的传说，一个是玉妃溪的传说，一个是诸葛井的传说②。很久很久以前，绵竹大旱，玉妃为了救助绵竹父老乡亲，将头上的凤冠抛向大地，这些珍珠化为清泉，于是鹿却堂山下的小溪被称作"玉妃溪"；诸葛瞻父子为蜀汉政权效忠，最终却双双战死在绵竹，元代百姓为了对父子俩表示敬仰，打算迁葬两人骸骨，却在他们墓地旁挖出了清泉，命名为"诸葛井"。"玉妃溪"和"诸葛井"，清澈甘甜，冰晶沁谧，后来绵竹人们用"玉妃溪"和"诸葛井"的泉水酿酒，这就保证了绵竹酒的优良品质。

---

① 侯红萍：《满口醇香的剑南春》，载《酒文化学》，中国农业大学出版社，2012年，第34页。
② 陈君慧：《"剑南春"酒名的来历》，载《中华酒典》，黑龙江科学技术出版社，2013年，第14页。

　　"《旧唐书·德宗本纪》载剑南道'岁贡春酒十斛'中的'春酒'是指蜀中特产的郫筒酒和汉州鹅黄酒，这两种酒都属于蜀酒中的'酴醿'，故《唐六典》和《新唐书·百官志三》所记四种宫廷御用酒便直书'酴醿'……亦间接证明唐代剑南道春酒（特别是汉州鹅黄酒）曾是宫廷御用酒。"① 汉州鹅黄酒与绵竹联系紧密。唐杜佑撰《通典》卷一七六《州郡六》载："汉州，今理雒县，秦属蜀郡。汉属广汉郡，后汉因之而兼置益州，晋置新都郡，宋齐为广汉郡，隋并入蜀郡。大唐因之，垂拱二年，分雒县置汉州，或为德阳郡，领县五：雒，什邡，绵竹，德阳，金堂。"由此可见，当时绵竹就在汉州。陆游就十分喜爱汉州鹅黄酒，留有《蜀酒歌》："汉州鹅黄鸾凤雏，不鸷不搏德有余……十年流落狂不除，遍走人间寻酒垆，青丝玉瓶到处酤，鹅黄玻璃一滴无。安得豪士致连车，倒瓶不用杯与盂，琵琶如雷聒坐隅，不愁渴死老相如。"此外，"蜜酒"也与绵竹颇有关系。据《绵州志》记载："杨世昌，绵竹五都山道士，字子东，善作蜜酒，绝醇酽。东坡及得其方，作《蜜酒歌》以遗之。"当时苏轼因"乌台诗案"贬到黄州，四处云游的杨世昌特地从庐山看望他，知道苏轼爱喝酒，杨世昌就把酒方传给了苏轼。苏轼在《蜜酒歌》里写道："西蜀道士杨世昌，善作蜜酒，绝醇酽。余既得其方，作此歌遗之。"苏辙诗歌也有记录《和子瞻蜜酒歌》："蜂王举家千万口，黄蜡为粮蜜为酒。……先生年来无俸钱，一斗径须囊一倒。饷糟不听渔父言，炼蜜深愧仙人传。"在《又一首答二犹子与王郎见和》中，苏轼又提到了"蜜酒"，"高烧油烛斟蜜酒，贫家百物初何有"。而且，苏辙还将蜜酒送给了好朋友品尝，《以蜜酒送柳真公》

---

① 　江玉祥：《唐代剑南道春酒史实考》，《四川大学学报（哲学社会科学版）》1999 年第 4 期。

"床头酿酒一年余，气味全非卓氏垆。送与幽人试尝看，不应知是百花须"。均可看出，他们对蜜酒的喜爱。

清朝康熙年间，陕西三元县人朱熠在绵竹城西创立了自己的酿酒作坊，由朱天改名为"天益老庄"，成为后来剑南春的酿酒地。乾隆时期的绵竹大曲，深受李调元的喜爱，他称赞道"天下美酒皆尝尽，却爱绵竹大曲醇"，并在《函海》中写下："绵竹清露大曲酒是也，夏消暑，冬御寒，能治吐泻、除湿及山岚瘴气。"直到1958年，蜀中诗人庞石帚将绵竹大曲酒正式起名为"剑南春"。由此可见，"剑南春"与诗人一直有着难以割舍的缘分。

自古以来，诗歌与酒就是文学史上的一段千秋佳话，诗人们的作品中总是飘散着阵阵酒香，要么把酒言欢，要么低吟浅唱，要么借酒消愁，要么樽酒论文……在诗与酒中，一个个真实生动的诗人形象跃然纸上，人生的喜怒哀乐皆在其中，而这些故事将会随着时代变迁，愈发闪亮。

我欲醉眠芳草：苏东坡与酒的不了情

潘殊闲①

苏轼是一个十分热爱生活的人，酒对苏轼来说，就是生活之美的有机组成部分。苏轼一生与酒结下不解之缘，给我们留下了许多关于酒的佳话，为中国酒文化增添了众多的传奇故事。

一、苏轼与饮酒

苏轼对饮酒有特别的喜爱，他喜欢饮酒，喜欢与朋友一起饮酒，虽然，苏轼的酒量较小，算不上善饮，但对饮酒之乐有特别的情结，不妨来看他自己的陈述：

> 予饮酒终日，不过五合，天下之不能饮，无在予下者。然喜人饮酒，见客举杯徐引，则予胸中为之浩浩焉，落落焉，酣适之味，乃过于客。闲居未尝一日无客，客至，未尝不置酒。

① 潘殊闲，四川省政府文史研究馆特约馆员，西华大学人文学院副院长、教授，四川省巴蜀文化研究会副会长，四川省哲学社会科学重点研究基地"地方文化资源保护与开发研究中心"主任。

天下之好饮，亦无在予上者。常以谓人之至乐，莫若身无病而心无忧。我则无是二者矣。然人之有是者，接于予前，则予安得全其乐乎？故所至，当蓄善药，有求者则与之，而尤喜酿酒以饮客。或曰："子无病而多蓄药，不饮而多酿酒，劳己以为人，何也？"予笑曰："病者得药，吾为之体轻；饮者困于酒，吾为之醺适；盖专以自为也。"东皋子待诏门下省，日给酒三升。其弟静问曰："待诏乐乎？"曰："待诏何所乐，但美酝三升，殊可恋耳。"今岭南，法不禁酒，予既得自酿，月用米一斛，得酒六斗。而南雄、广、惠、循、梅五太守，间复以酒遗予。略计其所获，殆过于东皋子矣。然东皋子自谓五斗先生，则日给三升，救口不暇，安能及客乎？若予者，乃日有二升五合，入野人、道士腹中矣。东皋子与仲长子光游，好养性服食，预刻死日，自为墓志。予盖友其人于千载，或庶几焉。①

这段文字蕴含了丰富的内容。

一是"天下之不能饮，无在予下者"。这就是说，苏轼自称自己是天下最不善饮的人。这种说法，无法去进行横向的比较，他既是苏轼的自谦，也是一种写实。因为苏轼即使是"饮酒终日"，也"不过五合"。

二是苏轼特别喜欢见人饮酒，"见客举杯徐引，则予胸中为之浩浩焉，落落焉，醺适之味，乃过于客"。看别人饮酒比自己饮酒还快乐，真是好客的写照。

三是苏轼家中多客，"闲居未尝一日无客，客至，未尝不置酒"。闲居时，每天都有宾客光临，而宾客至，没有不置酒相待的，由此

---

① 苏轼：《书东皋子传后》，《苏轼文集》卷六六，第 2049 页。

苏轼得出"天下之好饮，亦无在予上者"。也就是说，天下没有比苏轼更好客的啦。让朋友喝高兴，比自己喝高兴更快乐，这当然是好客之人呢。

四是在苏轼看来，"人之至乐，莫若身无病而心无忧"。那好客的苏轼如何让人享受"至乐"的境界？那就是"当蓄善药，有求者则与之，而尤喜酿酒以饮客"。善药疗疾强身延年，美酒予人快慰，正所谓："病者得药，吾为之体轻；饮者困于酒，吾为之醺适。"苏东坡确乎是天下第一的快乐达人。蓄善药、酿美酒不是为了自己，而是为了他人。这种境界不是一般人能达到，自然也不是一般人能感受其中给予、付出与奉献的快乐与快慰。

东皋子即唐初诗人王绩，字无功，号东皋子，本为隋朝秘书省正字，隋没入唐为官，待诏门下省。苏轼以他为例，说当时王绩待诏门下省，能够有"日给酒三升"，所以，王绩觉得"殊可恋"。而王绩自谓"五斗先生"，而每日才得酒三升，自己都不够饮，哪里还能用来招待客人呢？苏轼就不一样了，他自己酿酒，每月可得六斗，此外，南雄、广、惠、循、梅五州太守，还偶尔赠酒给他，加之他自己不善饮，所以，能够"日有二升五合，入野人、道士腹中"。

由此可见，苏轼饮酒的快乐之所在。

二、苏轼与酿酒

对于酿酒，苏轼十分爱好并擅长。据其诗文所载，他曾先后在黄州、颍州、定州、惠州、儋耳等地酿过蜜酒、天门冬酒、中山松醪、桂酒、真一仙酒等，集中有关这方面的诗文不少。比如，在惠州，苏轼新酿桂酒。苏轼有诗为纪：

捣香筛辣入瓶盆，盎盎春溪带雨浑。收拾小山藏社瓮，招呼明月到芳樽。酒材已遣门生致，菜把仍叨地主恩。烂煮葵羹斟桂醑，风流可惜在蛮村。①

除诗外，苏轼还有《桂酒颂》：

《礼》曰："丧有疾，饮酒食肉，必有草木之滋焉。姜桂之谓也。"古者非丧食，不彻姜桂。《楚辞》曰："奠桂酒兮椒浆。"是桂可以为酒也。　《本草》：桂有小毒，而菌桂、牡桂皆无毒，大略皆主温中，利肝腑气，杀三虫，轻身坚骨，养神发色，使常如童子，疗心腹冷疾，为百药先，无所畏。陶隐居云：《仙经》，服三桂，以葱涕合云母，蒸为水。而孙思邈亦云：久服，可行水上。此轻身之效也。吾谪居海上，法当数饮酒以御瘴，而岭南无酒禁。有隐者，以桂酒方授吾，酿成而玉色，香味超然，非人间物也。东坡先生曰："酒，天禄也。其成坏美恶，世以兆主人之吉凶，吾得此，岂非天哉！"故为之颂，以遗后之有道而居夷者。其法盖刻石置之罗浮铁桥之下，非忘世求道者莫至焉。其词曰：

中原百国东南倾，流膏输液归南溟。祝融司方发其英，沐日浴月百宝生。水娠黄金山空青，丹砂昼晒珠夜明。百卉甘辛角芳馨，旃檀沈水乃公卿。大夫芝兰士蕙蘅，桂君独立冬鲜荣。无所慑畏时靡争，酿为我醪淳而清。甘终不坏醉不酲，辅安五神伐三彭。肌肤渥丹身毛轻，泠然风飞罔水行。谁其传者疑方

---

① 苏轼：《新酿桂酒》，《苏轼诗集》卷三八，第 2077 页。

平，教我常作醉中醒。①

而《东坡酒经》则记述了自己劳役于酒的"过程"：

> 南方之氓，以糯与杭，杂以卉药而为饼。嗅之香，嚼之辣，揣之枵然而轻，此饼之良者也。吾始取面而起肥之，和之以姜液，蒸之使十裂，绳穿而风庋之，愈久而益悍，此曲之精者也。米五斗以为率，而五分之，为三斗者一，为五升者四。三斗者以酿，五升者以投，三投而止，尚有五升之赢也。始酿以四两之饼，而每投以二两之曲，皆泽以少水，取足以散解而匀停也。酿者必瓮按而井泓之，三日而井溢，此吾酒之萌也。酒之始萌也，甚烈而微苦，盖三投而后平也。凡饼烈而曲和，投者必屡尝而增损之，以舌为权衡也。既溢之，三日乃投，九日三投，通十有五日而后定也。既定乃注以斗水，凡水必熟而冷者也。凡酿与投，必寒之而后下，此炎州之令也。既水五日乃箓，得二斗有半，此吾酒之正也。先箓，半日，取所谓赢者为粥，米一而水三之，揉以饼曲，凡四两，二物并也。投之糟中，熟搅而再酿之，五日压得斗有半，此吾酒之少劲者也。劲正合为四斗，又五日而饮，则和而力严而不猛也。箓绝不旋踵而粥投之，少留，则糟枯中风而酒病也。酿久者酒醇而丰，速者反是，故吾酒三十日而成也。②

元符三年（1100）正月十二日，苏轼在海南曾酿制天门冬

---

① 《苏轼文集》卷二〇，第 593—594 页。
② 《苏轼文集》卷六四，第 1987—1988 页。

酒，且漉且尝并大醉，苏轼赋诗二首：

> 自拔床头一瓮云，幽人先已醉浓芬。天门冬熟新年喜，曲米春香并舍闻。菜圃渐疏花漠漠，竹扉斜掩雨纷纷。拥裘睡觉知何处，吹面东风散縠纹。

> 载酒无人过子云，年来家酝有奇芬。醉乡杳杳谁同梦，睡息匀匀得自闻。口业向诗犹小小，眼花因酒尚纷纷。点灯更试淮南语，泛溢东风有縠纹。①

可见，酿酒已成为苏轼生活的乐趣之一，成为苏轼诗意人生、快乐人生的有机组成部分。

三、苏轼与酒文学

苏轼喜欢饮酒，又特别喜欢招朋友共饮。饮酒之乐，自然成为一代文豪苏东坡文学创作的催化剂。在苏轼笔下，这种因酒而生灵感，因酒而发情思，因酒而入玄妙胜景，已成为苏轼创作的"习惯"，由此，我们可以看到苏轼笔下众多披上"酒晕"光环的美文佳篇。

比如，熙宁九年（1076）中秋，苏轼在密州（今山东诸城），与友人共度中秋，欢饮达旦，大醉，于是写下这篇千古传颂的中秋词：

> 明月几时有？把酒问青天。不知天上宫阙，今夕是何年。

---

① 苏轼：《庚辰岁正月十二日天门冬酒熟予自漉之且漉且尝遂以大醉二首》，《苏轼诗集》卷四三，第2344页。

我欲乘风归去，又恐琼楼玉宇，高处不胜寒。起舞弄清影，何似在人间。　　转朱阁，低绮户，照无眠。不应有恨，何事长向别时圆！人有悲欢离合，月有阴晴圆缺，此事古难全。但愿人长久，千里共婵娟。(《水调歌头·丙辰中秋欢饮达旦大醉作此篇兼怀子由》)

词的上片写中秋饮酒邀月、问月，想象月中宫阙，意欲乘风归去。这里的"归"字值得玩味。苏轼是蜀人，蜀人具有明显的仙化思维特性。古蜀先帝多有"仙化"传闻，所以，道教能发源于蜀地，道教也被称为"仙教"，以羽化而登仙为极乐。这里苏轼仰望星空明月，也有一种意欲归家的感觉。言外之意，是我苏轼本从天上下凡而来，故被人称为"坡仙"。此其一。再者，这里的"天上宫阙"，也有天子皇阙之意。皇帝被称为"天子"，是天的代表。苏轼一生"奋厉有当世志"，曾在朝中为官。无奈政治险恶，现在被职边郡，固然也不错，但要真正实现更大的理想抱负，朝中要官所发挥的作用肯定大于地方官员。但是，"又恐琼楼玉宇，高处不胜寒"。履职中央也不是那样的简单容易，"高处不胜寒"啊！所以，思来想去，似乎还是在边陲小地更自由一点吧。宋人祝穆的《古今事文类聚》有"坡词爱君"条：

东坡居士以丙辰中秋，欢饮达旦，大醉，作《水调歌》，都下传唱此词。神宗问内侍外面新行小词。内侍录此呈进。读至"又恐琼楼玉宇，高处不胜寒"，上曰："苏轼终是爱君。"乃命量移汝州。

此条记载如属实，当是苏轼贬谪黄州之后，这首《水调歌头》

才传到神宗那里。神宗读出了苏轼的"恋阙"之意，为之感动。

词的下片回到现实。月华凝照，睡意全无。苏轼感叹这些年来，兄弟之间聚少离多，如此明媚的三五之夜，为何我们兄弟两人却天各一方，"何事长向别时圆"，看似对明月的质问，其实是对现实人生的拷问。苏轼从月之阴晴圆缺悟出现实人生的残缺，但用倒语转换为"人有悲欢离合"与"月有阴晴圆缺"。此事从古至今都是困扰人的难解之题。既然自然都不能常处于"圆满"状态，那又何必去苛求人呢？因此，苏轼只得发出这样的宏愿："但愿人长久，千里共婵娟！"苏轼相信，这是与他有这样共同愿景之人的美好期望。

这首中秋词，虽然苏轼写作时有特定的背景，但它一旦流传开来，就流芳千古。同为四川贤达的杨升庵，对这首词爱不释手，称为"此等词翩翩羽化而仙，岂是烟火人道得只字"，直言苏轼的这首《水调歌头》为"中秋词古今绝唱"（杨慎《草堂诗余》卷三）。

苏轼还有一首因酒而成诵的千古名作《赤壁赋》：

壬戌之秋，七月既望，苏子与客泛舟，游于赤壁之下。清风徐来，水波不兴。举酒属客，诵明月之诗，歌窈窕之章。少焉，月出于东山之上，徘徊于斗牛之间。白露横江，水光接天，纵一苇之所如，凌万顷之茫然。浩浩乎如冯虚御风，而不知其所止，飘飘乎如遗世独立，羽化而登仙。

于是饮酒乐甚，扣舷而歌之。歌曰："桂棹兮兰桨，击空明兮溯流光。渺渺兮予怀，望美人兮天一方。"客有吹洞箫者，倚歌而和之，其声呜呜然，如怨如慕，如泣如诉。余音袅袅，不绝如缕。舞幽壑之潜蛟，泣孤舟之嫠妇。

苏子愀然，正襟危坐，而问客曰："何为其然也？"客曰："月明星稀，乌鹊南飞。"此非曹孟德之诗乎？西望夏口，东望武昌。山川相缪，郁乎苍苍。此非孟德之困于周郎者乎？方其破荆州，下江陵，顺流而东也，舳舻千里，旌旗蔽空，酾酒临江，横槊赋诗，固一世之雄也，而今安在哉？况吾与子渔樵于江渚之上，侣鱼虾而友麋鹿。驾一叶之扁舟，举匏尊以相属。寄蜉蝣于天地，渺沧海之一粟。哀吾生之须臾，羡长江之无穷。挟飞仙以遨游，抱明月而长终。知不可乎骤得，托遗响于悲风。

苏子曰："客亦知夫水与月乎？逝者如斯，而未尝往也。盈虚者如彼，而卒莫消长也。盖将自其变者而观之，则天地曾不能以一瞬。自其不变者而观之，则物与我皆无尽也，而又何羡乎？且夫天地之间，物各有主，苟非吾之所有，虽一毫而莫取。惟江上之清风，与山间之明月。耳得之而为声，目遇之而成色。取之无禁，用之不竭。是造物者之无尽藏也，而吾与子之所共适。"客喜而笑，洗盏更酌。肴核既尽，杯盘狼藉，相与枕藉乎舟中，不知东方之既白。

壬戌即元丰五年（1082），这年的七月十六日，苏轼邀请几位朋友泛舟赤壁之下。这篇赋中的吹箫之客，就是苏轼的同乡杨世昌，字子京。他本是绵竹（今四川绵竹）武都山的道士。这年夏天他到庐山云游，顺路到黄州看望苏轼。杨世昌虽是出家人，但多才多艺，既通星象历法，又善画山水，还擅长弹琴、吹箫、酿蜜酒，苏轼与他一见如故。这次赤壁之游，杨道士一同前往。

在这篇赋中，"举酒属客"与"饮酒乐甚"是创作的触媒。借助于酒的催化，苏轼发现了似乎从未见过的自然与人世之美：那皎洁的明月、苍茫的大江与呜咽的洞箫，恰好构成了一幅遗世独立的画卷。苏轼借主客问答方式，表达了他贬谪黄州之后所作的人生思考。生命的长与短、人生的穷与达、天地的变与不变、物我的生与灭等等，在这明月之夜，似乎都有了清晰的答案。

元丰五年（1082）九月的一个夜晚，苏轼与朋友在雪堂聚会饮酒。夜半时分，友人陪着醉意朦胧的苏轼返回临皋亭。苏轼走到家门口，听到屋里看门的家僮已鼾声大作，推手敲门，家僮无应。为避免打扰家僮的睡意，苏轼只好来到江边，看着浩渺无垠的江面，顿生一种莫名的情怀，于是，随口吟出这首传诵不已的《临江仙》：

> 夜饮东坡醒复醉，归来仿佛三更。家童鼻息已雷鸣。敲门都不应，倚杖听江声。　　长恨此身非我有，何时忘却营营。夜阑风静縠纹平。小舟从此逝，江海寄余生。

苏轼吟罢，乘着酒兴与友人高歌数遍，然后各自分手。不料，第二天有人对外宣传，说苏轼前晚写了这首词之后，"挂冠服江边，拿舟长啸去矣"（宋叶梦得撰《避暑录话》卷上）。郡守徐君猷非常紧张，以为自己的失责，朝廷让看管的罪人逃跑了，如何向朝廷交代。于是，急忙到苏轼住家去探视，结果，苏轼正躺在床上，鼻鼾如雷，犹未醒。此后，这事很快传到京城，神宗皇帝也惊疑不已。

在这首词中，苏轼所谓的"小舟从此逝，江海寄余生"，并非实写。苏轼当时并没有驾一叶扁舟，漂浮大江，而是心中的一种象喻。这"小舟"，其实就是自己的人生之舟，是自己的精神之舟，它要远离蝇营狗苟的污浊的现实社会，去营建自己充实的富足的精神世界。有了这种超越现实的心期，苏轼自觉有了一种新生的力量与智慧。

同样是在黄州，苏轼因病得以认识名医庞安常，庞安常虽然耳聋，但是颖悟绝人，"以纸画字，书不数字，辄深了人意"。苏轼跟他开玩笑说："余以手为口，君以眼为耳，皆一时异人也。"疾病治好后，苏轼与庞安常成为好友，相约一同游览清泉寺。清泉寺在蕲水（今湖北蕲春）郭门外二里许，有王逸少洗笔泉，水极甘，下临兰溪，溪水西流。中国地势西高东低，一般的河流都是东流，苏轼有感兰溪不随众流，特立独行而向西的个性，欣然歌《浣溪沙》一阕，歌云：

> 山下兰芽短浸溪。松间沙路净无泥。萧萧暮雨子规啼。
> 谁道人生无再少？门前流水尚能西。休将白发唱黄鸡。

这首词由眼前实景生发开去，道出了世间万物的复杂性、多样性、变化性，给人以丰富的想象和激励。当日晚，苏轼与庞安常在蕲水剧饮，苏轼迷蒙中来到一座溪桥上，解鞍曲肱少休，待醒来，天已大亮，只见乱山葱茏，不类人间。于是乘兴在桥柱上留下这首《西江月》：

> 照野弥弥浅浪，横空暧暧微霄。障泥未解玉骢骄。我欲醉眠芳草。　　可惜一溪明月，莫教踏碎琼瑶。解鞍欹枕绿杨桥。杜宇一声春晓。

"我欲醉眠芳草"，成为苏轼酒酣意美的真实写照，从中可以看出苏轼率性旷达的性格禀赋与人生张力。

有时苏轼在作品中写到的酒与醉，并非真的喝了酒，也并非真的醉了酒，而是一种比喻。如苏轼在黄州跌入人生低谷，他仰慕陶渊明的闲适人生，感叹"陶渊明以正月五日游斜川，临流班坐，顾瞻南阜，爱曾城之独秀，乃作斜川诗，至今使人想见其处"。而现在自己也"躬耕于东坡，筑雪堂居之。南挹四望亭之后丘，西控北山之微泉，慨然而叹，此亦斜川之游也"，于是乐而以《江城子》歌之：

> 梦中了了醉中醒。只渊明。是前生。走遍人间、依旧却躬耕。昨夜东坡春雨足，乌鹊喜，报新晴。　　雪堂西畔暗泉鸣，北山倾。小溪横。南望亭丘、孤秀耸曾城。都是斜川当日境，吾老矣，寄余龄。

陶渊明的精神世界，给了失意落魄中的苏轼极大的慰藉。伫立雪堂，山川风物，尽收眼底。在苏轼看来，这就是他心目中的"斜川"。"梦中了了醉中醒"是苏轼对无奈人生的象喻。

贬谪海南，苏轼用他的诗笔为我们留下了不少珍贵的海南社会生活百态图，这当中就有"被酒"之后的"醉眼"所见，颇有意味，如这首《被酒独行，遍至子云威徽先觉四黎之舍，三首》：

> 半醒半醉问诸黎，竹刺藤梢步步迷。
> 但寻牛矢觅归路，家在牛栏西复西。（之一）
> 总角黎家三四童，口吹葱叶送迎翁。
> 莫作天涯万里意，溪边自有舞雩风。（之二）
> 符老风情奈老何，朱颜减尽鬓丝多。
> 投梭每因东邻女，换扇唯逢春梦婆。（之三）

这组东坡醉眼中的海南风情，有自然之景，有儿童之趣，有老妇之智。原诗在"春梦婆"后有作者自注："是日，复见符林秀才，言换扇之事。"《侯鲭录》云："东坡老人在昌化，尝负大瓢行歌于田间，有老妇年七十，谓坡云：'内翰昔日富贵，一场春梦。'坡然之。里人呼此媪为春梦婆。""春梦婆"也因此永载文学史册，成为海南老妇人的智慧代表。

当初刚到海南的时候，苏轼曾经凄凉、困顿、伤怨乃至绝望，种种悲伤烦恼情绪不时袭上心头。有作品为证：

> 世事一场大梦，人生几度秋凉。夜来风叶已鸣廊。看取眉头鬓上。　　酒贱常愁客少，月明多被云妨。中秋谁与共孤光。把酒凄然北望。(《西江月·中秋和子由》)

该词写作时间历来多有争论。据孔凡礼等先生考证，该词当作于绍圣四年（1097）中秋，地点是儋州。词中对海南居所的破陋（"夜来风叶已鸣廊"），远谪天涯的孤独绝望（"酒贱常愁客少"，"中秋谁与共孤光"，"把酒凄然北望"），以及对人生如梦、世态炎凉的感伤（"世事一场大梦，人生几度秋凉"，"月明多被云妨"）等，都做了尽情的抒发。透过该词的几个关键词：世事、大梦、人生、秋凉、客少、孤光、凄然、北望，可以清楚地看到一个被人抛弃陷害、孤苦难耐、有冤难伸的诗人形象。这种心境和愁绪在诸如"吾已矣，乘桴且恁浮于海"（《千秋岁·次韵少游》）、"今困天涯"（《踏青游》）、"渡海十年归"（《次前韵寄子由》）等作品中都能窥见。但就是在这样一种孤苦的境遇中，苏轼还是不忘他的"酒"情"酒"友——这里虽然酒的价格低贱，但是远在天涯，没有"酒朋"，这非常不符合苏轼乐于陪朋友喝酒的天性，以至于中秋时节都无人欢聚，不得已，只能"把酒凄然北望"。这是苏轼诗酒人生中的至暗时光，也是一生热爱生命、热爱生活、热爱朋友的苏东坡的悲情时刻。

四、苏轼与酒哲学

苏轼一生爱酒、酿酒、写酒，在苏轼的心目中，酒早已不是解嘴馋的"尤物"，而是富有大智慧的神秘、神奇、神妙的一种"力量"。苏轼在《醉白堂记》中曾这样描述过他对"醉"的认识："方其寓形于一醉也，齐得丧，忘祸福，混贵贱，等贤愚，同乎万物，而与造物者游。"这显然是庄子"齐物论"思想的衍化。因酒而"醉"，不仅仅是有"形"的表现，更有"神"的境界，这就是"齐得丧，忘祸福，混贵贱，等贤愚，同乎万物，而与造物者游"。这是庄子"坐忘"的境界，也是"逍遥游"的境界，更是酒所赐予人的那种神秘、神奇、神妙的世界。它可得而知，又不可得而解。在苏轼看来，"人间本儿戏，颠倒略似兹。惟有醉时真，空洞了无疑。坠车终无伤，庄叟不吾欺"（《和陶饮酒二十首》之十二）。人生如梦，人间如戏。似乎只有"醉"时，才能了悟其中的"奥秘"。正因为有这样的"魔力"，所以，"酒"给予了人们美的世界、美的创造与美的享受。苏轼的这一阐释，无疑是对酒的一种哲学升华。

不妨来看苏轼自己的"述怀"：

> 清夜无尘，月色如银。酒斟时，须满十分。浮名浮利，虚苦劳神。叹隙中驹，石中火，梦中身。 虽抱文章，开口谁亲。且陶陶，乐尽天真，几时归去，作个闲人。对一张琴，一壶酒，一溪云。（《行香子·述怀》）

人生苦短，人生无常。浮名浮利常常成为人生的羁绊，与其与世相争，倒不如"对一张琴，一壶酒，一溪云"，做一个闲适的"闲人"。

　　苏轼一生最敬慕的诗人就是陶渊明，他前前后后撰写和陶诗一百三十多首。在《和陶〈饮酒〉诗序》中曾这样写道："吾饮酒至少，常以把盏为乐。往往颓然坐睡，人见其醉，而吾中了然，盖莫能名其为醉为醒也。在扬州时，饮酒过午，辄罢。客去，解衣盘礴，终日欢不足而适有余。"显然，喜欢"把盏为乐"的苏轼，特别享受饮酒似醉非醉的那种境界，他不是酩酊大醉，而是一种适意的"微醺"，也就是苏轼自己所说的"我饮不尽器，半酣味尤长"（《湖上夜归》）。别人以为他"醉"了，实际上他心中相当"了然"，这种状态，苏轼称之为"莫能名其为醉为醒"。换言之，这种"不醉不醒"的状态，最得酒中哲学，确乎体现了他所追求的"君子可以寓意于物，而不可以留意于物"以及"常为吾乐而不能为吾病"（苏轼《宝绘堂记》）的哲学智慧与精神境界。这种哲学智慧与精神境界主导了苏轼的一生，诚如他自己总结的："治生不求富，读书不求官，譬如饮不醉，陶然有余欢。"（《送千乘、千能两侄还乡》）这种适可而止的境界，体现了苏轼从小所受的家庭教育的熏陶，他成为苏轼一生淡泊名利、随遇而安、随缘自适的精神支柱与力量源泉。

　　综上，苏轼一生与酒结下不解之缘，他在酒中会友，在酿酒的劳作中参悟人生的意趣与理趣，在亦醉亦醒的境界中感知酒的哲学与美学，在酒的催化下，泼墨而出充满酒真、酒善与酒美的诗词文赋，为我们留下了永恒的酒文化遗产，值得我们细细品味。如果说现实中的酒带给我们味蕾上的享受，那么，一代文豪苏东坡关于酒的种种传奇故事，则带给我们精神上的快慰。

美酒成都堪送老

——唐宋成都的诗情与酒韵

谢元鲁①

唐宋时，成都是文学之城与诗歌之都，但成都文学与诗歌的兴盛，与蜀中酒业和酒文化的发达密不可分。正如唐代李商隐《杜工部蜀中离席》诗说：

> 人生何处不离群，世路干戈惜暂分。
>
> 雪岭未归天外使，松州犹驻殿前军。
>
> 座中醉客延醒客，江上晴云杂雨云。
>
> 美酒成都堪送老，当垆仍是卓文君。②

宋代陆游在成都所作的《诗酒》诗也说：

> 酒隐凌晨醉，诗狂彻旦歌。
>
> 悯怜蜗左角，嘲笑蚁南柯。

---

① 谢元鲁，四川省政府文史研究馆馆员，四川师范大学历史与旅游学院教授。
② 李商隐：《李义山诗集》卷上《杜工部蜀中离席》。

风月随长笛，江湖入短蓑。

平生会心处，最向漆园多。①

李商隐和陆游的千古名咏，道尽了唐宋成都的诗情酒韵。正如陆游在成都又说："金羁络马闲游处，彩笔题诗半醉中。"② 文人骚客彩笔题诗，如没有美酒助兴，安能酣畅淋漓，意兴遄飞？

一、酒肆醉吟

酒肆是饮酒风俗的场所，早在汉代，司马相如与卓文君在成都开没酒肆，"文君当垆，相如涤器"的故事流传千古。到唐宋时期，成都酒肆依然闻名于世，而且似乎继承了汉代传统，以女性当垆为主。陆龟蒙《酒垆》诗说：

锦里多佳人，当垆自沽酒。

高低过反坫，大小随圆甒。

数钱红烛下，涤器春江口。

若得奉君欢，十千求一斗。③

可见，唐代成都酒肆多为女郎当垆，卖酒直到深夜，方才细数当天收入，洗涤店中用具，闭户休息。杜甫《琴台》诗同样说：

---

① 陆游：《剑南诗稿》卷九《诗酒》。
② 陆游：《剑南诗稿》卷九《初春探花有作》。
③ 陆龟蒙：《酒垆》，《全唐诗》卷六二〇。

茂陵多病后，尚爱卓文君。

酒肆人间世，琴台日暮云。

野花留宝靥，蔓草见罗裙。

归凤求凰意，寥寥不复闻。①

张籍《成都曲》诗描写成都锦江的万里桥边酒家林立的盛况说：

锦江近西烟水绿，新雨山头荔枝熟。

万里桥边多酒家，游人爱向谁家宿。②

李商隐《寄蜀客》诗描写临邛的酒肆传承自汉代司马相如和卓文君：

君到临邛问酒垆，近来还有长卿无。

金徽却是无情物，不许文君忆故夫。③

可见，不仅成都城市中酒肆众多，就连郊区的临邛等地，也继承了汉代酒文化的传统。酒肆中的诗情醉意，与锦城的街坊风光完美交融。唐代后期的成都女郎卓英英《锦城春望》诗中，描写成都街坊市井之间的诗情与酒香情景：

和风妆点锦城春，细雨如丝压玉尘。

---

① 杜甫：《琴台》，《全唐诗》卷二二六。
② 张籍：《成都曲》，《全唐诗》卷三八二。
③ 李商隐：《寄蜀客》，《全唐诗》卷五四〇。

漫把诗情访奇景，艳花浓酒属闲人。①

北宋的张咏《悼蜀诗》说，当时成都的酒肆欢饮，可以通宵达旦：

> 蜀国富且庶，风俗矜浮薄。
> 奢僭极珠贝，狂佚务娱乐。
> 虹桥吐飞泉，烟柳间朱阁。
> 烛影逐星沉，歌声和月落。
> 斗鸡破百万，呼卢纵大噱。
> 游女白玉珰，骄马黄金络。
> 酒肆夜不扃，花市春渐作。②

张咏在北宋前期曾三次任官成都。由他的描述可见，宋代成都的酒肆休闲娱乐，在时间和空间上已经没有限制。《宋史·吴元载传》也说，"蜀俗奢侈，好游荡，民无赢余，悉市酒为声妓乐"③。

南宋时诗人陆游宦游成都多年，最喜在成都酒肆醉后高歌吟咏。他的《楼上醉歌》诗说：

> 我游四方不得意，阳狂施药成都市。
> 大瓢满贮随所求，聊为疲民起憔悴。
> 瓢空夜静上高楼，买酒卷帘邀月醉。
> 醉中拂剑光射月，往往悲歌独流涕。

---

① 卓英英：《锦城春望》，《全唐诗》卷八六三。
② 张咏：《悼蜀诗》，《全蜀艺文志》卷四〇。
③ 《宋史》卷二五七《吴元载传》，中华书局，1977年。

划却君山湘水平，斫却桂树月更明。

丈夫有志苦难成，修名未立华发生。①

陆游在《怀成都十韵》诗中，更把成都酒肆饮宴的豪放与娱乐的多彩，作为锦城繁华的象征：

放翁五十犹豪纵，锦城一觉繁华梦。

竹叶春醪碧玉壶，桃花骏马青丝鞚。

斗鸡南市各分朋，射雉西郊常命中。

壮士臂立绿绦鹰，佳人袍画金泥凤。

橡烛那知夜漏残，银貂不管晨霜重。

一梢红破海棠回，数蕊香新早梅动。

酒徒诗社朝暮忙，日月匆匆迷宾送。

浮世堪惊老已成，虚名自笑今何用。

归来山舍万事空，卧听糟床酒鸣瓮。

北窗风雨耿青灯，旧游欲说无人共。②

陆游《夜宴赏海棠醉书》诗描写自己酒酣后落笔如飞的境界：

便便痴腹本来宽，不是天涯强作欢。

燕子来时新社雨，海棠开后却春寒。

醉夸落纸诗千首，歌费缠头锦百端。

① 陆游：《剑南诗稿》卷六《楼上醉歌》。
② 陆游：《剑南诗稿》卷一〇《怀成都十韵》。

深院不闻传夜漏，忽惊蜡泪已堆盘。①

二、遨游诗酒

唐宋成都的遨游风俗闻名天下，《隋书·地理志》对隋唐时代成都做了如下记载："其人敏慧轻急，貌多蒌陋，颇慕文学，时有斐然，多溺于逸乐，少从宦之士。人多工巧，绫锦雕镂之妙，殆侔于上国。而士多自闲，聚会宴饮。"唐代后期的卢求在《成都记》中更有对成都"江山之秀，罗绮之丽，管弦歌舞之多，伎巧百工之富，扬不足以侔其半"②的描述。《宋史·地理志》也记载成都风俗说：

> 土植宜柘，茧丝织文，纤丽者穷于天下，地狭而腴，民勤耕作，无寸之土之广，岁三四收。其所获多为遨游之费，踏青、药市之集尤盛焉，动至连月。好音乐，少愁苦，尚奢靡，性轻扬，喜虚称。庠塾聚学者众，然怀土罕趋仕进。文学之士，彬彬辈出焉。

唐裴廷裕《蜀中登第答李搏六韵》诗描写成都风物说：

> 何劳问我成都事，亦报君知便纳降。
> 蜀柳笼堤烟蠹蠹，海棠当户燕双双。

---

① 陆游：《剑南诗稿》卷九《夜宴赏海棠醉书》。
② 卢求：《成都记序》，《成都文类》卷二三。

富春不并穷师子，濯锦全胜旱曲江。

高卷绛纱杨氏宅，半垂红袖薛涛窗。

浣花泛鹢诗千首，静众寻梅酒百缸。

若说弦歌与风景，主人兼是碧油幢。①

　　唐僖宗时，裴廷裕在成都时登进士第，唐末官吏文人净众寺寻梅，饮酒有百缸之多，可见成都酿酒产量之高，冬日遨游诗酒风流之盛。

　　而唐代成都春日出游，郊外宴饮美酒更必不可少。唐末诗人韦庄《河传》词中，描写春日成都士人妇女出游如云、觥筹交错的情景：

　　春晚，风暖，锦城花满，狂杀游人。玉鞭金勒，寻胜驰骤轻尘，惜良晨。　　翠娥争劝临邛酒，纤纤手，拂面垂丝柳。归时烟里，钟鼓正是黄昏，暗销魂。②

　　宋代成都游乐风气更盛，袁说友《岁华纪丽谱》记载：

　　成都游赏之盛，甲于西蜀，盖地大物繁而俗好娱乐。凡太守岁时宴集，骑从杂沓，车服鲜华，倡优鼓吹，出入拥导。四方奇拔，幻怪百变，序进于前，以从民乐，岁率有期，谓之故事。及期则士女栉比，轻裘袨服，扶老携幼。阗道嬉游。或以

----

① 裴庭裕：《蜀中登第答李搏六韵》，《全唐诗》卷六八八。

② 《花间集》卷三韦庄《河传》。

坐具列于广庭，以待观者，谓之遨床，而谓太守为遨头。①

南宋陈元靓《岁时广记》中说："蜀中风俗，旧以二月二日为踏青节，都人士女，络绎游赏，缇幕歌酒，散在四郊。"这种欢歌饮酒的游乐风俗在成都唐宋相沿成习。

唐宋时期成都游赏之处，不仅仅在郊外，也在市井街坊之中，五代前蜀诗人李珣有《浣溪沙》词记载春日成都街坊市井间赏花饮酒的情景说：

> 访旧伤离欲断魂，无因重见玉楼人，六街微雨镂香尘。
> 早为不逢巫峡梦，那堪虚度锦江春，遇花倾酒莫辞频。

摩诃池是成都城中难得的湖泊风情迷人之处，也是官吏文人经常饮宴的地方。唐杜甫《晚秋陪严郑公摩诃池泛舟得溪字》诗云：

> 湍驶风醒酒，船回雾起堤。
> 高城秋自落，杂树晚相迷。
> 坐触鸳鸯起，巢倾翡翠低。
> 莫教惊白鹭，为伴宿青溪。②

还有在锦江之滨的合江亭。从唐到宋，合江亭作为送行之地，宴饮不断，举觞送别，赋诗抒怀，成为唐宋成都的又一风俗。城南的"合江故亭，唐人宴饯之地，名士题诗往往在焉……为船官

---

① 谢元鲁：《岁华纪丽谱等九种校释》，巴蜀书社，1988 年。
② 杜甫：《晚秋陪严郑公摩诃池泛舟得溪字》，《全唐诗》卷二二八。

治事之所。俯而观水，沧波修阔，渺然数里之远，东山翠麓与烟林篁竹列峙于其前。鸣濑抑扬，鸥鸟上下，商舟渔艇，错落游衍，春朝秋夕，置酒其上，亦一府之佳观也"①。

明代诗人杨甲《合江泛舟》诗，描写唐宋以来成都士民在合江亭泛舟宴游的情景说：

> 莫踏街头尘，宁饮城东水。
> 江头放船去，苇间问渔子。
> 岸深鱼有家，凫雁在中沚。
> 得酒可以歌，得树可以叙。
> 年年舟中客，颜色不相似。
> 风波无前期，游者亦如此。
> 短篙醉时策，远山醉时几。
> 我老不奈醒，日落西风起。②

春日的浣花溪上，宴饮歌呼，不醉无归是寻常事。成都在春末夏初游浣花溪，临水饮宴为民间风俗之极盛。宋田况《浣花亭记》说：

> 自岁旦涉孟夏，农工未盛作时，观者填溢郊郭。过浣花之游，则各就其业，太守虽出游，观者希矣。故浣花一出，在岁中为最盛。彩舟方百尾，溯洄久之而下，歌吹振作。夹岸游人，肩摩足累，绵延十里余，临流竞张。饮次朋侣歌呼，或迎

---

① 吕大防：《合江亭记》，《全蜀艺文志》，卷三九。
② 杨甲：《合江泛舟》，《蜀中广记》卷二。

舟舞跃献伎。至夜，老幼相扶，挈醉以归，其乐不可胜言。①

成都城东郭外，锦江河畔的海云山海云寺，也是文人骚客饮宴唱和的胜地。《蜀中广记》卷二说："海云山在锦江下流十里，有海云寺、鸿庆院诸胜。"吴中复《游海云寺唱和诗》王霁序说：

> 成都风俗，岁以三月二十一日游城东海云寺，摸石于池中，以为求子之祥。太守出郊，建高旗，鸣笳鼓，作驰骑之戏，大燕宾从，以主民乐。观者夹道百重，飞盖蔽山野，欢讴嬉笑之声，虽田野间如市井，其盛如此。渤海吴公下车期月，简肃无事，从俗高会于海云。酒既中，顾谓寮属曰：一觞一咏，古人之乐事也。首作七言诗以写胜事。席客亦有以诗献者，更相酬和，得一十三篇，乃命幕下吏会稽王霁为之序。②

吴公指北宋时曾知成都府的名臣吴中复，其诗云：

> 锦里风光胜别州，海云寺枕碧江头。
> 连郊瑞麦青黄秀，绕路鸣泉深浅流。
> 彩石池边成故事，茂林坡上忆前游。
> 绿樽好伴衰翁醉，十日残春不少留。

范纯仁和诗描写在海云寺酒宴赋诗的雅兴：

---

① 田况：《浣花亭记》，《成都文类》卷四三。
② 吴中复：《游海云寺唱和诗》，王霁序《成都文类》卷九。

东郊行乐冠西州，古寺岧峣翠岭头。

化俗文翁传恺悌，寻山谢傅继风流。

天涯樽酒欣相遇，剑外三春得共游。

雅兴直须穷胜赏，年光难使陈驹留。①

文人雅集，对锦江胜景，江山风物，诗酒风流亦在其中。南宋诗人范成大也有《十一月十日海云赏山茶》诗载在海云山饮酒赏山茶花的情景：

门巷欢呼十里村，腊前风物已知春。

两年池上经行处，万里天边未去人。

客鬓花身俱岁晚，妆光酒色且时新。

海云桥下溪如镜，休把冠巾照路尘。②

成都城北郊外的万岁池边，是乡野风情浓郁的寻胜之地，春日池畔置酒，宜题诗畅咏。范成大《上巳日万岁池上呈程咏之提刑》说：

浓春酒暖绛烟霏，涨水天平雪浪迟。

绿岸翻鸥如北渚，红尘跃马似西池。

麦苗剪剪尝新面，梅子双双带折枝。

试比长安水边景，只无饥客为题诗。③

---

① 范纯仁和吴中复诗，《成都文类》卷九。
② 范成大：《石湖诗集》卷一七《十一月十日海云赏山茶》。
③ 范成大：《石湖诗集》卷一七《上巳日万岁池上呈程咏之提刑》。

三、楼苑饮宴

唐宋成都城内外多名楼园苑，是迁客骚人的置酒高会与吟咏之所。成都最有名的登楼宴饮之处是张仪楼。唐代剑南西川节度使段文昌《晚夏登张仪楼呈院中诸公》诗说：

> 重楼窗户开，四望敛烟埃。
> 远岫林端出，清波城下回。
> 乍疑蝉韵促，稍觉雪风来。
> 并起乡关思，销忧在酒杯。①

姚康《奉陪段相公晚登张仪楼》和诗说：

> 登览值晴开，诗从野思来。
> 蜀川新草木，秦日旧楼台。
> 池景摇中座，山光接上台。
> 近秋宜晚景，极目断浮埃。②

但宋代成都最令人神往的登临揽胜、酒酣题咏之处是西园。西园原为五代后蜀的权臣园苑，北宋时改为官府园林，又称为转运司园。张咏《益州重修公宇记》说，其间"公库、直室、客位、食厅之列，马厩、酒库、园果疏流之次，四面称宜，无不周尽。疏篁、

---

① 段文昌：《晚夏登张仪楼呈院中诸公》，《全唐诗》卷三三一。
② 姚康：《奉陪段相公晚登张仪楼》，《全唐诗》卷三三一。

奇树、香草、名花所在有之，不可殚记"①。宋吴师孟《重修西楼记》说："成都楼观之盛，登览殆遍，独西楼直府寝之北，每春月花时，大帅置酒高会于其下。五日纵民游观宴嬉西园，以为岁事，然亦止得造其庑序而已。"②

西园诗咏，以宋吴中复《西园十咏诗》最著名。其序云：

> 成都西园楼榭亭池庵洞最胜者凡十所。又于其间胜绝者西楼。赏皓月，眺岷山，众熙临清池，濯锦水。志殊土之产有方物，快荫樾之风有竹洞。杂花异卉，四时递开。翠干茂林，蔽映轩户。足以会宾僚，资燕息，因题十咏，以见登览之盛也。

吴中复《西楼》诗说：

> 信美他乡地，登临有故楼。
> 清风破大暑，明月转高秋。
> 朝暮岷山秀，东西锦水流。
> 宾朋逢好景，把酒为迟留。③

杜敏求和诗描写西园赏月，对月把酒，月下吟诗之乐：

> 月从海上来，皎皎入我牖。
> 何如登高台，对月把尊酒。
> 问月月无言，浩歌诗千首。

① 张咏：《益州重修公宇记》，《全蜀艺文志》卷三四。
② 吴师孟：《重修西楼记》，《成都文类》卷二六。
③ 吴中复：《西楼》，《成都文类》卷七。

几人知此乐，此乐公所有。①

到宋代成都可以宴饮的园林数量更多。冯时行说，成都西郊有前蜀时的宫廷梅苑，任人游玩。"绍兴庚辰十二月既望，缙云冯时行从诸朋旧，凡十有五人，携酒具出西郊梅林。林本王建梅苑，树老，其大可庇一亩。中间风雨剥裂，仆地上，屈盘如龙。"② 前蜀梅苑成为文人的郊游饮宴之地。

陆游更是纵酒行吟，遍游成都西郊的青羊宫到浣花溪一带。《梅花绝句》诗说：

当年走马锦城西，曾为梅花醉如泥。
二十里中香不断，青羊宫到浣花溪。③

陆游的诗酒遨游，不仅在名山胜水之间，也在江楼酒肆之中。陆游《偶过浣花感旧游戏作》诗说：

忆昔初为锦城客，醉骑骏马桃花色。
玉人携手上江楼，一笑钩帘赏微雪。
宝钗换酒忽径去，三日楼中香未灭。
市人不识呼酒仙，异事惊传一城说。
至今西壁余小草，过眼年光如电掣。
正月锦江春水生，花枝缺处小舟横。

---

① 杜敏求和吴中复诗，《蜀中广记》卷四。
② 冯时行：《梅林分韵诗序》，《全蜀艺文志》卷一九。
③ 陆游：《剑南诗稿》卷五〇《梅花绝句》。

闲倚胡床吹玉笛，东风十里断肠声。①

除了文人学士，才女佳人，欢聚宴饮题诗外，五代前后蜀宫廷之内，亦为君主嫔妃诗酒共乐之地。前蜀王衍作《宫词》说：

> 辉辉赫赫浮五云，宣华池上月华新。
> 月华如水浸宫殿，有酒不醉真痴人。

王衍"尝宴近臣于宣华苑，命宫人李玉兰歌此词，侑嘉王宗寿酒。音节抑扬，一座倾倒"②。

五代前后的宫廷之中，不仅君王饮酒赋诗，就连后妃亦有诗才酒兴。王衍的后宫昭仪李舜弦，是《花间集》诗人李珣之妹，她的《蜀宫应制》诗写宫中酒筵诗意说：

> 浓树禁花开后庭，饮筵中散酒微醒。
> 蒙蒙雨草瑶阶湿，钟晓愁吟独倚屏。③

五代前后蜀皇宫之中还有酒库，专供君王妃嫔宴饮，为宫廷诗酒提供保障。花蕊夫人《宫词》说：

> 酒库新修近水傍，泼醅初熟五云浆。
> 殿前供御频宣索，进入花间一阵香。④

---

① 陆游：《剑南诗稿》卷八《偶过浣花感旧游戏作》。
② 郑方坤：《五代诗话》卷一。
③ 李舜弦：《蜀宫应制》，《全唐诗》卷七九七。
④ 花蕊夫人：《宫词》，《全唐诗》卷七九八。

四、佛道酒香

宋代的成都寺院，除宗教功能外，成为当时成都市民的饮宴娱乐场所，而且其商业功能往往还超过宗教功能。以宋袁说友《岁华纪丽谱》所载每年正月的成都市民游乐活动为例：

> 正月元日，郡人晓持小彩幡游安福寺塔……塔上燃灯，梵呗交作，僧徒骈集。太守诣塔前张宴，晚登塔眺望焉。二日，出东郊。早宴移忠寺，晚宴大慈寺。清献公记云：宴罢，妓以歌词送茶，自宋公祁始。盖临邛周之纯善为歌词，尝作茶词授妓首，度之以奉公，后因之。十四、十五、十六三日，皆早宴大慈寺。……街道灯火之盛，以昭觉寺为最。……二十三日，圣寿寺前蚕市。张公咏始即寺为会，使民鬻农器。太守先诣寺之都安王祠奠献，然后就宴。旧出万里桥，登乐俗园亭。今则早宴祥符寺，晚宴信相院。二十八日，诣净众寺邠国杜丞相祠……晚宴大智院。[①]

仅正月一个月中的宴饮活动场所，就包括了成都的九所寺院，每次寺院宴饮，诗酒都是必不可少的主角。蜀人裴廷裕，唐昭宗时翰林学士，登进士第时其友李抟曾以诗询问他说："闻道蜀江风景好，不知何似杏园春？"裴廷裕以诗回复说：

---

① 谢元鲁：《岁华记丽谱等九种校释》，巴蜀书社，1988 年。

何劳问我成都事，亦报君知便纳降。

蜀柳笼堤烟矗矗，海棠当户燕双双。

富春不并穷师子，濯锦全胜旱曲江。

高卷绛纱扬氏宅，半垂红袖薛涛窗。

浣花泛鹢诗千首，静众寻梅酒百缸。

若说弦歌与风景，主人兼是碧油幢。①

裴廷裕向朋友夸耀成都的独特风物，尤其是诗酒交融的名人美景。诗中寻梅饮酒风俗的净众即是净众寺，为唐宋成都著名寺院。宋代田况《正月二十八日谒生禄祠游净众寺》诗说：

千骑出重闉，严祠净宇邻。

映林沽酒旗，迎马献花人。

艳日披江雾，香飙起路尘。

韶华特明媚，不似远方春。②

在众多的寺院中，诗酒之饮最盛者是大慈寺。除了《岁华纪丽谱》中的寺中饮宴记载外，范成大《会庆节大慈寺茶酒》诗，描写自己在节庆日于大慈寺中宴饮的感受：

霜辉催晓五云鲜，万国欢呼共一天。

淡淡暖红旗转日，浮浮寒碧瓦收烟。

衔杯乐圣千秋节，击鼓迎冬大有年。

---

① 王定保：《唐摭言》卷三。

② 田况：《正月二十八日谒生禄祠游净众寺》，《全蜀艺文志》卷一七。

忽忆捧觞供玉座，不知身在雪山边。①

李焘《十五日同登大慈寺楼得远字》诗，则记载了南宋成都城市中的文人与酒肆的情况：

西南繁会惟此都，昔号富饶今已损。
填城华屋故依然，孰为君王爱基本。
茫茫八表聊纵目，情知日近长安远。
白云浩荡飞鸟没，玉笙凄凉红粉晚。
梁王吹台得李杜，黄公酒垆醉嵇阮。②

道教宫观也是唐宋文人学士们爱诗酒聚会的地方。苏轼《送戴蒙赴成都玉局观将老焉》诗说在成都玉局观的诗酒聚会：

拾遗被酒行歌处，野梅官柳西郊路。
闻道华阳版籍中，至今尚有城南杜。
我欲归寻万里桥，水花风叶暮萧萧。
芋魁径尺谁能尽，楮木三年已足烧。
百岁风光定何有，羡君今作峨眉叟。
纵未家生执戟郎，也应世出埋轮守。
莫欺老病未归身，玉局他年第几人。
会待子猷清兴发，还须雪夜去寻君。③

---

① 范成大：《会庆节大慈寺茶酒》，《成都文类》卷九。
② 李焘：《十五日同登大慈寺楼得远字》，《成都文类》卷五。
③ 苏轼：《东坡全集》卷一六《送戴蒙赴成都玉局观将老焉》。

即使在成都远郊外西岭之中的道教圣地青城山，也有许多关于酿酒饮酒的传说与诗歌。唐代中期诗人钱起《赋得青城山歌送杨杜二郎中赴蜀军》诗描写青城山的道教兴盛情况说：

> 蜀山西南千万重，仙经最说青城峰。
> 青城嶽岑倚空碧，远压峨眉吞剑壁。
> 锦屏云起易成霞，玉洞花明不知夕。
> 星台二妙逐王师，阮瑀军书王粲诗。
> 日落猿声连玉笛，晴来山翠傍旌旗。
> 绿萝春月营门近，知君对酒遥相思。①

王象之《舆地纪胜》载，青城山中的清都观，"自延庆观上二三里，有观曰洞天。肇建自晋时。唐天宝七载，有道士薛昌饮章陆酒得道。宋宣和间，改曰清都观"②。章陆酒遂为宋代成都名酒。唐代的青城山中有天国寺，道士张令问隐居于此，号天国山人，以诗寄著名的道士杜光庭说：

> 试问朝中为宰相，何如林下作神仙。
> 一壶美酒一炉药，饱听松风清昼眠。③

看来青城山中的道家修真，如无美酒相伴也是难以成为神仙的。

除了佛道两教外，唐宋时蜀地的民间神灵信仰发达，祭祀时同

---

① 钱起：《赋得青城山歌送杨杜二郎中赴蜀军》，《全唐诗》卷二三六。
② 王象之：《舆地纪胜》卷一五一《永康军》。
③ 张令问：《寄杜光庭》，《全唐诗》卷七六〇。

样用酒肴上供祈神。岑参《龙女祠》诗载唐代成都祭拜龙女的民间
风俗：

> 龙女何处来，来时乘风雨。
> 祠堂青林下，宛宛如相语。
> 蜀人竞祈恩，捧酒仍击鼓。①

五、诗酒共醉

清代纪昀在四库全书的《岁华纪丽谱》提要中，叙述唐宋成都
风俗说：

> 成都自唐代号为繁庶，甲于西南。其时为之帅者，大抵以
> 宰臣出镇，富贵优闲，岁时燕集，寖相沿习。……迨及宋
> 初，其风未息。前后太守如张咏之刚方，赵抃之清介，亦皆因
> 其土俗，不废娱游。其侈丽繁华虽不可训，而民物殷阜，歌咏
> 风流，亦往往传为佳话，为世所艳称。②

唐代成都方镇长官的岁时宴集，诗酒风流，女诗人薛涛为剑南
节度使韦皋侍宴赋诗的遭遇即为其例证。《蜀中广记》引《薛涛诗
序》说：

---

① 岑参：《龙女祠》，《全唐诗》卷一九八。
② 纪昀：《四库全书总目》卷七〇。

涛字洪度，本长安良家女。父郧，因官寓蜀而卒，母孀居。涛及笄，以诗闻外，又能扫眉涂粉，与士族不伴，客有窃与之燕语。时韦中令皋镇蜀，召令侍酒赋诗，僚佐多士为之改观。期岁，中令议以校书郎奏请之，护军曰不可，遂止。涛出入幕府，自皋至李德裕，凡历事十一镇，皆以诗受知。①

宋代诗人陆游在成都时，就经常参加官府的宴饮。其《天彭牡丹谱》载：

牡丹在中州洛阳为第一，在蜀天彭为第一。……天彭号小西京，以其俗好花，有京洛之遗风，大家种至千本。花时自太守而下，往往即花盛处张饮，帘幕车马，歌吹相属。……淳熙丁酉岁，成都帅以善价私售于花户，得数百苞。驰骑至成都，露犹未晞，其大径尺。夜宴西楼下，烛焰与花相映，影摇酒中，繁丽动人。②

国色名花，西楼夜宴，烛影映红，岂能没有歌诗助兴？陆游在成都抒写的诗歌，有许多灵感即来源于此。

唐宋成都官府名流宴饮之地，多在江山形胜、花木纷繁之处。宋吕大防《合江亭记》说：

合江故亭，唐人宴饯之地，名士题诗往往在焉。久芜不治，余始命葺之，以为船官治事之所。俯而观水，沧波修

---

① 《蜀中广记》卷二《薛涛诗序》。
② 陆游：《渭南文集》卷四二《天彭牡丹谱》。

阔，渺然数里之远。东山翠麓，与烟林篁竹列峙于其前。鸣濑抑扬，鸥鸟上下，商舟渔艇，错落游衍，春朝秋夕，置酒其上，亦一府之佳观也。①

除了官府宴饮赋诗外，呼朋唤友，对景生情，醉酒酣歌，是唐宋文人相会的常态。成都在这方面颇受文人青睐。最著名应为唐代诗人杜甫。他在寓居成都草堂时，以酒论交，留下了许多诗酒佳话。杜甫《严中丞仲夏枉驾草堂兼携酒馔》诗说：

> 竹里行厨洗玉盘，花边立马簇金鞍。
> 非关使者征求急，自识将军礼数宽。
> 百年地僻柴门迥，五月江深草阁寒。
> 看弄渔舟移白日，老农何有罄交欢。②

杜甫《可惜》诗说，在成都草堂居住时，唯有诗酒可以遣兴宽心：

> 花飞有底急，老去愿春迟。
> 可惜欢娱地，都非少壮时。
> 宽心应是酒，遣兴莫过诗。
> 此意陶潜解，吾生后汝期。③

---

① 吕大防：《合江亭记》，《成都文类》卷四三。
② 杜甫：《严中丞仲夏枉驾草堂兼携酒馔》，《全唐诗》卷二二七。
③ 杜甫：《可惜》，《全唐诗》卷二二六。

又《徐步》诗叙述草堂春日把酒吟诗情景：

> 整履步青芜，荒庭日欲晡。
> 芹泥随燕嘴，花蕊上蜂须。
> 把酒从衣湿，吟诗信杖扶。
> 敢论才见忌，实有醉如愚。①

还有《王十七侍御抡许携酒至草堂奉寄此诗便请邀高三十五使君同到》诗，记叙成都友朋携酒到草堂，举杯同饮的情景：

> 老夫卧稳朝慵起，白屋寒多暖始开。
> 江鹳巧当幽径浴，邻鸡还过短墙来。
> 绣衣屡许携家酝，皂盖能忘折野梅。
> 戏假霜威促山简，须成一醉习池回。②

王十七和高三十五两位朋友携酒到草堂不止一次，《王竟携酒高亦同过》诗说：

> 卧病荒郊远，通行小径难。
> 故人能领客，携酒重相看。
> 自愧无虾菜，空烦卸马鞍。
> 移樽劝山简，头白恐风寒。③

---

① 杜甫：《徐步》，《全唐诗》卷二二六。
② 杜甫：《王十七侍御抡许携酒至草堂奉寄此诗便请邀高三十五同到》，《全唐诗》卷二二六。
③ 杜甫：《王竟携酒高亦同过》，《全唐诗》卷二二六。

剑南节度使严武也时来草堂与杜甫诗酒相会，杜甫《北邻》
诗说：

> 明府岂辞满，藏身方告劳。
> 青钱买野竹，白帻岸江皋。
> 爱酒晋山简，能诗何水曹。
> 时来访老疾，步履到蓬蒿。①

脍炙人口的《客至》诗，是杜甫描写在草堂与朋友和邻居饮酒
的生动情景：

> 舍南舍北皆春水，但见群鸥日日来。
> 花径不曾缘客扫，蓬门今始为君开。
> 盘飧市远无兼味，樽酒家贫只旧醅。
> 肯与邻翁相对饮，隔篱呼取尽余杯。②

还有《江畔独步寻花七绝句》诗，也是春日草堂诗酒生涯的
反映：

> 江深竹静两三家，多事红花映白花。
> 报答春光知有处，应须美酒送生涯。③

---

① 杜甫：《北邻》，《全唐诗》卷二二六。
② 杜甫：《客至》，《全唐诗》卷二二六。
③ 杜甫：《江畔独步寻花七绝句》，《全唐诗》卷二二七。

宋黄庭坚《老杜浣花溪图引》诗叙述杜甫在成都草堂以诗酒交友的情景说：

> 拾遗流落锦官城，故人作尹眼为青。
> 碧鸡坊西结茅屋，百花潭水洁冠缨。
> ……
> 此心乐易真可人，园翁溪友肯卜邻。
> 邻家有酒邀皆去，得意鱼鸟来相亲。
> 浣花酒船散车骑，野墙无主看桃李。
> 宗文守家宗武扶，落日寒驴驮醉起。
> 厌闻解鞍脱兜鍪，老儒不用千户侯。
> 中原未得平安报，醉里眉攒万国愁。①

不仅是杜甫描写草堂诗酒，陆游离开成都二十年后，仍然怀念在成都时豪情壮志，与朋友结为诗社，俱行共醉，遨游锦城的情景，《思蜀》诗说：

> 二十年前客锦城，酒徒诗社尽豪英。
> 才名吏部倾朝野，意气成州共死生。
> 废苑探梅常共醉，遗祠访柏亦俱行。
> 即今病卧寒灯里，欲话当时涕已倾。②

---

① 黄庭坚：《山谷集》外集卷四《老杜浣花溪图引》。
② 陆游：《剑南诗稿》卷三八《思蜀》。

六、发达的唐宋成都酒业

唐宋成都的诗酒文化冠绝全国，与当时成都的酒业发达是分不开的。唐代成都地区普遍酿酒，酒的品种比魏晋南北朝增加更多，产量更大。酒业兴盛的标志，首先是名酒辈出，享誉全国。

（一）郫筒酒

郫筒酒产于成都西郊的郫县。明人何宇度《益部谈资》记载郫筒酒的起源，归于西晋山涛：

> 郫筒酒乃郫人刳大竹为筒，贮春酿于中。相传山涛治郫，用筠管酿酴醾作酒，经旬方开，香闻百步。今其制不传。[①]

《蜀中广记》记载郫筒酒的具体制法，颇有传奇色彩：

> 郫县治内东，土台坟起，下有池，其底有井，谓之郫筒井。井畔产巨竹，刳为筒，汲水而酿，包以蕉叶，缠以藕丝，信宿香达于外。[②]

郫筒酒得到唐宋诗家文人的一致赞美。杜甫《将赴成都草堂途中有作先寄严郑公》诗，把丙穴鱼与郫筒酒相提并论：

---

① 何宇度：《益部谈资》卷中。
② 《蜀中广记》卷五。

得归茅屋赴成都，直为文翁再剖符。

但使闾阎还揖让，敢论松竹久荒芜。

鱼知丙穴由来美，酒忆郫筒不用酤。

五马旧曾谙小径，几回书札待潜夫。①

苏轼《次韵周邠寄雁荡山图》诗怀念与朋友共醉郫筒酒的时日：

西湖三载与君同，马入尘埃鹤入笼。

东海独来看出日，石桥先去踏长虹。

遥知别后添华发，时向樽前说病翁。

所恨蜀山君未见，他年携手醉郫筒。②

苏辙《送周思道朝议归守汉州》诗也对郫筒酒充满怀念：

酒压郫筒忆旧酤，花传丘老出新图。

此行真胜成都尹，直为房公百顷湖。

自注说："汉州官酒，蜀中推第一。赵昌画花模效丘文播，亦西川所无也。"③ 可见苏辙对郫筒酒和汉州酒的推崇。

南宋诗人范成大离开成都时，对郫筒酒十分留恋，他的《入崇宁界》诗说：

---

① 杜甫：《将赴成都草堂途中有作先寄严郑公》，《全唐诗》卷二二八。

② 苏轼：《东坡全集》卷七《次韵周邠寄雁荡山图》。

③ 苏辙：《栾城集》卷一五《送周思道朝议归守汉州》。

桑间三宿尚回头，何况三年濯锦游。

草草郫筒中酒处，不知身已在彭州。①

陆游《思蜀》诗说，他在成都时常在酒肆畅饮郫筒酒：

园庐已卜锦城东，乘驿归来更得穷。

只道骅骝开道路，岂知鱼鸟困池笼。

石犀祠下春波绿，金雁桥边夜烛红。

未死旧游如可继，典衣犹拟醉郫筒。②

陆游离开成都多年以后，仍然对郫筒酒充满怀念，他的《杂感》诗说：

我年甫三十，出身事明主。

狂愚斥不用，晚辟征西府。

蹭蹬过锦城，邂逅客严武。

十年醉郫筒，阳狂颇自许。

青城访隐翁，西市买幽圃。

如何复不遂，归听镜湖雨。

结庐三间茅，泛宅一枝橹。

天真傥可全，吾其老烟浦。③

---

① 范成大：《石湖诗集》卷一八《入崇宁界》。

② 陆游：《剑南诗稿》卷三八《思蜀》。

③ 陆游：《剑南诗稿》卷六一《杂感》。

郫筒酒直到元代，依然是成都的标志性产品。元代虞集《归蜀》诗描述回到成都的乡情，特别提到郫筒酒：

> 我到成都住五日，驷马桥下春水生。
> 过江相送荷子意，还乡不留非我情。
> 鸬鹚轻筏下溪足，鹦鹉小窗呼客名。
> 赖得郫筒酒易醉，夜深冲雨汉州城。①

（二）烧春酒

唐代诗人的笔下提及春酒的诗句甚多，可见酿春酒之风遍及全国。唐代蜀中民间也普遍酿春酒，杜甫《遭田父泥饮美严中丞》诗说：

> 步屧随春风，村村自花柳。
> 田翁逼社日，邀我尝春酒。
> 酒酣夸新尹，畜眼未见有。
> ……叫妇开大瓶，盆中为吾取。
> 感此气扬扬，须知风化首。②

杜甫《野望》诗记载射洪春酒的特色：

> 金华山北涪水西，仲冬风日始凄凄。

---

① 虞集：《归蜀》，苏天爵《元文类》卷七。
② 杜甫：《遭田父泥饮美严中丞》，《全唐诗》卷二一九。

山连越巂蟠三蜀，水散巴渝下五溪。

独鹤不知何事舞，饥乌似欲向人啼。

射洪春酒寒仍绿，目极伤神谁为携。①

　　唐宋时全国虽然各地春酒很多，但以成都出产的烧春酒品质冠誉全国，李肇在《唐国史补》中记载了当时闻名全国的美酒："郢州之富水，乌程之若下，荥阳之土窟春，富平之石冻春，剑南之烧春……"可见唐代剑南道成都出产的春酒中，以烧春酒名扬天下。既以"烧春"为名，可能是经初步蒸馏的春酒，与其他地区所产春酒相比，香更浓味更劲，史籍中对此有不少记载。《新唐书·地理志》载，成都府的土贡有生春酒②。《旧唐书·德宗纪》载：大历十四年闰五月德宗登位后，减轻民间贡赋，"剑南岁贡春酒十斛，罢之"③。这就是说，在大历十四年（779）以前，剑南道每年要向皇帝进贡十斛春酒，可见当时的剑南春酒曾是宫廷指定贡酒。

　　成都春酒得到当时许多文人学士的赞誉。岑参赞颂说："成都春酒香，且用俸钱沽。浮名何足道，海上堪乘桴。"④ 李商隐诗说："雾唾香难尽，珠啼冷易销。歌从雍门学，酒是蜀城烧。"⑤ 成都人雍陶《到蜀后记途中经历》诗说：

剑峰重迭雪云漫，忆昨来时处处难。

大散岭头春足雨，褒斜谷里夏犹寒。

①　杜甫：《野望》，《全唐诗》卷二二七。

②　《新唐书》卷四二《地理志》。

③　《旧唐书》卷一二《德宗纪上》。

④　岑参：《酬成少尹骆谷行见呈》，《全唐诗》卷一九八。

⑤　李商隐：《碧瓦》，《全唐诗》卷五三九。

蜀门去国三千里，巴路登山八十盘。

自到成都烧酒熟，不思身更入长安。①

这些诗人同声称颂的成都春酒应为烧春酒，诗人对其味美香浓，情有独钟，有烧春美酒畅饮，就连长安也不想去了。杜甫在诗中记载他印象最深的成都美食说：

策杖时能出，王门异昔游。

已知嗟不起，未许醉相留。

蜀酒浓无敌，江鱼美可求。

终思一酩酊，净扫雁池头。②

杜甫认为若要达到饮酒的佳境，烧春酒和锦江鱼是最佳美食。畅饮烧春酒后的酩酊境界是“堂上指图画，军中吹玉笙。岂无成都酒，忧国只细倾”③。醉后指点江山，心忧国事，烧春酒功莫大焉。

烧春酒由于酒味较浓，容易醉人。张祜《送蜀客》诗说：“锦城昼氤氲，锦水春活活。成都滞游地，酒客须醉杀。莫恋卓家垆，相如已屑屑。”④ 五代前蜀时，牛峤在《女冠子》词中写道：“锦江烟水，卓女烧春浓美。”⑤ 均表明当时成都烧春酒易令人酣醉。

---

① 雍陶：《到蜀后记途中经历》，《全唐诗》卷五一八。

② 杜甫：《戏题寄上汉中王三首》，《全唐诗》卷二二七。

③ 杜甫：《八哀诗·赠左仆射郑国公严公武》，《全唐诗》卷二二二。

④ 张祜：《送蜀客》，《全唐诗》卷五一〇。

⑤ 牛峤：《女冠子》，《全唐诗》卷八九二。

（三）青城乳酒

唐代成都青城山的乳酒，也是当时道家酿制的著名酒品。紫微孙处士《送王懿昌酒》诗说：

> 将知骨分到仙乡，酒饮金华玉液浆。
> 莫道人间只如此，回头已是一年强。①

紫微孙处士应即孙知微，唐末五代成都著名画家，隐居于青城山下，故以青城乳酒赠送朋友。青城丈人《送太乙真君酒》诗说：

> 峨嵋仙府静沉沉，玉液金华莫厌斟。
> 凡客欲知真一洞，剑门西北五云深。②

唐代青城山的乳酒称为"金华玉液"或"玉液金华"，因其酒色似乳。杜甫《谢严中丞送青城山道士乳酒一瓶》诗说：

> 山瓶乳酒下青云，气味浓香幸见分。
> 鸣鞭走送怜渔父，洗盏开尝对马军。③

可见乳酒颜色既白，味且浓香，实为唐代成都道家美酒之佳品。

---

① 紫微孙处士：《送王懿昌酒》，《全唐诗》卷八六二。
② 青城丈人：《送太乙真君酒》，《全唐诗》卷八六二。
③ 杜甫：《谢严中丞送青城山道士乳酒一瓶》，《全唐诗》卷二二七。

（四）临邛酒

邛州临邛县历来以出美酒闻名。西汉时司马相如与卓文君在此当垆卖酒，留下了千古佳话。临邛酒、文君酒屡屡为后世文人吟咏，俨然已成为蜀地美酒的代名词。唐末五代的诗人韦庄《河传》词说："翠娥争劝临邛酒，纤纤手，拂面垂丝柳"[1]，可见临邛酒在当时已成为文人雅士宴饮时的必用美酒。陆游《文君井》诗说：

> 落魄西州泥酒杯，酒酣几度上琴台。
> 青鞋自笑无羁束，又向文君酒畔来。[2]

陆游自注说："相如琴台在成都城中，文君井在邛州，相传为卓氏故宅。"可见到南宋时邛崃文君酒仍是成都名酒。明人何宇度《益部谈资》说：

> 文君井在邛州。《采兰杂志》载：文君闺中一井，文君手汲则甘香，沐浴则滑泽鲜好。他人汲之与常井等。今白鹤驿中之井是也，水尚清澈，州人酿酒必取之。[3]

唐宋成都的酒业盛况空前，城中街坊酒肆林立，酒肆最繁华、最密集之地在锦江两岸及闹市区。杜甫诗说："东望少城花满烟，百花高楼更可怜。谁能载酒开金盏，唤取佳人舞绣筵。"[4] 便是描写成

---

① 韦庄：《河传》，《花间集》卷三。
② 陆游：《剑南诗稿》卷八《文君井》。
③ 何宇度：《益部谈资》卷上。
④ 杜甫：《江畔独步寻花七绝句其四》，《全唐诗》卷二二七。

都少城一带酒楼林立，饮宴兴盛的情景。到宋代亦是如此。陆游《江楼吹笛饮酒大醉中作》诗说：

> 世言九州外，复言大九州。
> 此言果不虚，仅可容吾愁。
> 许愁亦当有许酒，吾酒酿尽银河流。
> 酌之万斛玻璃舟，酣宴五城十二楼。
> 天为碧罗幕，月作白玉钩。
> 织女织庆云，裁成五色裘。
> 披裘对酒难为客，长揖北辰相献酬。
> 一饮五百年，一醉三千秋。
> 却驾白凤骖斑虬，下与麻姑戏玄洲。
> 锦江吹笛余一念，再过剑南应小留。①

可见宋代成都的锦江之滨同样酒家相望，有十二楼之多，欢宴笙歌不断。

由于唐宋成都酒业繁荣，酒商亦众多且豪富。袁说友《岁华纪丽谱》载，宋代成都西园开放时的情景说：

> 每岁寒食辟园张乐，酒垆、花市、茶房、食肆，过于蚕市。士女从观，太守令宾僚凡浃旬，此最府廷游宴之盛。近岁自二月即开园，逾月而后罢。酒人利于酒息，或请于府展其日，府尹亦许之。②

---

① 陆游：《剑南诗稿》卷九《江楼吹笛饮酒大醉中作》。
② 谢元鲁：《岁华记丽谱等九种校释》，巴蜀书社，1988 年。

西园的开放时间因酒商的利益而延期，并得到官府的准许。庄绰《鸡肋编》说：北宋时"成都自上元至四月十八日，游赏几无虚辰。使宅后圃名西园，春时纵人行乐。初开园日，酒房两户各求优人之善者，较艺于府会"①。官府的西园在宋代成为各个酿酒作坊的较艺争胜之所，可见酒商对于官府有很大的影响力。宋代成都酒商财力雄富，仅北宋初年刘熙古治成都时，就为酒商"奏减蜀之酒课四十八万缗"②。可见成都酒商的实力之雄厚。

官府酿酒同样规模很大，所酿酒称为"公库酒"。宋代的官府设置酒务，管理酒的酿造、销售和课税收入。酒的酿造，分官酿和民酿两种。官酿即为官府自酿自卖。陆游《楼上醉书》诗说：

> 益州官楼酒如海，我来解旗论日买。
> 酒酣博簺为欢娱，信手枭卢喝成采。③

诗中描写了成都官府酒楼中酒品丰富，博彩业发达的盛况。袁说友《岁华纪丽谱》记载宋代成都春季浣花游江时，官府给游人免费供酒：

> 四月十九日，浣花佑圣夫人诞日也。太守出笮桥门，至梵安寺谒夫人祠，就宴于寺之设厅。既宴登舟，观诸军骑射，倡乐导前，溯流至百花潭，观水嬉竞渡。官舫民船，乘流上

① 庄绰：《鸡肋编》卷上，上海古籍出版社《宋元笔记小说大观》，2007年。
② 杨甲：《麋枣堰记》，《全蜀艺文志》卷三七。
③ 陆游：《剑南诗稿》卷八《楼上醉书》。

下，或幕帘水滨，以事游赏，最为出郊之胜。清献公记云：往昔太守分遣使臣，以酒均给游人，随所会之数，以为斗升之节。自公使限钱后，乃以随行公使钱酿酒畀之，然不逮昔日矣。①

当时官府甚至"以大舰载公库酒，应游人之计口给酒，人支一升，至暮遵陆而归"②。唐李崇嗣诗说："闻道成都酒，无钱亦可求。不知将几斗，销得此来愁。"③ 看来在唐宋时成都的遨游节庆中，公库酒是可以免费提供给游人饮用的，所以"无钱亦可求"。

由于唐宋成都酒业发达，并且利润很高，所以影响到当时的社会风气，士人以酿酒和开设酒肆为荣。孙光宪《北梦琐言》载：

> 蜀之士子，莫不酤酒，慕相如涤器之风也。陈会郎中家，以当垆为业，为不扫街，官吏殴之。其母甚贤，勉以进修，不许归乡，以成名为期。每岁粮、纸笔、衣服、仆马，皆自成都赍致。郎中业八韵，唯螳螂赋大行。太和元年及第，李相固言览报状，处分厢界，收下酒旗，阖其户，家人犹拒之。④

唐代蜀中士子开设酒肆成为普遍风气，士子陈会家在成都开设的酒肆，其收入长期支撑他在长安读书应举的巨额开支，可见其获利之丰厚。陈会进士及第后官府要关闭他家的酒肆，还遭到拒绝。虽然这种酒文化的传承，以西汉司马相如开风气之先，但也与唐代

① 谢元鲁：《岁华纪丽谱等九种校释》，巴蜀书社，1988 年。
② 庄绰：《鸡肋编》卷上，上海古籍出版社《宋元笔记小说大观》，2007 年。
③ 李崇嗣：《独愁》，《全唐诗》卷一〇〇。
④ 孙光宪：《北梦琐言》卷三《陈会螳螂赋》。

成都酒业发达有密切关系。

陆游《丁酉上元》诗描写南宋成都上元节之夜的情景说：

> 突兀球场锦绣峰，游人士女拥千重。
> 月离云海飞金镜，灯射冰帘掣火龙。
> 信马随车纷醉侠，卖薪买酒到耕农。
> 今年自笑真衰矣，但觉凭鞍睡思浓。①

成都上元节之夜不仅有明灯似海、游人千重的盛况，而且达官贵人饮酒成风，就连农夫也卖薪买酒，欢度佳节。可见唐宋时代成都酒业的发达和民间饮酒风气的普及程度，大大超过了以往任何一个时代。李商隐《送崔珏往西川》诗说：

> 年少因何有旅愁，欲为东下更西游。
> 一条雪浪吼巫峡，千里火云烧益州。
> 卜肆至今多寂寞，酒垆从古擅风流。
> 浣花笺纸桃花色，好好题诗咏玉钩。②

陆游《东郊饮村酒大醉后作》诗也说：

> 丈夫无苟求，君子有素守。
> 不能垂竹帛，正可死陇亩。
> 邯郸枕中梦，要是念所有。

---

① 陆游：《剑南诗稿》卷八《丁酉上元》。
② 李商隐：《送崔珏往西川》，《全唐诗》卷五三九。

持枕与农夫，亦作此梦否。

今朝栎林下，取醉村市酒。

未敢羞空囊，烂漫诗千首。①

　　正如李商隐和陆游所说，成都在唐宋时期酒业与酒文化发达，名酒迭出，酒味醇香，酒肆繁盛，酒酣赋诗，诗酒交融，烂漫风流。所以成都的文人骚客才能灵感纷涌，在浣花笺纸上写下无数的不朽诗篇。

---

① 　陆游：《剑南诗稿》卷八《东郊饮村酒大醉后作》。

中国传统诗歌中的酒文化内涵

李　庶①

在万紫千红、春色满园的中国艺术园地中，诗歌与酒文化的关系最为源远流长，也最为亲密无间。美酒和诗两者自起源时就紧密联系，酒起源于远古时期，诗也产生于此时。几千年来，酒是香的，诗是美的。饮酒想起诗，赋诗想起酒。酒中有诗歌，诗中有美酒，诗酒交融所产生的酒诗更香更美。

一、酒与诗人

在古代，饮酒在诗人的情感世界中具有重要的作用，它能促使创作灵感产生，而且它还是想象丰富的奇妙载体。酒作为一种特殊的饮料，能活跃人的思维，引发想象，帮助人们打开潜意识中对于生活审美的阀门。当它与诗人相结合之时，更能使诗人们写出直抒胸臆、浪漫奇特的诗篇。在中国文坛上，诗人与酒结下了不解之缘。很多诗人都饮酒，也颇能饮，甚至非酒不能创作。

魏晋时期的陶渊明把酒当作知心朋友，向来以嗜酒著称，由于

---

①　李庶，文学博士，成都轨道资源经营管理有限公司，行政主管。

家贫不能常饮酒，亲朋知道他这个嗜好之后，就常常置办酒席来招待他。陶渊明饮酒必醉，又常在酣饮后赋诗，在其现存诗篇中，与酒有关的约占 40%。如"故老赠余酒，乃言饮得仙。试酌百情远，重觞忽忘天"①，"有酒有酒，闲饮东窗"②，"悠悠迷所留，酒中有深味"③，"未言心先醉，不在接杯酒"④，"欢言酌春酒，摘我园中蔬"⑤，等等。难怪唐代诗人白居易不无夸张地说陶诗是"篇篇劝我饮，此外无所云"⑥。但是，陶渊明咏酒，并非仅仅是简单地写饮酒之事，而是把饮酒和个人的思想情感及对社会人生的态度紧密地联系起来，借咏酒表现自己远离污浊官场，归隐田园的乐趣。所以，萧统的《陶渊明集》序说："有疑陶渊明诗篇篇有酒。吾观其意不在酒，亦寄酒为迹焉。"⑦ 这是因为陶渊明所处的时代，政治黑暗，官场腐败，因此他痛感世道险恶，很早就弃官归隐了。对陶渊明来说，诗和酒是他灵魂的一对翅膀，只有在诗酒和田园生活中，他才能寻找到人生的快乐和心灵的安慰。在那些清新又极富奇趣的田园诗中，仿佛时时都可以闻到江南乡村飘逸的酒香，时时可以看到诗人饮酒耕读、极富情趣的田园生活。酒为陶渊明的诗增添了无尽的思想和艺术魅力，脍炙人口的《饮酒》（其五），就是其酒后的佳作："结庐在人境，而无车马喧。问君何能尔，心远地自偏。采菊东篱下，悠然见南山。山气日夕佳，飞鸟相与还。此中有真

① ［东晋］陶渊明著，吴泽顺编注：《陶渊明集》，岳麓书社，1996 年，第 30 页。
② ［东晋］陶渊明著，吴泽顺编注：《陶渊明集》，岳麓书社，1996 年，第 27 页。
③ ［东晋］陶渊明著，吴泽顺编注：《陶渊明集》，岳麓书社，1996 年，第 21 页。
④ ［东晋］陶渊明著，吴泽顺编注：《陶渊明集》，岳麓书社，1996 年，第 65 页。
⑤ ［东晋］陶渊明著，吴泽顺编注：《陶渊明集》，岳麓书社，1996 年，第 37 页。
⑥ ［清］彭定求等编：《全唐诗》，中华书局，1999 年，第 4734 页。
⑦ ［东晋］陶渊明著，吴泽顺编注：《陶渊明集》，岳麓书社，1996 年，第 7 页。

意，欲辨已忘言。"① 写出了农村自然景色的恬美静穆和诗人归隐后悠然自得的生活。诗中虽不见一个酒字，但酒的韵味却十分丰富。这首诗传唱千年的魅力，与酒的魅力是分不开的。人们往往慨叹"悠然见南山"中一个"见"字，非常精妙，如果把"见"改成"望"，意思虽然一样，但意趣却没有了。而诗人为什么不用"望"而用"见"，原因应该要归于酒。诗人酒后醺醺然，在东篱采菊，猛然间一抬头见到南山，只有"见"字才能准确、传神地表现诗人醉醺醺的神态。而这一点睛之笔的"见"字，诗人恐怕也只有在酒后的朦胧作用中才能出现。

唐代大诗人李白酷爱饮酒，被称为"酒仙"，他曾写道："天若不爱酒，酒星不在天。地若不爱酒，地应无酒泉。天地既爱酒，爱酒不愧天。"② 痛快地写出了自己对酒的颂赞之情。酒激发了他的创作灵感，留下了很多脍炙人口的千古名篇，诗风雄奇豪放，想象丰富，富于浪漫主义精神。李白对酒的嗜好达到了"百年三万六千日，一日须倾三百杯"③ 的程度，此句虽有夸张之嫌，但也可见其海量。有时，"两人对酌山花开，一杯一杯复一杯。我醉欲眠卿且去，明朝有意抱琴来"④。没有人陪着的时候则"花间一壶酒，独酌无相亲"⑤。对酒渴盼得厉害的时候，连看江水都令他想起美酒，

---

① ［东晋］陶渊明著，吴泽顺编注：《陶渊明集》，岳麓书社，1996 年，第 18 页。
② ［唐］李白著，瞿蜕园，朱金城校注：《李白集校注》，上海古籍出版社，1980 年，第 1332 页。
③ ［唐］李白著，瞿蜕园，朱金城校注：《李白集校注》，上海古籍出版社，1980 年，第 473 页。
④ ［清］彭定求等编：《全唐诗》，中华书局，1999 年，第 1862 页。
⑤ ［唐］李白著，瞿蜕园，朱金城校注：《李白集校注》，上海古籍出版社，1980 年，第 1331 页。

"遥看汉水鸭头绿，恰似葡萄初酦醅。此江若变作春酒，垒曲便筑糟丘台"①。为了买酒喝，甚至把许多贵重的东西都拿去典当，"五花马，千金裘，呼儿将出换美酒"②。特别是遇到知心朋友时更是如此。他一生用酒当墨，在其流传下来的九百多首诗中，无处不飘着酒香。杜甫曾说："李白一斗诗百篇，长安市上酒家眠。天子呼来不上船，自称臣是酒中仙。"③ 这种评论实在是极其生动，淋漓尽致地道出了这位伟大诗人和酒的关系。

唐朝另外一位善饮的诗人是杜甫，他十四五岁的时候就以饮酒著称，其嗜酒的程度不亚于李白。天宝六载，杜甫赴长安应试，因为权臣李林甫从中作梗，他没有被录取。这时，他认识了一位酒友郑虔，郑虔对诗、画、书法、音乐乃至星历、医药、兵法无所不通。他和杜甫一样，生活困顿，常向朋友讨钱买酒，也正因为酒使他俩结为好友。杜甫在《醉时歌》中回忆他俩喝酒的情形："得钱即相觅，沽酒不复疑。忘形到尔汝，痛饮真吾师。"④ 他们两个只要彼此有钱，就会买酒找对方痛饮，毫不迟疑。唐肃宗时期，杜甫任左拾遗，这时候他不因居官而停杯，反而喝得更厉害。他在《曲江二首》中写道："朝回日日典春衣，每日江头尽醉归。酒债寻常行出有，人生七十古来稀。"⑤ 每天都要喝得烂醉，没有衣服典当就赊酒，弄得到处是酒债。杜甫嗜酒的习性，从少年到老年，甚至到临终，都没有改变。他在《绝句漫兴》中说："莫思身外无穷事，且尽生前有

---

① ［唐］李白著，瞿蜕园，朱金城校注：《李白集校注》，上海古籍出版社，1980 年，第 473 页。

② ［清］彭定求等编：《全唐诗》，中华书局，1999 年，第 1685 页。

③ ［清］彭定求等编：《全唐诗》，中华书局，1999 年，第 2260 页。

④ ［清］彭定求等编：《全唐诗》，中华书局，1999 年，第 2257 页。

⑤ ［清］彭定求等编：《全唐诗》，中华书局，1999 年，第 2413 页。

限杯。"①

　　宋代诗人苏轼也好饮酒，特别是到了晚年，嗜酒如命。由于宋代重文轻武，市民乃至很多基层生活中的享受行乐成分大为增加，酒虽然仍被人们作为释放、缓解心理紧张的手段，但也成了一种追求心灵安适和审美愉悦的清雅之饮。苏轼自己曾说："予饮酒终日，不过五合。天下之不能饮无在予下者。然喜人饮酒，见客举杯徐行，则予胸中为之浩浩焉。"② 而且苏轼还知酒、酿酒，对酒文化的体味相当深刻。他写过一篇《酒颂》，描写陶然微醉的快乐，很是令人神往。苏轼还写过一篇介绍酿酒经验的文章《北山酒经》，从用料、用曲、投料到酿造时间、酿造过程、出酒率等，对整个酿造过程做了详细描述。他的《饮湖上初晴后雨》："朝曦迎客艳重岗，晚雨留人入醉乡。此意自佳君不会，一杯当属水仙王。"③ 此诗不但写了酒，而且又具有自然的趣味。美酒点燃了苏轼创作灵感的火花，著名的"若把西湖比西子，淡妆浓抹总相宜"④ 的诗句，就是苏轼和友人在西湖湖心亭饮酒时，半醉半醒的乘兴之作。在他的诗、词、文、书信中都仿佛飘散着美酒的芳香。酒是他的兴奋剂，是开启他心扉的钥匙。在他传世的两首佳品中，也能窥见其性情："明月几时有，把酒问青天"⑤，问中含情脉脉；"人生如梦，一樽还酹江月"⑥，酹中思古悠悠。

　　南宋大诗人陆游也挚爱酒。这可以从他的《无酒叹》一诗中看

---

① ［清］彭定求等编：《全唐诗》，中华书局，1999 年，第 2452 页。
② ［宋］苏轼：《苏东坡全集》（上），中国书店，1986 年，第 558 页。
③ ［清］王文诰辑注：《苏轼诗集》，中华书局，1982 年，第 430 页。
④ ［清］王文诰辑注：《苏轼诗集》，中华书局，1982 年，第 430 页。
⑤ ［宋］苏轼：《苏轼词集》，上海古籍出版社，2009 年，第 49 页。
⑥ ［宋］苏轼：《苏轼词集》，上海古籍出版社，2009 年，第 93 页。

出来："不用塞黄河，不用出周鼎，但愿酒满家，日夜醉不醒。不用冠如箕，不用印如斗。但愿身强健，朝暮常饮酒。"① 《醉赋》突出的也是"饮酒"二字："乃今又大悟，万事付一觞。书中友王绩，堂上祠杜康。"② 他的诗歌中常常可见"梦"与"醉"，虽然诗人绝非醉生梦死之辈，但也流露出诗人报国无门、壮志难酬的悲哀。正因为如此，诗人才常常寄情诗酒，在"梦"与"醉"中企望实现其人生理想。辛弃疾"醉里挑灯看剑"更是早已为人所知，他因壮志难酬而常常像陆游那样与酒为伴，希望"醉里乾坤大，壶中日月长"。著名的《沁园春·将止酒戒酒杯使勿近》，写来汪洋恣肆，纵横捭阖，成为脍炙人口的佳作。

诗人之所以能够因酒得诗，那是"为了艺术得以存在，为了任何一种审美行为或审美直观得以存在，一种心理前提不可或缺：醉。首先须有'醉'以提高整个机体的敏感性，在此之前不会有艺术"③。正是如此，酒激发了诗人的创造力和想象力，使他们文思泉涌，使诗人有机会抓住其中一些固定下来形成伟大的诗篇。大概也正由于诗人爱酒、饮酒、咏酒的原因，才使诗人与酒、酒与诗的关系成为我国酒文化渊源流长的重要原因。

二、酒与诗

既然酒能起到诗人作诗时的助兴作用，那么诗人爱酒，诗人饮酒，诗人咏酒，也就成了顺理成章之事。无酒不成诗，有学者曾对

---

① ［宋］陆游：《陆游集》第 3 册，中华书局，1976 年，第 1040 页。
② ［宋］陆游：《陆游集》第 3 册，中华书局，1976 年，第 1888 页。
③ ［德］尼采著，周国平译：《尼采读本》，作家出版社，2012 年，第 212 页。

与酒相关的诗词进行了统计："《诗经》中有30篇提到了酒，恰占全部诗歌的1/10；陶渊明的诗篇篇有酒；李白斗酒诗百篇；全唐诗中，涉及酒的有1000多首；在《唐诗三百首》中，饮酒诗共48首；辛弃疾的诗词共640首，其中与酒有关的诗词347首，占55％。"①中国诗歌史上大量咏酒和涉酒的诗，是诗歌史乃至文学史的宝贵财富。从祭祀到宴饮再到日常生活都离不开酒，许多记载日常生活、节日宴饮和祭祀的诗也离不开酒，这些诗与酒的融合，在不同时期表现了不同的特点，在不同的诗篇中也表达了不同的寓意和内涵，也是酒文化的重要组成部分。

（一）祭祀酒诗

上古的祭祀活动盛行，很多民族都产生了赞美神灵和祖先的祭歌、祝词等。自《诗经》开始，以酒敬神、以酒祭祀先人便开始入诗，形成了最早的祭祀类饮酒诗。《诗经》中的雅和颂，其中很多作品都反映了当时祭祀活动的情况。《小雅·楚茨》完整地记录了宗庙祭祀的全过程。诗共六章，第一章写庄稼丰收，酿酒做食，准备祭祀天地和先人；第二章写宰牛杀羊，做成肴馔，陈列在祭坛前，祝师向神灵祈祷；第三章写大宴宾客；第四章写祝师向人们传达神灵的旨意；第五章写奏乐送神，宴飨亲族；第六章写亲人相互祝福，要把好日子永远过下去。在整个祭祀过程中，酒成了须臾不可缺少的重要内容，"酒以成礼"的特点表现得十分明显。正是因为酒的存在，整个祭祀过程才显得那样热烈隆重，那样充满喜庆和吉祥。

饮酒是乐事，但由于受到生产力的制约，酿造一点酒并不容易。所以有了一点酒，常常想到我们的祖先，用作祭祀之用，与神灵共

---

① 长弓，国艳主编：《中国酒文化大观》，山东人民出版社，2001年，第233页。

享。正是"清酒既载，骍牡既备。以享以祀，以介景福"①。祭祀者并不是平白无故地请吃请喝，而是对神都抱有希望。水旱风雷，常常威胁着人们的生存。在无法主宰自然的情况下，无奈只能向神灵祈祷风调雨顺，禾稼丰收，免于饥馑。"自今以始，岁其有。君子有谷，诒孙子。于胥乐兮。"② 在很长时期内从春而复，由夏而冬，人们一面披风雪，冒寒暑，不停耕作，也一面向神灵膜拜，暗暗祝祷，但是真正让人们眉开眼笑，饮得安乐，饮得热闹的，当是在禾稼登场的时候。如《周颂》中的《丰年》《载芟》，表现的都是庆祝丰收、祭祀神灵的情景。丰收之后，人们酿出美酒，祭祀神灵，感谢神灵的赐予，希望神灵继续保佑他们无灾无难，每年都是好收成。

（二）宴会酒诗

在宴饮游戏中，常常是以诗为游戏，为游戏而作诗，诗成为宴会中不可或缺的重要构成。早在先秦时期，就有以赋诗为宴饮游戏的，但其诗比较直白。《小雅·湛露》是贵族宴饮时所唱："湛湛露斯，匪阳不晞。厌厌夜饮，不醉无归。湛湛露斯，在彼丰草。厌厌夜饮，在宗载考。"③ 其大意是，露珠一串又一串，太阳不出不会干。夜里饮酒多安闲，人不醉倒宴不散。露珠一串又一串，挂在那丛草上面。夜里饮酒多安闲，大厅宽敞好设宴。彻夜痛饮，一醉方休，真个是醉生梦死！饮酒过度，缺少节制，不仅不合礼仪，而且

---

① ［汉］毛公传，郑玄笺，［唐］孔颖达等正义：《毛诗正义》，上海古籍出版社，1990年，第559页。

② ［汉］毛公传，郑玄笺，［唐］孔颖达等正义：《毛诗正义》，上海古籍出版社，1990年，第765页。

③ ［汉］毛公传，郑玄笺，［唐］孔颖达等正义：《毛诗正义》，上海古籍出版社，1990年，第349页。

还会醉酒生事，给主人招来很大的麻烦。《小雅·宾之初宴》表现的就是这样一种情景。《春秋左传》记载，齐景公入晋国贺晋嗣君即位，酒筵上玩投壶游戏，先赋诗，后投壶。晋侯先，"穆子曰：'有酒如淮，有肉如坻。寡君中此，为诸侯师。'中之。齐侯举矢曰：'有酒如渑，有肉如陵。寡人中此，与君代兴。亦中之。'"① 他们各自赋诗夸耀自己国家的酒海肉山，在此夸耀之中以为宴饮之乐。这是即席而诗，即席而歌，虽诗作无什么艺术性，但娱乐性甚强。随着宴饮游戏的发展，游戏中所歌咏之诗，往往有着较强的艺术性。

两晋之时，以诗为宴饮游戏十分盛行。王羲之《兰亭集序》中有"一觞一咏"之记，即按酒令，大家饮一杯酒，赋诗一首以为娱乐，以表文人雅士的雅兴。若赋诗不成，则要罚酒。此等诗作，大多是打腹稿的，诗作质量较高。赋诗作为宴饮游戏的一项重要内容，有着极强的"审美游戏"的意味。魏晋时文人们崇尚自然，崇尚品诗论文，这本是审美性的活动，将饮酒赋诗的游戏地点置于崇山峻岭、茂林修竹之间，这游戏的审美意味就更为浓厚，在美丽的自然山水间饮酒赋诗，这也是对此生活的审美。

诗可抒怀言志，须有诗情诗才。而在酒筵之上，诗情、诗才成为一种游戏能力的表现，作诗只为游戏；所言之志，所抒之怀为游戏而存在，其诗才往往成为完善游戏的手段。《全唐诗》卷七九〇载有《春池泛舟联句》，诗人裴度、刘禹锡、崔群、贾𫗧、张籍等五人在酒船上饮酒联句以为戏：

> 凤池新雨后，池上好风光。（刘禹锡）

① ［晋］杜预注，［唐］孔颖达等正义：《春秋左传正义》，上海古籍出版社，1990年，第790页。

取酒愁春尽，留宾喜日长。（裴度）

柳丝迎画舸，水镜与雕梁。（崔群）

潭洞迷仙府，烟霞认醉乡。（贾𫗧）

莺声随笑语，竹色入壶觞。（张籍）

晚景含澄澈，时芳得艳阳。（刘禹锡）

飞凫拂轻浪，绿柳暗回塘。（裴度）

逸韵追安石，高居胜辟强。（崔群）

杯停新令举，诗动彩笺忙。（贾𫗧）

顾谓同来客，欢游不可忘。（张籍）①

　　以上诗句是以才气和技巧为诗，而言志抒怀则居其次，你来我往，重在诗句的应接。其游戏的快乐就在于谁应接得更巧妙，更有意趣，而游戏之美也就在于这种饮酒联句的巧妙与意趣之中。酒助其兴，诗助其趣。"作为一种固定出现的松弛，游戏也成了一般生活的陪衬、补充和事实上的组成部分。它装饰生活、拓展生活并作为一种生活功能而为个人和社会所需要。之所以如此，是由于它所包含的意义、它的意蕴、它的特殊的价值、它的精神与社会的交往作用，一句话，是由于它的文化功能。它的表现能满足所有的公众理想。"②　游戏是生活的组成部分，是生活的需要，而不同的游戏形式与内容是基于不同的文化传统及与之相关的物质生活形态与精神生活形态的。中国古代文人以诗为游戏，一方面源于文人特定的文化心态，诗情、诗才、诗技是他们取得社会认可的一个重要标志；另

---

① ［清］彭定求等编：《全唐诗》，中华书局，1999年，第8984页。
② ［荷兰］J. 胡伊青加著，成穷译：《人：游戏者》，贵州人民出版社，2007年，第8—9页。

一方面源于孔夫子"兴观群怨"的诗教，即诗除了兴、观、怨的言志抒怀和认识作用外，还有"群"的交际作用与意义。在宴饮中以诗为戏，其诗才、诗技被游戏群体所认可，这无疑是一大快乐。

当诗成为游戏中的诗时，诗的诸多"严肃性"往往被"消解"，诗的表现、表达内容与形式也就主要受制于此时此境的游戏规则而变得更为灵活自由，成为"一般生活的陪衬、补充"并"装饰"和"拓展"了生活，使饮食生活富有情趣。在宴饮游戏中，虽说诗作的"严肃性"往往被"消解"，但有许多诗作却也是"情真意切"，是戏作，然而也是有意味的戏作。如唐代韦庄的《上行杯》：

> 芳草灞陵春岸，柳烟深满楼弦管。一曲离声肠寸断。
> 今日送君千万。红缕玉盘金缕鲝，须劝，珍重意，莫辞满。
> 白马玉鞭金镂，少年郎离别容易。迢递，去程千万里。
> 惆怅异乡云水，满酌一杯劝和泪。须愧，珍重意，莫辞醉。①

其中的眷恋、关怀等离情别意跃然纸上。两首诗由二人分唱，一唱一和，情真意切。这种送酒词，是依次作歌，彼此相送，同调唱和，这种宴饮游戏充满了人情味，名俗实雅，令人回味。

（三）送别酒诗

古往今来，亲朋至友在离别之时，总有一番难分难舍的悲切之感。为表离别之情，有的设宴饯行，有的携受相送，有的站在村头巷尾望着亲人远远离去，情绵绵、意切切。对诗人来说，他们在与

---

① ［五代］韦庄著，聂安福笺注：《韦庄集笺注》，上海古籍出版社，2002年，第446—448页。

亲朋好友离别之时，当然也少不了那些送别之情，不过从他们的作品中见到的多是以酒来表达。他们把离别时难以言尽的情感融入酒中，以酒表情，以酒话别，以酒祝福，好像只有饮上几杯美酒，才能带去送行者的依依深情。

送别酒诗表现的是离情别绪，充满离别的忧伤。先秦时期，已有送别酒诗。在《邶风·泉水》中，写远嫁异国的卫国贵族女子思乡念归的忧愁，其中"出宿于干，饮饯于言"①。她回国时可在干地住一宿，先在言地痛饮饯行酒的描写，表明当时已有送别饯行的风俗。汉乐府中，也多有送别酒诗。如托名李陵、苏武相互赠答的《别诗》，就是借酒为赠。如李陵的五言诗《与苏武三首》其二："嘉会难再遇，三载为千秋。临河濯长缨，念子怅悠悠。远望北悲风至，对酒不能酬。行人怀往路，何以慰我愁？独有盈觞泪，与子结绸缪。"② 李陵长期与匈奴作战，战功赫赫，但后来由于孤军深入，而将军李广利又不肯救援，以至于兵败，被迫降敌，结果身败名裂，株连九族。如此遭遇，李陵有苦难说，有理难辩，就借酒浇愁，借赠诗表达心中的苦闷。苏武曾拒绝过李陵劝降，但他十分同情李陵的遭遇，诀别在即，他百感交集，写诗为答。他在《苏子卿四首诗》第一首中先追叙了二人的友情，接着抒发了离别的伤感，最后写道："我有一罇酒，欲以赠远人。愿子留斟酌，叙此平生亲。"③ 把酒当成了赠别之物，将万千情怀全部融化于杯酒之中。

李白所作的《金陵酒肆留别》和《送别》也是两首送别诗。前者说的是他在吴地漫游中，于一个春天离开金陵时，在酒肆和友人

---

① ［汉］毛公传，郑玄笺，［唐］孔颖达等正义：《毛诗正义》，上海古籍出版社，1990年，第101页。
② ［梁］萧统编，［唐］李善注：《文选》，上海古籍出版社，1986年，第1353页。
③ ［梁］萧统编，［唐］李善注：《文选》，上海古籍出版社，1986年，第1354页。

告别的情景。"金陵子弟来相送，欲行不行各尽觞。请君试问东流水，别意与之谁短长。"① 表现了诗人和友人杯盏频相传，相别情不尽，留也依依，去也依依的恋念之情。后者说的是在渭城春意正浓之时，他同前赴颍川的故友离别时的依恋之情。"惜别倾壶醑，临分赠马鞭。看君颍上去，新月到应圆。"② 行者与送者，依依惜别，难舍难分，以至于把满壶的酒喝完了，仍然不忍分手。这两首诗的共同之处，均在于他们离别时，行者不忍离开送者而去，送者不忍与行者分离。然而，这个欲不忍而又必忍的"别离"则已成必然。在这彼此割离的短暂时刻，只有通过"各尽觞"和"倾壶醑"来表达这不尽之情了。

把送别诗写得更加感人的是王维，他的名篇《送元二使安西》："渭城朝雨浥轻尘，客舍青青柳色新。劝君更尽一杯酒，西出阳关无故人。"③ 全诗虽然仅四句，但情景交融，景切情真，道出了千万离人的共同心声。这首诗前两句以送别时周围的景物起兴，描写了送别的地点、时间和环境，营造了离别在即的忧而不愁的氛围。"朝雨"为早晨下的雨，"浥"即湿润的意思，"客舍"即驿站、旅馆。清晨的渭城，因为一场恰到好处的晨雨，四处都是一片清新，驿道上的尘土被湿润了，空气因为没有了"轻尘"而显得格外新鲜，客舍外的柳树也因为细雨的冲刷而透露出青青的本色。诗人在这两句中安排了一个重要的角色，即"朝雨"，它的来临使得送别的场景忧伤中透露着清新和婉丽，惜别中又带着诗人对友人此行的美好祝愿和乐观心态。这场晨雨之所以恰到好处，是因为它下的时间不

---

① ［清］彭定求等编：《全唐诗》，中华书局，1999 年，第 1789 页。
② ［清］彭定求等编：《全唐诗》，中华书局，1999 年，第 1809 页。
③ ［唐］王维撰，陈铁民校注：《王维集校注》，中华书局，1997 年，第 408 页。

长，刚刚湿润了驿道上的尘土便停了，似乎也是为了这场送别而特意"梳妆打扮"了一样，就连寓意着分别和远行的客舍和柳树，都因为这晨雨的冲刷而流露出清新婉丽的风貌。诗人是如此用心，将离别的场景通过"浥轻尘""客舍青青柳色新"而刻画得独特而自然，忧而不伤，"轻尘"暗合着旅途的辛苦和劳顿，柳树则是离别的象征，在这里诗人用晨雨洗去了旅途的奔波、劳累，剩下的是对友人远行的惜别之情以及对友人此行的美好祝愿。后面两句，诗人不停地劝即将远行的朋友再喝一杯酒，一则是慰藉友人即将面临的旅途劳顿，一则是拖延时间，惜别之情于此顿现，这浓浓的话别酒中，是诗人对于朋友的关切，"劝君更尽一杯酒"，再喝一杯吧，家乡的酒盏不知何时再能喝到，这里将友人的乡愁也一并表现了出来。接着，作者叹道"西出阳关无故人"，今日此去不知何日再相见，归期遥遥，阳关以西再没有像"我"这样的故友，而"我"也定是知音难觅了，相互之间的珍惜之感将诗人和朋友的友情进一步升华。这里的送别酒，可谓蕴藉丰富，又与开头两句的清新明快形成了对比，作者既怀抱着对友人远行的美好祝愿又对友人的西出阳关依依不舍，矛盾之中将诗人与朋友之间的深厚友情刻画得淋漓尽致。

（四）咏怀酒诗

酒不光有礼仪、社交的功能，也可以供人们在闲暇之时自斟自饮、陶然忘忧，偶有所得，他们便会借酒兴作诗以表感慨。他们以酒寄情，托物言志，由此成就了不少千古佳作。

早在《诗经》中，就有不少关于酒的描写和缘于酒的吟咏。《周南·卷耳》写妻子怀念在外奔波的丈夫，无心采摘卷耳，她把筐放在路旁，凝神想象丈夫在旅途中的各种情形，中间两段写道："陟彼崔嵬，我马虺隤！我姑酌彼金罍，维以不永怀。陟彼高冈，我马玄黄！我姑酌彼兕觥，维以不永伤。"① 很显然，酒在这里被赋予了浇愁解闷的作用。《郑风·女曰鸡鸣》有"宜言饮酒，与子偕老"② 诗句，表达了新婚夫妇的深情厚谊，而《唐风·山有枢》则流露出人生苦短、借酒消愁的思想情绪。

《古诗十九首》以感慨人生韶华易逝，抒发士子愁、朋友情、夫妇意，表现及时行乐情怀为主要内容，在表达离愁别绪、苦闷彷徨和忧虑人生诸方面，委婉曲折，一唱三叹，曲尽其妙。无论是写生命忧患的感伤，还是写及时行乐的欢快，无论是写夫妇的深情厚谊，还是写朋友的临别相赠，都把酒作为重要的媒介，融进了酒文化的内容。

曹操之所以要"对酒当歌"，是有感于"人生几何"，在"何以解忧？惟有杜康"的因果关系中，表达了借酒消愁的情怀。这种情怀几乎成了整个酒文化和中国诗歌史中一个原型母题，成为历代文人常写常新的话题。而曹植正是因为有"清时难屡得，嘉会不可常。天地无终极，人命若朝霜"③ 的感伤，所以才会欣喜地发出"亲昵并集送，置酒此河阳。中馈岂独薄，宾饮不尽觞"④ 的感慨。孔融希望"坐上客恒满，尊中酒不空"⑤，王粲表示"探怀授所欢，愿醉

① ［汉］毛公传，郑玄笺，［唐］孔颖达等正义：《毛诗正义》，上海古籍出版社，1990 年，第 32—33 页。
② ［汉］毛公传，郑玄笺，［唐］孔颖达等正义：《毛诗正义》，上海古籍出版社，1990 年，第 168 页。
③ ［魏］曹植著，赵幼文校注：《曹植集校注》，人民文学出版社，1984 年，第 4 页。
④ ［魏］曹植著，赵幼文校注：《曹植集校注》，人民文学出版社，1984 年，第 4 页。
⑤ ［宋］范晔撰，［唐］李贤等注：《后汉书》，中华书局，1965 年，第 2277 页。

不顾身"①，也都源于对人生短促的深深忧虑。建安诗人如此感慨人生短促，表面上看流露出的似乎是颓废、消极、悲观的情绪，但其深层意蕴却是中国文人对人生、生命、生活的深沉思考，反映出他们对有限人生的热爱与执着，洋溢着昂扬向上的意绪和情感。建安诗人的人生感慨与生命之忧，和他们积极向上的人生态度、建功立业的人生追求是紧密地结合在一起的，即使是那些倡导及时行乐的作品，在当时那种特定的社会文化背景下，也有着不同寻常的积极意义，与后世那些消极颓废之作有着本质的区别。

魏晋时期是中国历史上最为混乱的时期，却成就了魏晋文人咏酒诗的另一重要内容。阮籍、陶渊明就是其杰出代表。阮籍饮酒，主要是以酒为饰物，借酒来掩饰自己真实的思想，掩饰自己种种不为世俗所容的行为。在他的人生中，酒成了放浪形骸、避祸全身的最好工具，也成了抒情言志的催化剂。"临觞多哀楚，思我故时人。对酒不能言，凄怆怀酸辛"② 的慨叹，透露出诗人潇洒通脱的背后所蕴藏的沉痛心情。陶渊明的"采菊东篱下，悠然见南山"，许多吟诵这句诗歌的人，分明感受了醉意。"悠然"的状态，自然是酒后升腾起来的精神，疲乏沉重的躯体顷刻之间遁形消逝，农事劳作被攀升的精神所中和。在朦胧的视野里，方向失去了意义，不过，心灵却有了未有的通透明亮，沉浸于物我两忘的世界，与其说这是一个物的世界，不如说是从心灵深处无法遏制而流淌出来的精神清泉。

南北朝时期，文人已经没有了魏晋时的那种慷慨悲歌之气和执

---

① ［汉］王粲著，吴云，唐绍忠注：《王粲集注》，中州书画社，1984 年，第 115 页。
② ［魏］阮籍著，李志钧等校点：《阮籍集》，上海古籍出版社，1978 年，第 122 页。

着于现实人生的矛盾、痛苦与深沉，缺少饮酒的境界和趣味。他们中的许多人为饮酒而饮酒，把饮酒作为一种感官享受，即使发而为诗，也难以寻觅曹操那种苍凉雄壮，建安七子的慷慨多气，甚至也没有阮籍的旷达、陶渊明的雅趣。就整体而言，南北朝时期的文人饮酒，虽然也有一些可圈可点的作品，但大多属于江总、庾肩吾、张正见一类，以吟咏宫廷生活、赞美佳人容颜为主要内容。其中，最有代表性的应推陈后主的《独酌谣》其二："独酌谣，独酌起中宵。中宵照春月，初花发春朝。春花春月正徘徊，一尊一弦当夜开。聊奏孙登曲，仍斟毕卓杯。罗绮徒纷乱，金翠转迟回。中心本如水，凝志更同灰。逍遥自可乐，世语世情哉！"[1] 此诗不仅借酒表现了宫廷生活的纸醉金迷、豪奢无度，而且还流露出悲观厌世、孤寂无奈的情怀。从这首诗中不难看出，南北朝饮酒诗虽写饮酒，但其注重的不是借酒表达慷慨之情、豪迈之气，而是表现奢侈淫靡的宫廷生活和个人的哀乐苦愁，多浮华香艳之姿，少慷慨悲歌之气。

毫无疑问，唐诗作为中国古典诗歌的代表，不仅是中国古典诗歌的黄金时代，而且是中国古典诗歌的最高峰。这一时期，咏酒诗也越来越多，以它丰沛激越的思想情感，丰富和充实了中国的酒文化。

有的咏酒诗抒发的是诗人超然脱俗的高情远致，以及对功名利禄的蔑视、对自由人格的追求。如李颀的"东门沽酒饮我曹，心轻万事如鸿毛。醉卧不知白日暮，有时空望孤云高"[2]，权德舆的"身外皆虚名，酒中有全德。风清与月朗，对此情何极"[3]，翁绶的"百

---

① 鲁宝玉，汪玉川编著：《汉魏六朝诗选》，南海出版公司，2004年，第332页。

② ［唐］李欣著，隋秀玲校注：《李欣集校注》，河南人民出版社，2007年，第106页。

③ ［清］彭定求等编：《全唐诗》，中华书局，1999年，第3614页。

年莫惜千回醉，一盏能消万古愁……平生名利关身者，不识狂歌到白头"①，抒发的都是淡泊功名、心轻万事的情怀。

有的咏酒诗抒发了诗人对自然山水、田园风光和农家生活的热爱，如王勃的《对酒春园作》："繁莺歌似曲，疏蝶舞成行。自然催一醉，非但阅年光。"② 写莺歌蝶飞的自然风光，如在眼前。孟浩然的《过故人庄》："开筵面场圃，把酒话桑麻。待到重阳日，还来就菊花。"③ 写农家景象和田园风光，其乐融融。李白的《下终南山过斛斯山人宿置酒》："相携及田家，童稚开荆扉。绿竹入幽径，青萝拂行衣。欢言得所憩，美酒聊共挥。长歌吟松风，曲尽河星稀。我醉君复乐，陶然共忘机。"④ 绿竹幽径，松风长歌，像这样有酒有歌的田园生活，是非常快乐的。

有的咏酒诗抒发的是人生如梦、岁月如水的感慨。如白居易的"劝君一杯君莫辞，劝君两杯君莫疑，劝君三杯君始知。面上今日老昨日，心中醉时胜醒时。天地迢迢自长久，白兔赤乌相趁走。身后堆金柱北斗，不如生前一樽酒"⑤，刘希夷的"酒熟人须饮，春还鬓已秋。愿逢千日醉，得缓百年忧。旧里多青草，新知尽白头。风前灯易灭，川上月难留"⑥，都是感慨人生如白驹过隙、惜时进酒的思想情绪。

有的咏酒诗表现的则是诗人怀才不遇、壮志难酬的愤懑和不平。如杜甫《醉时歌》中云："相如逸才亲涤器，子云识字终投阁。先生

---

① ［清］彭定求等编：《全唐诗》，中华书局，1999 年，第 6995—6996 页。
② ［清］彭定求等编：《全唐诗》，中华书局，1999 年，第 679 页。
③ ［唐］孟浩然撰，李景白校注：《孟浩然诗集校注》，巴蜀书社，1988 年，第 463 页。
④ ［清］彭定求等编：《全唐诗》，中华书局，1999 年，第 1830 页。
⑤ 谢思炜：《白居易诗集校注》，中华书局，2006 年，第 1708 页。
⑥ ［唐］刘希夷著，陈文华注：《刘希夷诗注》，上海古籍出版社，1997 年，第 46 页。

早赋归去来，石田茅屋荒苍苔。儒术于我何有哉，孔丘盗跖俱尘埃。不须闻此意惨怆，生前相遇且衔杯。"① 钱起在《长安落第》中写道："花繁柳暗九门深，对饮悲歌泪满襟。数日莺花皆落羽，一回春至一伤心。"②

有的咏酒诗抒发的则是诗人建功立业的豪情壮志和豁达情怀。如王维的《少年行》："新丰美酒斗十千，咸阳游侠多少年。相逢意气为君饮，系马高楼垂柳边。"③ 深谙禅宗文化妙谛、惯吟人境之中孤独寂寞的山水诗人王维，深受时代精神的感染，吟出了这样充满豪气的诗句。即使是那些描写边塞征伐、表现战争残酷的诗章，唐代诗人也很少凄楚哀伤，而是表现出豪迈奋发的气质、一往无前的精神和视死如归的慷慨。王翰的《凉州词》这样写道："葡萄美酒夜光杯，欲饮琵琶马上催。醉卧沙场君莫笑，古来征战几人回！"④ 诗歌表现出来的戍边将士那种豪迈豁达的气概，令人肃然起敬。在李白的咏酒诗中，这种情怀得到了更为集中而突出的表现。其中《将进酒》最是气象不凡："人生得意须尽欢，莫使金樽空对月。天生我材必有用，千金散尽还复来……"⑤ 他的《江上吟》亦见大气魄："美酒樽中置千斛，载妓随波任去留……兴酣落笔摇五岳，诗成笑傲凌沧洲……"⑥ 即使是那些感慨人生短暂的诗章，李白写来也是旷

---

① ［唐］杜甫著，谢思炜评注：《杜甫诗》，人民文学出版社，2005 年，第 38 页。

② ［唐］钱起著，王定璋校注：《钱起诗集校注》，浙江古籍出版社，1992 年，第 303 页。

③ ［唐］王维撰，陈铁民校注：《王维集校注》，中华书局，1997 年，第 33 页。

④ ［清］彭定求等编：《全唐诗》，中华书局，1999 年，第 1609 页。

⑤ ［唐］李白著，瞿蜕园，朱金城校注：《李白集校注》，上海古籍出版社，1980 年，第 225 页。

⑥ ［唐］李白著，瞿蜕园，朱金城校注：《李白集校注》，上海古籍出版社，1980 年，第 480 页。

达洒脱:"悲来乎,悲来乎!天虽长,地虽久,金玉满堂应不守。富贵百年能几何,死生一度人皆有。孤猿坐啼坟上月,且须一尽杯中酒。"①

　　酒文化体性见情、直抒胸臆、自由挥洒、返璞归真的特征,恰巧与诗人神投意合,相互默契。一如唐诗全面反映了唐代社会生活及当时人们的思想情感一样,唐代社会生活和当时人们的思想情感,在许多方面也都通过咏酒诗得到了表现。换句话说,唐代咏酒诗是那样的丰富多彩,以至于我们可以把它当作透视唐代社会生活和当时人们思想情感的一面镜子。

---

① ［唐］李白著,瞿蜕园,朱金城校注:《李白集校注》,上海古籍出版社,1980年,第531页。

《襄阳歌》与《醉时歌》

——略论李白与杜甫的诗情酒趣

王定璋①

唐代文苑驰誉古今的李白、杜甫，是当时诗坛的杰出双星。一个是追求自由，摆脱羁束的豪放浪漫诗人；一个是关注时事，着眼民瘼的现实主义诗人。李白（701—762）与杜甫（712—770）生活的时代和文坛上的创作活动大抵重合。李白比杜甫年长十一岁，比杜甫早八年辞世。二人交往过从，互有诗歌赠答，友情深厚。

一

李白以诗仙之誉为世人所熟知。由于在他的作品中，较多地涉及酒的内容，并且其咏酒之诗往往都很精彩，因而被人们目为酒仙。最早被人们知悉的"酒仙"之谓，就是来源于杜甫的《饮中八仙歌》：

李白一斗诗百篇，长安市上酒家眠。

---

① 王定璋，四川省政府文史研究馆馆员。

天子呼来不上船，自称臣是酒中仙。

《新唐书·李白传》载："李白，兴圣皇帝九世孙。天宝初，至长安，往见贺知章。知章见其文曰：'子谪仙人也。'言于玄宗，召见金銮殿，奏颂一篇。帝赐食，亲为调羹，有诏供奉翰林。白犹与饮徒醉于市。帝坐沉香亭子，欲得白为乐章，召入，而白已醉，左右以水颒面，稍解。授笔成文，婉丽精切，帝爱其才，数宴见。"足见杜甫之诗，乃当日实况。

在杜甫《不见》诗中说李白"敏捷诗千首，飘零酒一杯"；"忆与高（适）李（白）辈，论交入酒垆"（《赠李白》），适可移作"酒仙"之注脚。

李白的《襄阳歌》是一首专门咏吟饮酒乐趣和醉态的诗章：

落日欲没岘山西，倒著接䍦花下迷。

襄阳小儿齐拍手，拦街争唱《白铜鞮》。

旁人借问笑何事，笑杀山公醉似泥。

鸬鹚杓，鹦鹉杯。

百年三万六千日，一日须倾三百杯。

遥看汉水鸭头绿，恰似葡萄初酦醅。

此江若变作春酒，垒曲便筑糟丘台。

千金骏马换小妾，醉坐雕鞍歌《落梅》。

车旁侧挂一壶酒，凤笙龙管行相催。

咸阳市中叹黄犬，何如月下倾金罍？

君不见晋朝羊公一片石，龟头剥落生莓苔。

泪亦不能为之堕，心亦不能为之哀。

清风朗月不用一钱买，玉山自倒非人推。

舒州杓，力士铛，李白与尔同死生。

襄王云雨今安在？江水东流猿夜声。

　　这是一篇极写饮酒乐趣、沉醉欢畅、诗酒度月、行乐及时的著名篇什。诗人豪饮欢快之情景自况于"竹林七贤"之一的山简（山公）。山简于永嘉三年（309）出镇襄阳，嗜酒。《世说新语·任诞》载，荆州豪族习氏有佳园池，（山）简常出游，多住池上，每醉酒而归，儿童为之歌曰："山公出何许？往至高阳池。日夕倒载归，茗苕无所知。复能乘骏马，倒著白接篱。"

　　李白不仅以酣饮沉醉自比于山简之放诞，而且，十分考究饮酒的环境，艳丽的花丛令人沉迷，盛酒的器具极为精美珍贵，鸬鹚杓，鹦鹉杯，皆非寻常之器物。《琅嬛记》："金母召群仙于赤水，坐有碧玉鹦鹉杯、白玉鸬鹚杓。杯干则杓自挹，欲饮则杯自举。"简直就是既华贵又解人意的自动化酒杯。半酣之际，李白突发异想，如果能在人生百年间，日日畅饮，天天沉醉，那有多妙呢？如何解决滔滔不尽的美酒来源？襄阳旁的汉水奔腾不息，如果江水就是鸭头绿酒，那不就取之不尽，饮之不竭了么？汉水两岸起伏的山峦也就变成酿酒糟丘，什么问题都不存在了。此等奇思妙想，只有具备天马行空般思维的李白才能想象得出来！于是，美女陪伴，凤笙龙管奏出悦耳的仙乐……尽情地享受醇酒的美味。哪有闲空理会李斯叹黄犬、羊祜未竟享乐之叹与襄王云雨的逝去呢！值得注意的是李白除讲究美酒的丰富、酒具的珍贵之外，尤其重视饮酒的自然环境（花下迷）和生态背景——清风朗月，那是多么令人惬意和舒适。所以才能吟唱出"清风朗月不用一钱买，玉山自倒非人推"的千古名句，无怪乎有醉翁之称的欧阳修为之激赏："'落日欲没砚山西，倒著接篱花下迷……'常言也。至'清风朗月不用一钱买，玉山自倒

非人推'，见太白之横放。所以惊动千古者，固不在此乎？"（《苕溪
渔隐丛话前集》）

《将进酒》是李白通篇咏酒的名作，值得一读：

> 君不见，黄河之水天上来，奔流到海不复回。
>
> 君不见，高堂明镜悲白发，朝如青丝暮成雪。
>
> 人生得意须尽欢，莫使金樽空对月。
>
> 天生我材必有用，千金散尽还复来。
>
> 烹羊宰牛且为乐，会须一饮三百杯。
>
> 岑夫子，丹丘生，将进酒，杯莫停。
>
> 与君歌一曲，请君为我倾耳听。
>
> 钟鼓馔玉不足贵，但愿长醉不复醒。
>
> 古来圣贤皆寂寞，惟有饮者留其名。
>
> 陈王昔时宴平乐，斗酒十千恣欢谑。
>
> 主人何为言少钱，径须沽取对君酌。
>
> 五花马，千金裘，呼儿将出换美酒，与尔同销万古愁。

这是一篇饮酒歌，既劝友人饮，也自饮也。《乐府诗集》载：
"《将进酒》古词云：'将进酒，乘大白。'"大略以饮酒放歌为言。李
白此诗绝非一般咏饮酒乐趣者。诗人以从天而降的黄河水为喻，奔
流到海永无回复而指岁月的流逝，老而不复年少；青丝成雪，也转
瞬之间之事。当此之际，何不饮酒作乐？于是诗人感悟到人生得意
须尽情欢愉，莫待时光虚度。仅仅如此的话，饮酒欢会，实无多少
值得咏唱的价值可言。"天生我材必有用"的自信，"千金散尽还复
来"的期待是此诗的意蕴所在。唐汝询在《唐诗解》中说："此怀才
不遇，托于酒以自放也。首以河流起头，言以河之发源昆仑尚入海

不返；复以人之年貌倏然而改，非若河之迥也，而可不饮乎？难得者时，易收者金，又可惜费乎？我友当悟此而进酒矣。我试为君歌之：夫我所谓行乐者，非欲罗钟鼓，列玉馔以称快矣，但愿醉以适志耳。观古圣贤皆以寂寞，惟饮者之名独存……旷达如此，而以消愁终之，自有不得已之情在。"其显然窥探得此诗之心曲，也与"天生我材必有用，千金散尽还复来"相契合。此诗挥洒自如，喷薄而出，一派神行，韵调急促，戛戛独造。严明称赏此诗："一往豪情，使人不能句字赏摘。盖他人作诗用笔想，太白但用胸口一喷即是，此其所长。"（《严明评点李集》）独具只眼，李白真正的知音。

李白咏酒诗在其作品所占数量颇多，据不完全统计有近三百首，其言及酒的诗歌而非专咏酒者就更多了。郭沫若《李白与杜甫》有过统计："李白嗜酒，自称'酒中仙'，是有名的；但杜甫的嗜酒，实不亚于李白，我曾经就杜甫现存的诗和文一千四百多首中作了一个初步的统计，凡说到饮酒上来的共三百多首，为百分之二十一强。作为一个对照，我也把李白现存的诗和文一千五十首作了一个初步的统计，说饮酒上来的有一百七十首，为百分之十六强……"这与我的统计差别不大。

李白《月下独酌四首》和《春日独酌二首》都是既咏月又咏酒的佳作。今选其一，以见其余：

> 天若不爱酒，酒星不在天。
> 地若不爱酒，地应无酒泉。
> 天地既爱酒，爱酒不愧天。
> 已闻清比圣，复道浊如贤。
> 贤圣既已饮，何必求神仙。
> 三杯通大道，一斗合自然。

但得酒中趣，勿为醒者传。

————《月下独酌四首》其二

东风扇淑气，水木荣春晖。

白日照绿草，落花散且飞。

孤云还空山，众鸟各已归。

彼物皆有托，吾生独无依。

对此石上月，长醉歌芳菲。

————《春日独酌二首》其一

前者把人类对酒的喜爱和依赖程度发挥到淋漓尽致。天上有酒星，《晋书·天文志》："轩辕右角南三星曰酒旗，酒官之旗也，主享宴酒食。"当年曹操曾颁禁酒令，遭受孔融抵制，就说过："天垂酒旗之星，地列酒泉之郡。"应是此诗所本。而诗中的"清比圣"，《艺文类聚》引《魏略》云："太祖禁酒，而人窃饮之，故难言酒，以浊酒为贤者，清酒为圣人。"关于此诗，查慎行说："此种语太庸近，疑非太白作。"（《初白诗评》）胡震亨曰："此首乃马才子诗也。"

至于《春日独酌二首》其一，则为春色宜人，淑气弥漫之际，对月放歌沉醉之自娱自乐，不免有几许孤独。是乃独酌之必然。又令人仿佛见到陶渊明的依稀身影。而《把酒问月》则呈现另一番情景：

青天有月来几时，我今停杯一问之。

人攀明月不可得，月行却与人相随。

皎如飞镜临丹阙，绿烟灭尽清辉发。

但见宵从海上来，宁知晓向云间没。

白兔捣药秋复春，嫦娥孤栖与谁邻。

今人不见古时月，今月曾经照古人。

古人今人若流水，共看明月皆如此。

唯愿当歌对酒时，月光长照金樽里。

古代善于思考问题的人，往往会对人间万事万物做些探索和追寻，文人学古也是如此。屈原《天问》是其典型范例。古代自然科学尚处于初级阶段，对一些天体现象和自然界的发展变化规律不甚了了。于是问题一个接着一个，发问在所难免。据《楚辞补注》卷三记载，屈原放逐之际，"见楚先王之庙及公卿祠堂，图画天地山川神灵，瑰玮谲诡，及古贤圣怪物行事……"引发探索求解的好奇之心。屈原当时就问道："遂古之初，谁传道之？……日月安属，列星安陈？出自汤谷，次于蒙汜？自明即晦，所行几里……"似乎没有找到满意的解释。李白此诗之问倒很直白，青天上的月亮什么时候出现？如何会有柔和的光亮？紧接着是一连串的奇思异想：挂在天空的月亮人能上去么？为何月行总是与人相随？进而联想月亮上面事物的存在，月光产生的奥秘，月球运行的轨迹与规律以及神话传说月宫的存在，美丽嫦娥的芳容，白兔捣药的故事……何等奇怪的疑问，何等美妙的幻觉，何等神秘而浪漫的浮想！悬而未决，有案无断的玄妙，如此空幻迷离；尽管莫名其妙，实则妙不可言，又意义非凡。"但见宵从海上来，宁知晓向云间没"的设问，在没有完全搞清楚月球、地球、太阳之间的关系及运行规律之时是很难得以明确认知的。然则"今人不见古时月"四句似乎又感受到人世沧桑，岁月流逝，宇宙永恒，人生短促的哲理。诗人的体悟却十分明确："唯愿当歌对酒时，月光常照金樽里。"如此的宇宙意识和哲理认知，是诗人达观乐天、通脱潇洒价值取向的折光。将饮酒与赏月结合起来予以抒发的佳作在李白诗中确有不少，"花间一壶酒，独酌无相亲。举杯邀明月，对影成三人……"（《月下独酌》）"处世若大梦，胡为劳其生，所以终日醉，颓然卧前楹……浩歌待明月，曲尽已忘情。"（《春日醉起言志》）"且就洞庭赊月色，将船买酒白云边。"（《陪族叔……及中书舍人贾至游洞庭五首》其二）

二

郭沫若《李白与杜甫》中论及杜甫时称其"嗜酒终身"是说对酒的嗜好，终其一生都未改变。我们在杜甫晚年的作品中，仍然能读到饮酒的内容。李白也是如此，民间还流传着李白晚年酒后沉醉，见水中月色分外妖媚，入水捞月溺死的故事呢！不必存此偏见。有一种说法杜甫死于耒阳牛肉白酒过量所致。准此，则李白、杜甫之死都与白酒相关，"嗜酒终身"李白、杜甫皆然。

郭沫若统计李、杜诗中与酒有关的内容，认为杜甫言酒之作多于李白，这有可能。杜甫存世之作本来就比李白为多。如前所述，李白与杜甫的结识、交往、酬唱缘于文学创作，兴趣一致，爱好趋同，其中自然少不了醇酒媒介。今存杜甫寄赠李白诗歌十五首之多（包括与李白有关的作品），专指李白也有十一首。其中除叙友谊、交游、吟唱之外，几乎都涉及饮酒。如"痛饮狂歌空度日，飞扬跋扈为谁雄"（《赠李白》）；"李侯有佳句，往往似阴铿。余亦东蒙客，怜君如弟兄。醉眠秋共被，携手日同行"（《与李十二白同寻范十隐居》）；"剧谈怜野逸，嗜酒见天真。醉舞梁园夜，行歌泗水春"（《寄李十二白二十韵》），足见李白与杜甫既是文友、诗友，又是酒友。"何时一樽酒，重与细论文。"（《春日忆李白》）证据是很多的。对此，杜甫在诗中也有所展露。他在《壮游》诗中吟道："往昔十四五，出游翰墨场。斯文崔魏徒，以我似班扬……性豪业嗜酒，嫉恶怀刚肠……饮酣视八极，俗物都茫茫。"那是何等的气势，何等的胸怀，豪情逸气不让李白；而他那首豪气干云的《醉时歌》更为典型：

> 诸公衮衮登台省，广文先生官独冷。
>
> 甲第纷纷厌梁肉，广文先生饭不足。
>
> 先生有道出羲皇，先生有才过屈宋。
>
> 德尊一代常坎坷，名垂万古知何用！
>
> 杜陵野客人更嗤，被褐短窄鬓如丝。
>
> 日籴太仓五升米，时赴郑老同襟期。
>
> 得钱即相觅，沽酒不复疑。
>
> 忘形到尔汝，痛饮真吾师。
>
> 清夜沉沉动春酌，灯前细雨檐花落。
>
> 但觉高歌有鬼神，焉知饿死填沟壑。
>
> 相如逸才亲涤器，子云识字终投阁。
>
> 先生早赋《归去来》，石田茅屋荒苍苔。
>
> 儒术于我何有哉？孔丘盗跖俱尘埃。
>
> 不须闻此意惨怆，生前相遇且衔杯！

这篇《醉时歌》是天宝十二载（753）杜甫在京城长安时的作品，当为诗人与广文馆博士郑虔聚晤时酣饮后醉中所作，豪壮放逸，气势流畅，在杜甫诗中可谓另类别调，与其往常温柔敦厚、沉郁顿挫风格迥异。酒入愁肠，情绪激荡奔放，心中牢骚苦闷，冲破羁束，一泻而出。郑虔乃广文馆博士。《唐语林》载，天宝中置广文馆，以领词藻之士。据《旧唐书》可知，广文馆乃天宝九载国子监所设。郑虔怀才不遇，屡遭贬谪。"好琴酒篇咏，善图山水。"而此时杜甫在长安蹭蹬失意，二人情投意合，饮酒畅叙。一肚皮的愁苦郁闷，在酒精激发之下，如泻水平地，任其东西南北奔流。台省乃清要之地，衮衮诸公何等荣耀。而僻居广文馆的郑虔只有被冷落的份。甲第华居美味佳肴也是平常之物，与之对照的广文先生还处于半饥饿状态。杜甫处境也很窘困，京华求仕遭黜落，应制举被一手遮天的李林甫戏弄以"野无遗贤"，欺骗玄宗；上《三大礼赋》遭冷落；在京师过"朝扣富儿门，暮随肥马尘。残杯与冷炙，到处潜悲辛"的生活，十分狼狈惶惑。这就不难理解他如此强烈的牢骚和情绪。一旦得钱即豪饮买醉，情绪激动，"忘形到尔汝"，只有痛饮沉醉才能消解胸中块垒。醉酒高歌，鬼神为之侧目。司马相如不遇之时，还当垆卖酒涤器，才华逸世的扬雄结局也很悲惨，差点投阁送命。田园将芜胡不归！孔圣盗跖在历史的长河中一样被遗忘……有什么贤愚贵贱不同？这就是醇酒的力量！酒入愁肠，引发联翩的浮想，激起愤世嫉俗的叛逆精神。这位奉儒守官，诗礼传家敦厚儒雅的诗人，竟然发出"孔丘盗跖俱尘埃"的怒吼！这也难怪，庄子早就鄙薄儒教经典那套观念，认为是无用的糟粕："桓公读书于堂上。轮扁斫轮于堂下，释椎凿而上，问桓公曰：'敢问公之所读者何言邪？'公曰：'圣人之言也。'曰：'圣人在乎？'公曰：'已死矣。'曰：'然则君之所读者，古人之糟魄已夫！'桓公曰：'寡人读书，轮人安得议乎？有说则可，无说则死。'"（《庄子·天道》）这里是讲，古人的精华在言外之意，意之所随的"道"是无法传递的，是以确定圣人之书为糟粕。杜甫离经叛道的思想显然受庄子观念的影响。然而杜甫求仕京华碰壁，生计艰难，怀才不遇而愤恨不平是毋庸讳言的。《醉时歌》是其不平之鸣，愤激之情，溢于言表。杜甫言及饮酒的诗歌还有不少："朝回日日典春衣，每日江头尽醉归。酒债寻常处处有，人生七十古来稀。"（《曲江二首》其二）而《乐游园歌》则云：

却忆年年人醉时，只今未醉已先悲。

数茎白发那抛得，百罚深杯亦不辞。

圣朝亦知贱士丑，一物但荷皇天慈。

此身饮罢无归处，独立苍茫自咏诗。

这也是杜甫漂泊京师，坎坷潦倒时所作。虽有酒可饮，却心绪未宁，未醉先悲，情绪十分低落未老先衰，两鬓已白，头发稀疏，仍贪酒豪饮，自觉年老貌寝，身份微贱。水酒虽然麻痹神经，给人以短暂亢奋，"饮罢无归处"的失落，茫然彷徨，那是何等的侘傺惆怅！诗人位卑禄薄，理想与现实差距惊人。他曾经政治襟抱宏伟："致君尧舜上，再使风俗淳。"愿望成空，不免发出："平生一杯酒，凡我故人遇，相望无所成，乾坤莽回互"（《有怀台州郑十八司户》），一事无成，功业未就的浩叹！

总之，比较《襄阳歌》与《醉时歌》，李白与杜甫二人的家庭背景、禀赋气质、兴趣爱好、个性特征、文学观念、审美趣尚等方面的确有所不同，故而展现出咏酒诗歌迥然有别艺术风貌，是完全可以理解的。

李白、杜甫饮酒诗词采飞动，意蕴隽永，都有很高的艺术造诣。李白的诗爽朗壮健，词采张扬，气势流走，浑朴俊逸。而杜甫的诗则呈现出复杂的心绪与压抑愁苦的精神状态，即或醉酒放歌之际总有淡淡的哀愁掺杂于其间，其叹穷嗟卑，襟抱难展，怀才不遇等感受是能体味到的。"强歌心无欢"是其必然，忧国忧民情怀无法淡忘，既显得可贵，又有几许惆怅和无奈，这是必须注意到的。

"宽心应是酒，遣兴莫过诗"（《可惜》），这是杜甫对诗与酒关系的认知，客观、平实而理性。李白对诗与酒的关系的理解和运用，则更具有奔放、豪迈的精神气质。当然诗圣和诗仙的饮酒诗文化内涵与价值取向尽管如此鲜明突出，呈现出不同的艺术风貌，却不必去评判其轩轾、优劣。二者都具有丰厚的内蕴与隽永的审美价值。

国家"双城经济圈"布局中的
川酒新机遇

邓　梦　邓经武①

一

"双城经济圈"是国家战略中"第4极",会引发中外各方面的关注和市场化跟进,"川酒"因而有了众多信息传播的"搭便车"机会;巴蜀文化是该经济圈建设的厚沉基础。

今天的世界格局发生着重大变化。外部世界的严峻形势尤其是西方国家借助于经济科技和军事的优势,形成咄咄逼人的强大霸权。中国经济运行"面临较大压力","面临着结构性、体制性、周期性问题相互交织所带来的困难和挑战"。这就是国家主席习近平强调的"坚持用全面、辩证、长远的眼光分析当前经济形势,努力在危机中育新机、于变局中开新局",把满足国内需求作为发展的出发点和落脚点,"加快构建完整的内需体系","补齐相关短板,维护产业链、

① 邓梦,硕士研究生,四川长江职业学院助理研究员。邓经武,成都大学中文系教授,四川省作家协会会员,中国现代文学研究会会员,四川省中国现当代文学研究会常务理事。

供应链安全，积极做好防范化解重大风险工作"，"必须在一个更加不稳定不确定的世界中谋求我国发展"，"要把满足国内需求作为发展的出发点和落脚点，加快构建完整的内需体系"，还有"国内大循环为主体、国内国际双循环相互促进"等①。14 亿人口所形成的超大规模经济体量，尤其是国人温饱问题解决之后萌发对精神消费的巨大市场需求，这就是最近出现频率极高的"内需市场"——越来越多的人将会以更多的时间和更多的资金参与进各种精神审美活动。实际上，这就是文化产业发展繁荣的市场诱惑力。

"成渝地区双城经济圈"建设是目前的国家战略决策。有学者提出其战略意义在于：一是成渝深处内陆，对来自东部的安全威胁将形成重要的战略缓冲；二是成渝地区是西藏、云南、新疆的大后方，一旦边境有变，成渝将提供强有力的侧翼支持；三是"丝绸之路经济带"和"21 世纪海上丝绸之路"，对印度形成了战略压制，也对美国、澳大利亚、日本等非欧亚大陆国家对欧亚大陆国家的控制和掠夺，形成了牵制②。2021 年 3 月，《国家综合立体交通网规划纲要》正式发布，明确提出："建设京津冀、长三角、粤港澳大湾区、成渝地区双城经济圈 4 大国际性综合交通枢纽集群。"构建以国内大循环为主体、国内国际双循环相互促进的新发展格局的一项重大举措。其重要任务就是发挥好长江经济带与"一带一路"这两条中国经济、全球经济大动脉的联结点、枢纽、门户功能。苏秉琦《中国文明起源》一书指出："四川的古文化与汉中、关中、江汉以至南亚次大陆都有关系，就中国与南亚的关系看，四川可以说是'龙头'。"

---

① 央视新闻客户端：《对国内外经济形势，习近平有最新判断》，2020－05－24。

② 重庆微品兴新媒体：《从"两个大局"视角，看成渝地区双城经济圈建设国家战略》，https：//baijiahao.baidu.com/s？id＝1674146793760061936。

在京津冀、粤港澳和长三角三个国家城市群面前，成渝双城经济圈想要担当起"西部高质量发展的重要增长极，内陆开放战略高地"的重要角色，或者说成为名副其实的"经济第四极"。成渝两地推动建设区域性经济共同体，实际上有一个资源厚沉、特色鲜明、连接紧密的巴蜀文化的坚实基础。简言之，虽然从行政级别上，四川与重庆是两个并列的省级政区，但川菜川剧川江号子川方言等，都是世人对川渝"双城"文化共生现象的认同。在巴蜀大盆地这个区域辽阔（相当于两个法国的面积）又相对独立的地理空间中，漫长的人类生命发展历程中交汇化融，已经形成一个绝难割裂的"文化共同体"。从文化产业的自身价值链结构和发展规律看，"巴蜀文化"必然成为"双城"文化产业融合发展的文化资源基础，为文化产业融合发展带来了重大契机。深度发掘巴蜀文化资源，进一步丰富巴蜀文化资源的开发与转化，促进成渝双城经济圈文化产业融合发展。

经济学家早就预言说：21 世纪影响世界经济和政治格局的两个行业，是信息产业和文化产业。早在 20 世纪末，未来学理论就强调过：未来的社会冲突主要是文化差异引起的。发展文化产业是当今中国产业结构调整、发展民族化产业的重要方向，也是抗御西方强势文化冲击、确保中国特色的基本内容。文化产业的发展繁荣可以满足广大民众多样化、多层次、多方面精神文化消费的需求，也是推动社会经济结构调整、转变国家经济发展方式的重要着力点，还是促进经济增长和扩大就业的重要领域。因为具有发展速度快、动力强劲和产业辐射力强，产业链条拓展宽广等独特优势，还有外部世界严峻的压力等，文化产业将具有越来越广阔的市场。"文化立国"战略再次被全体国人所注重。在进入商品经济和社会市场化运作的当下，文化是可以产生巨大经济效益的产业，创新文化生产方式和培育新的文化业态，已经成为越来越多的人的共识。当下中国几乎所有的省市都提出了把文化产业建成支柱产业的发展战略。

经济发展与文化发展相互促进、相互融合、相互依存，是经济社会发展的着力关注点。同为国家中心城市的成渝两地，历史悠久、同根同脉。勤劳智慧的巴蜀民众共同创造的璀璨的巴蜀文化，是源远流长、博大精深的中华文化宝库中一朵瑰丽多彩的奇葩。我们要紧紧扣住这个新的历史机遇，将巴蜀文化资源转化为精神力量和物质力量。

二

"剑南烧春"在唐代，实际上为"四川烧春"，又是四川进贡的唯一的皇室御用酒。"内需化"经济现状，国人的生活品质提升与幸福指数的获得，酒会发挥更重要作用。

唐太宗贞观元年（627），废除原来的州、郡制，设立类似今天"省市自治区"级别的"道"，将原来的益州，即四川盆地，设为"剑南道"①，治所位于成都府。也就是说，从唐太宗开始，巴蜀大盆地的行政区划就叫"剑南道"。只是到了安史之乱后的乾元元年（758），再一分为二，即剑南西川节度使②和剑南东川节度使③。于此，"剑南烧春"就是"四川烧春"，可以视之为当年"川酒"的龙头。因为《旧唐书》卷一二记载其享有皇宫御用酒的地位："剑南岁贡春酒十斛（1200斤），罢之。"一个"道"向皇上进贡的，自然是

---

① 按，宋代照此，改设"路"。
② 按，领成都府、彭、蜀、汉、眉、邛、嘉、戎、资、黎、维、茂、雅。
③ 按，治所在三台，辖重庆、遂州、泸州、安岳、荣州、剑州、龙州、荣昌、中江等；陆游的诗歌总集《剑南诗稿》其实就是"四川诗稿"。

某类产品最好的那种。我们还应该能回忆起，当年蜀地向最高统治者秦始皇进贡的，就是"西蜀丹青"。

川酒是"中国酒"的代言人，亦是中国文化极其形象的物质性载体。世人早有公论：中国六大名酒中，四川"五朵金花"蜚声海内外，这背后有着深远的历史文化原因。三星堆遗址出土的古蜀酒具，先秦时期川南地区已经行销遐迩的"蒟酱"，春秋战国时西蜀的"醴酒"和东巴的"巴乡清"都名震天下。《华阳国志》追记巴蜀"先民之诗"有"旨酒嘉谷，可以养父，旨酒嘉谷，可以养母"吟唱等；《史记》记载有卓文君当垆卖酒；成都还出土有东汉墓室画像砖《宴乐图》等。唐代李肇的《国史补》记录有唐明皇开元年间到唐穆宗长庆年间（713—824）各地所产之美酒，"剑南之烧春"排名第五："酒则有郢州之富水，乌程之若下，荥阳之土窟春，富平之石冻春，剑南之烧春。"《新旧唐书·德宗本纪》均有"剑南贡生春酒"等记载。

"春"者，名酒也。苏轼的《仇池笔记》说"唐人名酒多以春"。唐代名酒以四川居多，其中"剑南烧春"最为有名。此"烧"，常常被人引证为中国蒸馏白酒至少唐代就有的证据。至今川人仍然把蒸馏白酒称为"烧酒"，将烤酒作坊呼为"烧房"。晚唐五代西蜀"花间词派"牛峤《女冠子》有"卓女烧春浓美"，其友人孙光宪的《北梦琐言》也说"蜀之士子莫不沾酒，慕相如涤器之风也"。按照马克思的理论，消费决定生产，蜀中喜酒之风气，自然会催动酒产业的兴盛，并且会促进酒品质的高质量发展。唐代诗人歌咏的"蜀酒"，可以让世人看到当年巴蜀大盆地的酒业生产状况。杜甫《戏题寄上汉中王三首》有云"蜀酒浓无敌"，李商隐的《碧瓦》说"歌从雍门学，酒是蜀城烧"和"美酒成都堪送老"，雍陶说"自到成都烧酒熟"等。还有罗隐的《听琴》："不知一盏临邛酒，救得相如渴病无。"雍陶回到家乡成都后感慨说"自到成都烧酒熟，不思更身入长安"。贾岛的《送雍陶及第归成都宁亲》记录二人重逢场面"制衣新濯锦，开酝旧烧罂"。唐代刘恂的《岭表录异》卷上记载："南中酝酒……春冬七日熟，秋夏五日熟。既熟，贮以瓦瓮，用粪扫火烧之，亦有不烧，沽为清酒。"同为唐代的房千里《投荒杂录》也说："南方饮既烧，即实酒满瓮，泥其上，以火烧方熟。不然，不中饮。既烧既揭瓮趋虚。"罗隐《大梁见乔诩》也有句"缸暖酒和烧"。到宋代，苏东坡的《蜜酒歌·序》写道："西蜀道人杨世昌，善作蜜酒，绝醇酽，余既得其方，做此歌以遗之。"其诗曰："真珠为浆玉为醴，六月田夫汗流泚。不如春瓮自生香，蜂为耕耘花作米。一日小沸鱼吐沫，二日眩转清光活。三日开瓮香满城，快泻银瓶不须拨。百钱一斗浓无声，甘露微浊醍醐清。君不见南园采花蜂似雨，天教酿酒醉先生……"

酒的理念、制曲与蒸馏等技术都是一种文化的结晶，尤其是中外古今，专门描写咏叹酒的文字太多太多，灌融太多的文化和历史内容在其中。仅以斟酒细节而言，就蕴涵着丰富的中国文化内容，如"酒满敬，茶满欺"等。酒，成为一种文化载体乃至于历史生活的记录。《礼记》说：酒曰清酌（曲礼篇）；酒食者，所以令欢也（乐记篇）；酒者所以养老也，所以养病也（射义篇）。《论语·子罕》说：不为酒困。《汉书·食货志》说：酒，百乐之长。又，酒者，天下之美禄。《诗·豳风·七月》有谓"十月获稻。为此春酒，以介眉寿"和"十月涤场，朋酒斯飨……称彼兕觥，万寿无疆"。毫无争议且事实确凿的，蜀人扬雄的《酒赋》是最早的专门说酒作品。它告诉我们，至少在汉代皇帝出行时，在皇帝和太后的宫中、随从的车上，还有在官府衙门中，都可以看见装满酒的皮囊。扬雄自己在成都生活时，就有很多人用车子载着酒桶来求教学术问题，这就是著名的成语"载酒问字"①。

魏晋风骨，离不开酒的蒸腾。鲁迅著名的文化学论文，就是《魏晋风度及文章与药及酒之关系》。一代枭雄曹阿瞒有"何以解忧，唯有杜康"。才高位显的"陈王"曹植受扬雄影响而说"酒"，如其《酒赋·序》说："余览扬雄《酒赋》，辞甚瑰玮，颇戏而不雅，聊作《酒赋》。"其中诸如"穆公酣而兴霸，汉祖醉而蛇分。穆生以醴而辞楚，侯嬴感爵而轻身"，已经将酒置放于可以撼动国家命运的重要位置上。西汉人穆生，本是楚元王刘交的宾客，却因为继任楚王刘茂不提供醴酒，愤而离去。魏国隐士侯嬴被信陵君敬酒之情感动，"窃符救赵"而自陷死地。嵇康、阮籍、王粲、张载等魏晋名人，都有借"酒"发疯之作。即如刘伶的《酒赋》曰："奋髯箕踞，枕曲藉糟，无思无虑，其乐陶陶。兀然而醉，豁然而醒，静听不闻雷霆之声，熟视不睹泰山之形，不觉寒暑之切肌，利欲之感情。俯观万物扰扰焉，若江海之载浮萍。"

当下中国经济"内卷化"或者说"拉动内需"，川酒的发展和市场的拓展，就需要在融入文化的内涵，从文化的角度进行阐述、挖掘、包装，用"文化嵌入"打造新品牌和拓展新市场。

三

作为非生活必需品，酒是一种文化。在理念（超越现实羁绊）、技术手法（非遗传承）、销售手段（突出精神消费）、消费过程（无酒不成席）等，都具有明显的文化特征。

---

① 按，虽然《西京杂记》卷四有："梁孝王游于忘忧之馆，集诸游士，各使为赋……邹阳为《酒赋》"，学术界大多认为"不可信"。

业界与学术界都有一个基本共识，就是文化产业发展有三要素：资源、资金、人才。任何一个产业都需要资金撬动，无需赘言。在当今社会，一个真正有市场前景的产业项目，首先会获得政府扶持——例如，中国各级政府都设置有"文化产业专项扶持基金"等。在国家层面，有财政部印发的《文化产业发展专项资金管理暂行办法》（财文资〔2012〕4号）；在省市自治区层面，有《浙江省文化产业发展专项资金管理办法》（浙财文〔2018〕4号）面向全省公开征集2020年度省文化产业发展专项资金扶持项目，要求"能提升我省文化产业水平，引领我省文化产业发展，社会效益和经济效益显著"，"且项目应在申报时已取得显著的实施进展，或取得突出的实施绩效"；又如深圳市《关于加快文化产业创新发展的实施意见》（深办发〔2020〕3号）、《深圳市文化产业发展专项资金资助办法》（深府规〔2020〕2号）、《深圳市文化和体育产业专项资金管理办法》（深文规〔2020〕）等。根据国家"关于建设社会主义文化强国和发展全域旅游战略"的总体精神，四川省发布《关于大力发展文旅经济加快建设文化强省旅游强省的意见》（2019），要求"以文促旅、以旅彰文，充分释放文旅经济活力，把四川文化和旅游资源优势转化为发展优势"，"提升文化创新力和核心竞争力"；还有四川省财政厅与中共四川省委宣传部的《四川省文化产业发展专项资金管理办法》（川财规〔2020〕10号），以及如每个年度的《成都市市级文化产业发展专项资金管理办法》，就明确宣告"充分发挥财政资金的撬动作用，发展壮大我市的文化产业"等。由于文化产业的众多独特优势，也很容易吸引社会资金的投入，此不赘述。

"人才"，此处应该专指能够找到文化资源中最适合打造成某项文化产品之处——即首先必须是在文化领域具有相当知识积累的"文化人"。于此，他们才能依靠自身的文化知识素养与文化辨析力，找到产业创新与发展的基本元素，再根据市场需求最大利益化地运用资金撬动。因此，文化产业创新与发展关键点，就是完全依凭文化资源。曾经一段时间，"创意产业"一词，盛行于社会各界，似乎一拍脑袋，就冒出一个"金点子"，就会找到一个产业发展的突破口。甚至有文章简单地认为：以非凡的创意为基点，通过科技手段将创意理念转化为产品，文化创意产业是源于个人创造力、技能和才华的活动，其本质在于"创新"，创新是文化产业发展的关键。"文化创意产业的产品和服务不同于传统的制造产品，其企业运作模式也区别于传统模式，不再以生产制造为中心，而是更加强调创意活动，强调宣传推广活动、强调新的营销运营模式。"① "文化创意产业是指依靠创意人的智慧、技能和天赋，借助于高科技对文化资源进行创造与提升，通过知识产权的开发和运用，产生出高附加值产品，具有创造财富和就业潜力的产业。"②

酒，并非生活必需③，而只是一种奢侈品。人类历经漫长岁月千方百计地寻觅一种可以让人进入迷狂状态，而暂时摆脱世俗烦忧的"药物"。从汉字字源说，"醫"从"酉"（酒）。李时珍《本草纲目》记载，酒是"百病主治药"，主要有"行药势，杀百邪恶毒气"，"通血脉，厚肠胃，润皮肤，散湿气，消忧发怒，宣言畅意"，"养脾气，扶肝，除风下气"，"和血行气，壮神御寒，消遣助兴"，"消冷积寒气，燥湿痰，开郁结，止水泄；治霍乱疟疾噎膈、心腹冷痛、阴毒欲死；杀虫辟瘴，利小便，坚大便，洗赤目肿痛有效"等。李时珍专门提示过：《神农本草经》"已著酒方，《素问》已

① 佚名：《文化产业发展核心三要素》，《中国高新技术企业》2010 年第 29 期。
② 白素霞、蒋同明：《大力发展文化创意产业》，《产业与科技论坛》2018 年第 6 期。
③ 按，"开门七件事"就没有酒。

有酒浆，则酒自黄帝始"，"古方用酒，有醇酒、春酒、白酒、清酒、美酒、糟下酒、粳酒、秫黍酒、葡萄酒、地黄酒、蜜酒、灰酒、新熟无灰酒、社坛余胙酒。今人所用，有糯酒、煮酒、小豆曲酒、香药曲酒、鹿头酒、羔儿等酒。江浙、湖南、湖北又以糯粉入众药，和为曲，曰饼子酒"。李时珍还引用《博物志》中故事，夸赞酒的效用："王肃、张衡、马均三人，冒雾晨行。一人饮酒，一人饱食，一人空腹。空腹者死，饱食者病，饮酒者健。此酒势辟恶，胜于作食之效也。"用曹植《酒赋》的语言来说，就是一旦端起酒杯"于斯时也，质者或文，刚者或仁。卑者忘贱，窭者忘贫。和睚眦之宿憾，虽怨仇其必亲"。这就是东西方各民族不约而同地先后都制造出这种旨在提升人生幸福指数的液体饮品的原因。如此种种，都可以说明，酒是一种文化现象。

四川绵竹剑南春酒史述略

宁志奇[①]

绵竹，北邻上古蜀人发祥之地岷山，南与古蜀国都三星堆遗址所属地之广汉接壤，距成都84公里，有"古蜀翘楚，益州重镇"之誉。据史籍记载，绵竹古为蜀山氏地，西周时为蚕丛国的附庸邑，绵竹西汉高祖六年（前201）建县，因其地滨绵水两岸，多竹，乃名绵竹[②]。辖今绵竹和德阳两县。中平五年（188），刘焉为益州牧时以绵竹为州治所；至兴平元年（194），绵竹发生火灾，刘焉才将州治从绵竹迁至成都。1949年绵竹县人民政府成立，隶川西行署绵阳专区，1983年改属德阳市，1995年初经四川省人民政府批准为省级历史文化名城，1996年撤县设市。其地处成都平原西北沿，全市人口51万，汉族占99％以上，享有名酒城、年画乡、世界美酒特色产区之美誉。

一、得天独厚的自然环境

绵竹地处平原和高山交汇处。古绵水（今绵远河）发源于绵竹

---

① 宁志奇，绵竹市文管所原所长，绵竹市古文化研究会副会长。
② 民国八年《绵竹县志》。

西北紫岩山（今九顶山），出汉旺群山，分为数股，冲积形成了成都平原北端的扇形冲积面——绵竹平坝区。古洛水（今石亭江），发源于绵竹九顶山东麓，经广汉与绵远河汇合，至金堂入沱江。独特的山川河流形成了绵竹西北高山环抱、东南两水夹流的地形大势和冬无严寒、夏无酷暑、温暖湿润的气候特征。

绵竹县西北群山屏障，东南部为冲积平原，海拔 500—700 米，亚热带季风性湿润气候。绵远河，其正流东入德阳，折而南流，经黄许镇（汉绵竹县治）至广汉合石亭江水（洛水、雒水）又南至赵镇合毗河，然后流向简阳，过资阳至泸州流入长江，绵水即沱江正源。它恰似一条系在四川盆地上的襟带。饶有兴味的是在这条襟带的两端各有一颗闪耀着酒文化光辉的明珠——四川两个名酒产地绵竹、泸州。绵竹地处沱江源头，泸州位于沱江终端。千里一脉，同享盛名。剑南春背靠九顶雪山，山顶冰天雪地，山腰云蒸霞蔚，山下却温暖湿润宜于酿酒，具有得天独厚的自然生态环境。

1987 年 4 月，由中国地矿部科技顾问委员会高级工程师，中国科学院学部委员，中国地质学会水文地质委员会主任委员贾福海等 19 位专家到绵竹现场考察后做出了回答："绵竹龙门山前的鹿堂山区玉妃泉属少见的未受污染的优质饮用水，泉水含锶量高，接近和达到地质矿产部 1986 年颁发的'饮料矿泉水标准'中锶型饮料矿泉水的标准。同时含钠极低，它与国外某些名牌瓶装矿泉水类似。与会专家一致确认玉妃泉为含锶低钠优质饮料矿泉，可以作为多种饮料及名酒的水基。"[①] 中华人民共和国地质矿产部已将该泉列为中国名

[①]　参阅中国地质学会水文地质专业委员会和四川省地质学会水文地质，工程地质，地貌及第四纪地质专业委员会《对四川省绵竹县玉妃泉矿泉水技术咨询鉴定意见书》。

泉。美酒之乡有名泉，中国名酒剑南春正是以中国名泉之水作水基而酿造的。《绵竹县志》记载："唯西南一线泉脉可酿此酒，清而冽，别处则否。"因此在一定程度上说，长期在历史上驰誉遐迩的绵竹名酒得以成功的基因之一就是好水——绵竹地下的甘泉。

二、厚重的历史文化

绵竹位于巴蜀文明发祥地的核心地区，从茂县营盘山遗址那历经刀耕火种、抟土为陶的新石器时代，再到文明发轫、青铜鼎彝的三星堆文化时代，各种考古文化绵延相接，传承有序，从未中断。绵竹市正好处在北接茂汶、南连广汉的位置，也就是古蜀时期的藏、羌民族文化走廊区域。

《华阳国志》载："是以蜀川人称郫、繁为膏腴，绵、雒为浸沃也……绵（绵竹）与雒（广汉）各出稻稼，亩收三十斛，有至五十斛。"[1] 亩产量堪称全川之冠，它表明早在农耕文化为主的汉代，绵竹已在四川居于显著的地位。隋文帝开皇十八年（598）将雒县改名为绵竹县，并迁今治。炀帝大业二年（606）复名雒县[2]。可见，隋以前，绵雒二地曾相互从属，以至于后来的人都习惯把今德阳、广汉、绵竹、什邡这片区域称为古绵雒之地。很明显，广汉三星堆文化区系类型正是我们所探寻的文明起源的地方。这里既是川西平原古蜀文明的一个源头，同时也是古蜀酒文化之源。在广汉古遗址出土的古蜀酒器上就可以看见 4000 年前蜀酒文化的历史印记。

2009 年的全国文物普查时在绵竹新市镇鲁安村又发现了商周时

---

① 常璩：《华阳国志·蜀志》。
② 林向：《蜀酒探源》。

期古蜀文化遗址①。相信今后巴蜀酒文化遗迹在绵竹广大地区会有所发现肯定还有所反映。

　　1976 年 2 月，绵竹县清道乡金土村社员在住房侧挖沼气池时，发现船棺墓葬，该墓出土青铜酒器、炊食器、兵器、工具多达150 余件。其中酒器 11 件，蟠虺纹提梁铜壶 3 件，蟠兽纹铜方壶 1 件，凤鸟蟠兽纹铜豆 1 件，温酒器铜鋈 1 件，用以抱酒的铜勺 5 件。其中，精美的蟠虺纹提梁壶、凤鸟蟠兽纹铜豆被故宫青铜器专家杜迺松定为国家一级文物。该墓出土文物数量之大，种类之多，是四川战国墓中极为罕见的。经分析，墓葬时代为战国中期偏晚②，战国铜酒器的出土可以证实两个方面的问题。1. 绵竹产酒不晚于战国时期；2. 绵竹出土的战国船棺葬所反映的文化内涵为我们探索巴蜀族源和历史提供了线索。1978 年 9 月在船棺出土的附近又出土了西汉早期木板墓。墓中的铜酒勺亦表明了与战国船棺葬所出的铜酒勺在文化性质的继承关系。此外，我们还在绵竹清道金土村出土了战国木井圈一件。这些出土文物表明，早在秦汉时期，现绵竹所辖区域就有重要人物居住，是蜀人重要的生产、生活地区，就已经是巴蜀文化的中心地域。如果再和广汉三星堆古遗址出土的早蜀的陶鸟头把勺等酒器相比，则绵竹战国酒器更具有上承商周、下启西汉蜀酒文化的重要性了。

　　此外，在绵竹汉旺船头寺下面、绵远河口原有一幢东汉熹平五年的石碑，这个汉代江堰碑被称为天下奇碑。碑文被记载到宋至清代的四种著录之中，即《隶释》《天下碑录》《秦汉篆文考》《蜀碑记补》。江堰碑的碑文是，蔡邕所写。所以这个碑不仅具有极高的历史

---

① 　按，绵竹新市的商周遗址分布约两千平米的文化层，在此地层中出土了高柄豆等典型商周陶器等遗物。但考古报告尚未出来。尚待进一步发掘研究。
② 　王有鹏：《四川绵竹县船棺墓》，《文物》1987 年第 10 期。

绵竹出土的战国船棺葬青铜器

价值，还具有极高的书法研究价值。这块汉碑还保存下一件摹本，那是 1948 年绵竹人王赞叔根据汉江堰碑的拓本临摹。原碑共423 字，拓本仅存 266 字。其余已风化、剥蚀。从残存的碑文中也可看出作者运笔之处神韵犹存。它记载了东汉熹平五年（176）绵竹人民在广汉太守沈子琚、绵竹县令樊某等率领下在汉旺的绵远河口修河治水的事迹。按汉代常例为，大县（万户以上为令）设令，小县（万户以下）设长。可见绵竹为大县。绵竹江堰碑确证汉代绵竹人民在兴修水利后，获得五稼丰茂、人民归附的良好效果。汉时，"绵与雒各出稻稼亩收三十斛至五十斛"（1300 斤以上）[①]。其产量已居全国之冠。当时，绵竹这片区域已成为蜀中最富庶的地区之一了。而绵竹粮食的富足正是酿酒原料所依赖的必需条件。研究巴蜀史的学者蒙文通先生说："词赋，黄老，历律，是巴蜀固有的文化。"显然，绵竹正是这种地方文化的展示地。绵竹为东汉张道陵创五斗米道时的传教地之一。东汉时道家有二十四治，绵竹有三治[②]，中国

---

① 常璩：《华阳国志·蜀志》。

② 王纯五：《天师道二十四治考》。

早期道教斋所三十六靖庐，四川有三庐，绵竹庐位居其首①。唐杜光庭著《洞天福地记》则将绵竹列为天下名山第六十四福地。汉灵帝中平五年（188）刘焉为益州刺史时曾迁州治于绵竹（此期绵竹州治在今黄许），而绵竹曾经有一个重要的古驿道，就是绵竹石家滩至观鱼乡、观鱼乡至黄许此驿道古称塘坊②。

三、绵竹酒史综述

（一）先秦时期

巴蜀地区酒文化源远流长，历史悠久。可以上溯至 4000 多年前的三星堆酒文化。

云南大学陈保亚教授等研究茶马古道的专家组曾专程来绵竹山区白云山实地考察，证实此处就是通往松潘、茂汶、甘肃、青海的捷径，并且认为行进在藏区的运茶马帮必须借助绵竹产的高度白酒御寒。所以，它不仅是茶的通道，同时也是运酒的重要通道③。

1985 年 6 月 6 日傍晚，笔者获悉在绵竹大西门外剑南春第一生产区所在的工地挖出一块永明五年铭文砖。我当即赶到现场，对距地面 2.5 米深处铭文砖出土的基坑进行观察。基坑内有纵横延伸的三合土构筑物，在这一土层中还取出残青瓷碗一件，青釉盘口壶一件，与铭文纪年砖的年代相同，均属南北朝时期的遗物④。经考证，永明五年即公元 487 年。永明是齐武帝萧赜的年号，萧赜在位

---

① 北周道教类书《无上秘要》。
② 宁志奇：《绵竹历史文化古迹的调查资料》。
③ 《科学中国人》2011 年第 5 期陈保亚文。
④ 《四川文物》1987 年第 1 期宁志奇绵竹出土的永明五年铭文砖。

共十一年。当时永明五年（487），地处川陕南来必经之路的蜀郡绵竹县隶属南阴平郡，绵竹县的治所即在今绵竹城关镇。全国出土永明五年保存如此完好的纪年砖甚少，成为蜀郡绵竹古代文明记忆的重要载体。由于纪年砖在剑南春第一生产区出土，可表明南齐时期此处地下建筑物的时代不晚于南齐永明五年（487），距今1500年。

（二）盛唐时期

秉承三千多年蜀文化的孕育和发展，到唐代已达到中国封建社会鼎盛时期。史载唐玄宗开元、天宝年间由于粮食连年丰产，粮价稳定，开创粮价历史最低纪录："斗米三、四钱"，而经济文化繁荣对酒的社会需求亦急剧上升，出现了众多名酒。此期又是我国黄酒酿造技术最辉煌的发展时期。酿酒行业在经过了数千年的实践之后，传统的酿造经验得到了升华，形成了传统的酿造理论。还可从以下几点得到证实。在已发现的贵州少数民族的文献资料中对烧酒也有所反映。论述隋末唐初之事时，有"酿成醇米酒，如露水下降"这样简单蒸馏工艺的记载。因此，可以推测，白酒的出现是在唐代或稍早于唐代，只是当时还未普及，到元朝则已传播开来。位于剑南道的绵竹，所产"剑南烧春"以其浓烈芳香而驰誉全国，并被选为宫廷御用酒，称为唐代最负盛名的酒。由于唐代经济文化大繁荣，对酒的社会需求亦急剧上升，出现了众多名酒，其中尤以其浓烈芳香而驰誉全国的"剑南烧春"被载入唐人李肇所著的《唐国史补》一书当中。《唐国史补》卷下中记载当时天下名酒十四种："酒则有郢州之富水，乌程之若下，荥阳之土窟春，富平之石冻春，剑南之烧春，河东之乾和葡萄，岭南之灵溪、博罗，宜城之九酝，浔阳之湓水，京城之西市腔，虾蟆陵郎官清、阿婆清，又有三勒浆类酒法出波斯。"（以上共十三种唐时名酒，剑南烧春位列第五名）。这就是剑南烧春为唐代名酒的历史根据①。可见盛唐时剑南地区的美酒已蜚声华夏，此期绵竹白酒成为唐朝的贡酒，玄宗赐名为"剑南烧春"。

而"剑南烧春"为唐代宫廷贡酒的史料，则见于《旧唐书·德宗本纪》。唐德宗（742－805）李适于大历十四年八月（779）即位，改元"建中"。德宗即位之初，对前朝许多弊政进行改革，下令禁止岁贡。《旧唐书·德宗本纪上》："大历十四年五月辛酉，代宗崩。癸亥，即位于太极殿。……癸未，改括州为处州，括苍县为丽水县。停梨园使及伶官之冗食者三百人，留者皆隶太常。剑南岁贡春酒十斛，罢之。"② 也就是说，在大历十四年以前，剑南道每年要向唐室宫廷进贡十斛春酒（即每年贡剑南烧春酒约600斤），剑南道当然包含产酒大县绵竹在内。《旧唐书》的史料为剑南烧春曾是"唐时宫廷酒"提供了证据。

（三）两宋时期

在经济繁荣，科技发达的宋代，绵竹酿酒业又有新的发展。《宋史·食货志》记载："绍兴十七年，省四川清酒务监官，成都府二员，兴远遂宁府汉、绵、邛、蜀、彭、简、果州，富顺监并汉州绵竹县各一员。"③ 这个文献所记载减酒务监官均为府州，仅有绵竹县与富顺县同州府并列，表明宋代绵竹酿酒业已具有同其他州府一样的规模，绵竹美酒才会在历史上受到苏东坡"珍珠为浆玉为醴""甘露微浊醍醐清"的赞誉。北宋时期，四川绵竹武都山道士杨世昌字

---

① 《唐国史补》卷下。
② 《旧唐书·德宗本纪》。
③ 《宋史·食货志》。

子京，能鼓瑟吹箫，晓星历，精通黄白药术外还善酿蜜酒。苏轼从小与道家的接触，绵竹道士杨世昌后来给苏轼赠送蜜酒方，苏轼为此写出蜜酒歌一首[1]，传为佳话。

而绵竹唐宋以来就是酿酒大县。南宋高宗建炎三年（1129），据《宋会要》，南宋抗金名将张浚任川陕宣抚置使时支持赵开推行隔槽酒法，允许民间纳钱酿酒，一年中使四川酒课由140万缗猛增至690万缗。庞大的酒税收入，用于抗金军费开支，缓解了南宋王朝军需匮乏的困难。据《建炎以来朝野杂记》，绍兴末年，四川酒税占南宋酒税的29％至49％。绵竹名将张浚的部下赵开任川陕宣抚处置使司随军转运使。为筹集军费，赵开大变酒法，罢去官府卖酒，实行"隔槽酒法"。"隔槽酒法"先在成都实行，第二年便遍行川峡四路，酒税不仅是四川财政的主要来源，而且在全国的酒税中，四川酒税收入也居于首位。据陆心源《酒课考》注：南宋时"四川一省，岁收至六百余万贯，故能以江南半壁支持强敌"。足见四川酒业的发达。而赵开的上级时任川陕宣抚置使的绵竹人张浚有一批家族珍藏的青铜酒器也在绵竹出土，亦可供参考。

1975年7月，宋代青铜窖藏在绵竹县观鱼乡范存村李兴田家门口出土[2]。原来是李兴田修房取土时偶然于两米多深处挖开一个砖窖，发现窖中有一个直径约七十三厘米的大铜盆，盆中盛满了十余件青铜器，而最引人瞩目的是当中有一只栩栩如生、展翅欲飞的铜鸭。此次出土文物为北宋青铜器窖藏。经考证，这件铜鸭是唐宋时期特别为文人所钟爱的水鸭型熏香铜炉，常唤作金鸭、香鸭、宝鸭。香炉内部是空腔，做燃香之用；宋代文化发达，具有文人意趣的铜、瓷鸭熏

---

[1]　苏东坡：《蜜酒歌》。
[2]　《绵竹政协文史资料》1985年第4辑黄宗厚观鱼出土北宋青铜器窖藏。

炉使用已十分普遍。南宋著名爱国诗人陆游的《不睡》诗中曾写道：

> 水冷砚蟾初薄冻，火残香鸭尚微烟。
> 虚窗忽报东方白，且复翻经绣佛前。

这首诗中所描述的香鸭正是像绵竹出土的这种鸭型熏香铜炉。此外，与铜炉同时出土的器物经分类整理后可知有饮酒器觚、杯，盛酒器尊、壶，娱酒器投壶，还有数件造型各异的铜灯。而盛装这批青铜器物的大铜洗口径达到 73 厘米，铜洗底部铸有篆文"长宜子孙"四字，据其型制及铭文疑为汉代铜洗。1996 年 5 月，这件铜鸭熏炉经故宫博物院专家杜廼松先生当场鉴定为国家一级文物，并点评道：这件铜鸭熏炉属于我国宋朝晚期青铜器的顶级精品之一。显然其并非穷乡僻壤的观鱼乡普通人家所能拥有。看来，这批器物的主人身份、地位肯定很高，谁是这批珍贵器物的主人呢？成了一个难解之谜。

2002 年盛夏，中国科学院自然科学史研究所苏荣誉教授和来自美国密执安第伯恩大学中国艺术史教授艾·苏珊女士专程前来研究绵竹文管所收藏的宋代青铜器，历时三天，仍未能解开主人是谁这一难题。2019 年 10 月 26 日，苏教授和艾·苏珊女士再次来到绵竹，研究绵竹的馆藏宋代青铜器。时隔十六年之久，他们两人竟然还在继续研究这个课题！苏教授坦言，其实这批北宋青铜器窖器物藏中除铜鸭熏炉外，还有国内罕见的娱酒器铜投壶和大铜洗，都当属国家一级文物。那个谜团再次浮现在我们面前：谁是这批珍贵器物的主人？为何会出现在观鱼乡①?

---

① 绵竹政协文史资料第四辑黄宗厚《绵竹县观鱼宋代青铜窖藏出土记》。

根据出土地的记载，笔者曾到观鱼临江村的一生产队李兴田家实地了解，得知此村现已并入范存村。为何叫范存村呢？因为距李家几百米远处原来有个明代道观叫范存院。绵竹民国八年县志卷一七宗教篇 1075 页范存院条下载有："范存院系古刹，明正德时重建。……院中有老君像，系紫岩张魏公遗范也。明季圮，邑令某重建。壁间旧有记序，存留无几，不知何时更为柱下像。"村民把我们带到不远处的范存院遗址处，尚见不少石刻柱础及墙基。

仔细分析县志后可知，范存院为明正德时重建，应当是明初始建，这之间相隔约一百五十年，确有重建的可能。这个道观很特殊，老君塑像为什么是按南宋名相张浚的形像塑造而成？为何取名"范存"二字？而非普通道观常用之名？到明末时绵竹县令又予重建，而非道士募化或乡民集资所建。又载：壁间旧有记序，存留无几。据此可知老君像系紫岩张魏公遗范的根据是来自旧有的壁间记载的文字了。我们还了解到，观鱼乡范存村确有一个张浚后裔的聚居点字辈是"赐、禄、华、映、先，千、年、宏、圣、道"，与广汉张浚后裔的族谱能对接上，如此一来，张浚后裔于宋末元初迁到范存村已较清晰了。绵竹紫岩张氏可谓世代簪缨的绵竹名门望族，当元兵来时决不会坐以待毙，于是将家中及祠堂内祖传的珍宝暗中偷运到距祖居汉旺七八十里的偏僻乡村观鱼乡隐居，并埋下了这批祖传的珍宝。待明初时张氏后人又在居所附近处修建了范存院这处道观，以张浚形象塑成老君，早晚焚香，春秋祭祀。因此将观鱼范存村所出土的珍贵青铜遗物定为张浚家族祖传之物，在笔者看来也就顺理成章。而这批绵竹出土的青铜器遗物中的数件酒器也是宋代绵竹酒文化的实物见证了。

绵竹县观鱼乡范存村出土的宋代青铜窖藏

（四）明清时期

明、清是中国酒文化集大成之时期，绵竹县当时的酿酒技术也已完全定型。在绵竹城西一带由于得天独厚的自然条件为酿酒作坊主要集中区域。清代康熙年间绵竹城西崛起了"朱、杨、白、赵"四大酒坊。据史料记载"天益老号"酒坊作为清代康熙年间朱煜创办，到光绪年间传到其后人朱天益时，他将祖上留下的棋盘街33号（俗称滚子坡）进行改建，同时保留了清初的窖池，并将该作坊更名为天益老号。清末民初，朱天益所经营的天益老号酒坊已成为绵竹最具实力的酒业之一。天益老号位于绵竹大西门棋盘街33号，其作坊系自清初至今仍然保存下来的老作坊，并仍在生产优质酒。其古色古香的建筑格局受到外地参观者的欣赏和好评。

（五）民国时期

1972年台湾商务印书馆出版周开庆先生所著《四川经济志》明确指出"四川大曲酒，首推绵竹。泸县后起直追，在产量和品质上，骎骎有青出于兰之势"①。可见绵竹酒的历史地位是相当高的。据民国《绵竹县酒类调查表》记载，至1941年，全县造酒作坊多达两百余家，其中专烤大曲的烧坊38家，拥有老窖200多个，年产量达到350吨，以"恒丰泰""天成祥""朱天益""杨恒顺"等较为有名②。与此同时，酒的销路也逐步辐射到一些通都大邑。1913年，绵竹"义全兴"大曲坊，最早打入成都市开店营业，尔后，接踵而赴成都的酒行达五十多家。至今，给人们留下记忆的有成都走马街的"达君心酒庄"、东华门正街的"三友酒行"、城守东大街的"亚通酒行"、簸箕街的"元亨酒行"、西御街的"德单荣"、总府街的"第一春"等。当时的绵竹酒被誉为成都酒坛一霸。地处总府街口的"第一春"，每天零销的绵竹大曲多达800斤以上。川籍老作家李劼人、沙汀在他们的小说中常以"绵竹大曲"作为主人公酷爱的饮品，这也正好说明绵竹大曲在人们心目中的美好印象。抗日战争时期，重庆作为国家的陪都，商业繁华，万客云集，绵竹大曲应运进入了重庆市场，绵竹"恒丰泰"酒行在闹市区邹容路新张开业，经营零销和趸（定）售，不到半年时间就声遍山城。在其极盛之时，曾经连续出现过一些颠倒商战规律的怪事，一是当"恒丰泰"预测到绵竹大曲酒将供不应求的时候，就主动在山城的各报上刊登"谢客"启事，以免发生争购、抢购、霸购绵竹酒的纠纷；二是为了照顾外县同行的营业收入，"恒丰泰"还专门做出了"晚开门、早关

①　周开庆：《四川经济志》，第359页。
②　绵竹市档案馆：《民国绵竹县酒类调查表》。

店、价格略高"的决策。越是这样让利,生意越是兴旺。三是重庆市区的许多零酒商趸销绵竹大曲酒,为了争得货源,纷纷改变了过去"先货后款"为"先款后货",甚至有先期付款一年的。"恒丰泰"的这些举措,无异于给绵竹大曲酒锦上添花。抗战胜利后,长江中下游沿岸大中城市的经济复苏,抓住机遇,绵竹大曲也尝试着染指武汉、南京、上海等市场,在各地酒客心中激起一阵阵涟漪。

这里我们要特别介绍一下成都东华门正街乔诚①办的"三友酒行"。这乔诚也是有点来头的人,曾任过民国时期第十三任成都市市长,其父即为国民党陆军中将乔毅夫,四川绵竹人。他是当时省主席刘湘的谋主。乔诚这个"三友酒行"在成都专门销售家乡特产绵竹大曲酒。当时三友酒行的楹联是:"猛虎一杯山中醉,蛟龙两盏酒底眠",自然生意兴隆。1934年绵竹酒作坊集资,在成都春熙路春熙大舞台隔壁开创"绵竹名酒合作商店",刘豫波老先生品尝绵竹老酒后大加赞赏,即兴题诗,诗云:

> 盏底清浮别有香,秋光酿出浅深黄。
>
> 流霞仙露无人识,玉液初尝笑举觞。

绵竹酒在清末民初,早已得到一定的声誉,由民国五年在"四川省劝业会"展出,评为酒类第一;又于民国七年在"四川省实业建设会"上颁发了一等奖章,民国十七年获四川省国货展览会奖章、奖状。于是"绵竹大曲"更出名了,销量大增,于是"大曲作坊"不断增加,至民国三十年有十七八家作坊,"小曲坊"也增到八十余

---

① 乔诚(1905年—2005年11月2日)别名明善,四川绵竹人,民革成员,1975年4月任四川省人民政府参事室参事。四川省人民政府参事(副厅级),因病于2005年11月2日13时40分在成都逝世,享年101岁。

家，而零售店由绵竹至成都沿途县城、市镇，也增加了不少，在四川境内也有不少地区打着"绵竹大曲"的商店。

（六）中华人民共和国成立以来

中华人民共和国成立后，绵竹数十家传统酒坊经过公私合营，正式成立地方国营酒厂，开始了传统酒业的复兴。1958年"绵竹大曲"中的优质产品根据历史记载更名为"剑南春"。

关于剑南春酒的质量评价，笔者曾经在绵竹档案馆查到一份1966年11月的绵竹传票，表明经当时四川省酒类专管局指示，于1966年11月25日从绵竹国营酒厂调拨两万斤散装剑南春酒运到宜宾五粮液酒厂装瓶后，再贴上五粮液商标，以支援外贸出口。这却是一个千真万确、有资料可查的证据。这表明，当时剑南春酒的质量已经与宜宾五粮液的质量等同了[①]。

从此，"剑南春"走上蓬勃发展之路，一步一个脚印，1979年剑南春荣获第三届中国名酒称号，此后剑南春三次蝉联中国名酒称号，并荣获国家质量金奖。1985年剑南春获商业部金爵奖。与宜宾五粮液、泸州特曲、古蔺郎酒、成都全兴大曲同享川酒"五朵金花"的盛誉。1984年"绵竹国营酒厂"更名为"四川省剑南春酒厂"。剑南春于1994年被国务院发展中心授予中国五百家最大工业企业评价排序第24名的好成绩。中国三大名酒"茅五剑"（茅台、五粮液、剑南春）成为消费者心中名优白酒的代名词，从此一颗屹立名酒之林的参天大树在德阳市的绵竹大地上崛起。

（七）考古发掘

2003年，剑南春集团公司在棋盘街进行改扩建工程，由笔者推

---

① 绵竹市档案馆：《剑南春酒厂专卷》。

荐并联系了当年三星堆负责考古工作的省文物考古研究所领队陈德安研究员带队来到绵竹，配合扩建工程，进行了为期一年多的考古调查和发掘。在天益老号酒坊西侧，发掘清理出 3500 平方米的明清时期酒坊遗址群。清理出大量的酿酒窖池，水井、灶坑、晾堂、粮仓、建筑基础等遗迹以及上百件出土文物，并发现近代至宋代的连续堆积地层，展现了明清时期此区酒业分布的历史风貌和规模。经国内有关专家前往现场考察后认定，此遗址群是国内明清时期酿酒作坊遗址中生产要素最齐全、规模最大、保存最完好的酒文化遗址，具有独一无二的特征，代表了近现代工业文明在中国的雏形。剑南春酒坊遗址考古成果被国家文物局专家组评定为 2004 年度中国十大考古新发现之一[①]。

　　2006 年，剑南春酒坊遗址被国务院公布为全国重点文物保护单位，同时入选了《中国世界文化遗产预备名单》。

剑南春博物馆现场出土宋青瓷喇叭口执壶

---

① 《四川文物》2004 年绵竹剑南春酒坊遗址发掘简报。

剑南春天益老号酒坊

（八）文化名酒　春回剑南

2010 年中国轻工业联合会、酿酒工业协会授予剑南春集团公司 2010 年度中国轻工业酿酒行业十强企业奖牌。

2011 年剑南春获得由中国食品工业协会颁发的 2010 全国食品工业科技进步优秀企业六连冠奖。

2018 年剑南春在全球"终极烈酒挑战赛"中以 97 分位列第一，勇夺"主席奖杯"。

2019 年剑南春在"新中国成立 70 周年品牌峰会"上被授予"70 周年大国品牌"荣誉称号。

2020 年"点赞 2020 我喜爱的中国品牌"榜单最终揭晓，剑南春作为中国浓香型白酒的代表入选，"中国三大名酒"称号实至名归。

剑南春作为唯一载入正史且传承至今的中国名酒，深度挖掘了中国传统文化的内涵，致力于传承中国独具魅力的白酒文化，让"唐时宫廷酒，今日剑南春"的宣传语深入人心，也让剑南春这个品牌成为人民生活中的一个流行符号。

唐宋酒文化研讨会综述

伍 文 龚 政[①]

2021 年 5 月 10 日至 12 日，由四川省人民政府文史研究馆、绵竹市人民政府主办，中共绵竹市委宣传部、绵竹市酒类产业发展局协办，四川剑南春集团有限责任公司承办的"唐宋酒文化研讨会"在四川省绵竹市举行。四川省政府参事室（文史研究馆）党组书记、参事室主任、省社科联副主席蔡竞出席开幕式并讲话。德阳市一级巡视员、医药食品产业发展领导小组副组长吴玉华，绵竹市委常委、宣传部部长马军，绵竹市委常委、常务副市长、市政协党组副书记、统战部部长曾学武以及与会学者、媒体记者等 50 余人参加开幕式。四川剑南春集团有限责任公司党委副书记、副总经理蔡发富主持开幕式。绵竹市委书记李栋出席 12 日实地调研考察和酒诗词雅集活动。

开幕式上，蔡竞列举了古蜀时期以来的四川酒史、酒诗、酒事，指出酒文化是巴蜀文化的重要组成部分，承载着巴蜀文化的人文情怀。他对绵竹得天独厚的生态环境和厚重的历史文化表示赞

[①] 伍文，四川省人民政府参事室文史研究馆文史处处长，《文史杂志》编辑部主任。龚政，《文史杂志》编辑。

誉，提出剑南春等川酒品牌文化应当顺势而为，守正创新，让老字号品牌历久弥新，长盛不衰。他强调，要进一步对川酒历史文化、川酒传统酿造工艺进行收集、整理、挖掘和传承，通过提升文化辐射力、品牌影响力和产业竞争力，进一步提升川酒行业地位。他还介绍了省政府参事室、省政府文史研究馆在推动川酒文化研究、助力川酒产业振兴方面取得的成果，吁请相关部门、地方、行业共同努力，将川酒文化研究提升到新高度，推动川酒产业迈上新台阶、创造新辉煌。

吴玉华在开幕式上提出，希望借助各位专家的学术交流，系统梳理和深入研讨酒文化，进一步保护、开发、利用酒文化，为德阳酒业注入更多文化元素，带来更大发展。同时，她希望绵竹充分发挥剑南春龙头带动作用，引导上下游关联配套企业向产业功能区集中，打造以白酒酿造为核心，展销、交易、文旅为一体的国家级白酒产业集群和世界白酒重要产区；要支持二三线品牌酒企跨入"小金花"阵容，打造一批畅销全国、符合大众需求的优质白酒品牌，强化白酒生态原产地产品保护，完成"绵竹酒"集体商标注册，力争再造一个剑南春；要坚持创造性转化、创新性发展，深挖大唐国酒文化，讲好绵竹白酒故事，开拓高品质酒文化旅游产品，增强绵竹产区品牌显示度和竞争力。

曾学武在致辞中表示，近年来，绵竹市坚持市场主导与政府引导结合、盘活存量与扩大增量并重、创新改造与转型发展并举、品牌提升与基地建设同步，全力打造"酒香画境 美丽绵竹"城市名片，形成了以剑南春为龙头，东圣、绵春贡、碧坛春等知名酒类企业竞相发展的白酒产业格局。他恳请各位酒文化专家学者畅所欲言、交流碰撞，为绵竹酒业、绵竹产区输入更多新理念、新模式，让"唐时宫廷酒，盛世剑南春"愈加深入人心，享誉中外。

成都大学党委常委、副校长杨玉华教授代表与会专家学者发言。他指出，酒文化是巴蜀文化、中华传统文化的重要组成部分；深入研究酒文化，对推动中华优秀传统文化复兴、民族文化品牌复兴有着重要意义。他认为，绵竹是古蜀翘楚、历史文化名城，剑南春是历史文化遗产焕发青春活力的优秀典型；在绵竹剑南春举办此次研讨会，主题鲜明，意义重大；能被邀请参加感到非常荣幸。他对主办方的精心组织、周密安排、热情服务表示由衷感谢，希望会议成果得到妥善利用，从文化助推品牌发展、产业发展的角度做好下半篇文章。

蔡发富向与会专家学者的到来表示诚挚欢迎和由衷感谢。他表示，2019 年四川省委、省政府提出了"川酒振兴计划"，开启了川酒"新时代"，包括剑南春在内的"六朵金花"等川酒都迎来了发展的新机遇。今天在此举办"唐宋酒文化研讨会"，正是为深入贯彻落实省委省政府战略部署，进一步挖掘开发利用历史文化资源，为我省名酒企业发展助力，整体提升四川名酒企业的文化内涵和知名度。

研讨会上，四川省政府文史研究馆资深馆员谢桃坊，馆员王定璋、张学君、屈小强、谢元鲁，特约馆员潘殊闲、王川，以及来自川内高校研究机构的学者、研究生共 30 余人围绕唐宋时期巴蜀地区与酒相关的政治、经济、社会、文化、艺术等诸方面课题展开了深入探讨。蔡竞担任首场研讨学术点评人。他对会议提出的"历史上凡是酒业发达的地区都是文化高度发展之所在"的观点表示赞同。他指出，酒是文化研究中一个具有标志性的元素；本次研讨会关注并重视唐宋酒文化的研究及创新性传承发展，为开展古蜀文明、巴蜀文明及长江文化的研究传承创新打开了崭新的、重要的视角。

一、酒与中国古典文学

酒在中国历代文人的创作、生活与情感世界中占有重要地位。酒与文人的结合，催生出众多恣意挥洒、浪漫瑰丽的不朽名篇。中国古典文学与酒文化的联系是本次会议关注的重点。多位学者对古代文学中的涉酒名篇进行解读，对传统文人的诗酒情结予以阐释。

四川省政府文史研究馆馆员王定璋以李白的《襄阳歌》与杜甫的《醉时歌》入手，通过分析李杜若干酒诗名篇，就诗仙与诗圣在以诗咏酒方面的兴趣情致进行比较，进而探讨其蕴含的文化价值。他认为，二人的饮酒诗皆词采飞动，意蕴隽永，都有很高的艺术造诣，且个性各具。李白的酒诗爽朗壮健，词采张扬，气势流走，浑朴俊逸；他对诗与酒的关系的理解和运用，呈现奔放、豪迈的精神气质。杜甫的饮酒诗歌呈现出复杂的心绪与压抑愁苦的精神状态，即或醉酒放歌之际，总有淡淡的哀愁掺杂其间；他对诗与酒关系的认知较为客观、平实而理性。这些以酒为题的名篇，折射出李白与杜甫身上各自的浪漫主义及现实主义两种特质，可谓相映成趣。

杜甫的《饮中八仙歌》是唐代涉酒诗的代表，诗中为盛唐的八位酒诗人绘制了一幅惟妙惟肖、谐趣横生的群像画。四川省政府文史研究馆馆员屈小强细品《饮中八仙歌》而提出，"饮中八仙"的醉者形象展现的是人格独立、思想解放的精神，是"盛唐气象"最宝贵的组成部分。他认为，《饮中八仙歌》为中国知识分子树立起不唯上、不信邪、敢于张扬自我，勇于追求自由与梦想的伟岸群像，具有超越时代的人文价值。他同时指出，作者以极辞而隐义的手法，将"生于忧患而死于安乐"的忧思蕴藏于独具匠心的诗格形式中，为耽乐于盛世风光的芸芸众生奉献了一篇蕴意隽永而深刻的

"警世通言"。

苏轼一生与酒结下不解之缘，为后人留下了永恒的酒文化遗产。四川省政府文史研究馆特约馆员、西华大学人文学院副院长潘殊闲教授以"我欲醉眠芳草"为题梳理了苏东坡与酒的不了情。他指出，苏轼在酒中会友，在酿酒的劳作中参悟人生的意趣与理趣，留下了众多充满酒真、酒善与酒美的诗词文赋；流传下来的苏东坡与酒的种种传奇故事，则带给我们精神上的快慰。他所追求的亦醉亦醒的境界，体现了淡泊名利、随遇而安、随缘自适的哲学智慧。这种适可而止的精神境界，体现了苏轼从小所受的家庭教育的熏陶，是苏轼一生淡泊名利、随遇而安、随缘自适的精神支柱与力量源泉。

首都师范大学历史学院特聘教授、四川师范大学历史文化与旅游学院教授张邦炜介绍了南宋状元王十朋及其与当时巴蜀地区的深厚渊源，并着重赏析了王十朋任夔州（今重庆奉节）知州两年间所作的节庆诗、观光诗和唱和诗。他将王十朋《夔州诗》与同时代的诗家方回的酒诗进行比较，指出王十朋之酒风有节制，不狂饮，其酒诗始终拥有"一代正人"的本色，讲正气，倡廉洁，充满忧国忧民之心。他还钩稽宋诗中的相关记载，考释了当时常见的酒类与酒品牌，认为王十朋饮酒以白酒为主，巴蜀品牌酒"瞿唐春"和外地名酒金泉酒、"青州白从事"等均受到他的赞誉。

《醉乡记》是初唐诗人王绩的散文名篇，文中人与事都与酒有关，表现出浓厚的嗜酒情结。西华大学文学与新闻传播学院副教授王燕飞对《醉乡记》进行解读。他指出，王绩笔下的醉乡是传说中的古国，是一个民风质朴率真的世界，寄寓了诗人理想社会的内涵。之所以创造一个这样的醉乡古国，和王绩爱酒嗜酒的性情、三起三落的人生经历以及对魏晋风度的追慕有关。

　　四川大学国际儒学研究院院长、古籍整理研究所所长舒大刚教授向会议提交的论文着眼于李白的酒诗名篇——《月下独酌》之二。他对学界流行的解读提出商榷，认为不应单单以"政治失意""借酒浇愁"来理解此篇。他对全诗结构进行分析：开篇指出造酒饮酒合乎天道、地道、人道，大气凛然地为饮酒通神提供了合理性；接着以酒之清浊分出圣人贤人，说明酒也具有儒家精神；同时将儒家圣贤、道家神仙相提并论，认为人们可以通过饮酒做圣贤，并且进而超越礼法（圣贤），直达自然神仙之境。他指出，李白貌似纵酒，实际是要达到"通神悟道"目的，其"借酒浇愁"放浪形骸外表下，有着超越名教和万物的高尚情操。全诗境界崇高，层次分明，举事言理，丝丝入扣。《月下独酌》之二与其说是李白的"爱酒辩"，不如说是他的"酒哲学""酒宣言"和"酒纲领"。

　　中国历代文人多以酒为比兴、以酒为寄托，堪称诗酒一体。西华大学文学与新闻传播学院副院长王学东教授将古代与现代连接起来，勾勒出中国文人至今犹存的千年诗酒脉承。他认为，酒是古代诗人们生命安顿、价值皈依的重要寄托，成就了中国古典诗歌美学的独特价值。在现代诗歌中，"酒"也是极为重要的一个符号。除了与古典诗歌类似的"酒神精神"和哲理沉思，现代文人更以酒起兴，发起了存在之追问，并形成了对"麻醉"进行批判的独特的价值尺度。

　　四川师范大学文学院博士研究生李伟解读了"竹林七贤"之一刘伶的酒文学作品。他对其传世骈文《酒德颂》在注疏上的误差予以纠正，对其诗作《北芒客舍》进行观照，将刘伶所颂之"酒德"归结为"智慧的处事之道""幽默的生活态度"和"隐忍的无奈之举"三个方面。他指出，刘伶倡导了"惟酒是务，焉知其余"的以气定神闲行无言之教的酒德文化，并成为历代文人归隐或失意时的思想武器，对他们的生活态度和创作方式有深远影响。

文学博士、成都轨道资源经营管理有限公司行政主管李庶列举了中国诗歌史上有代表性的涉酒诗。他从陶渊明谈到李白、杜甫及苏轼、陆游，从祭祀酒诗、宴会酒诗，说到送别酒诗、咏怀酒诗，提出唐代咏酒诗展现了当时的社会风情和人们的思想情感，是透视唐代社会生活文化的一面镜子。

二、酒与古代社会经济

酒，是几千年来中国人生活的必需品。酒类的生产、销售、消费涉及社会、经济、文化方方面面。酒与百姓生活息息相关。唐宋时期，酿酒技术发达，酒产业兴旺。一些参会学者的研究成果涉及酒与古代社会经济的相关问题。

唐代的长安，随着大量阿拉伯人、波斯人等聚集，经营胡食胡酒的"酒家胡"专门店亦应运而生。四川师范大学副校长、中华传统文化学院院长王川教授采用"以诗证史"的方法，从唐诗中钩稽出"酒家胡"与"胡姬"相关诗句，指出二者作为活跃的生产要素和先进商业文化理念的代表，推动了唐代"诗酒文化"的创新与发展，也促进了唐代经济社会的发展与中外文化交流，对长安发展成为真正意义上的国际化开放大都市起到独特作用。

酒楼、酒店的兴盛体现着宋代都市经济的繁荣。四川省政府文史研究馆资深馆员、四川省社会科学院杰出研究员谢桃坊指出，北宋以后我国封建社会进入后期发展阶段，新兴市民阶层逐渐兴起。白酒是当时社会上层和下层消费量很大的饮料。广大的市民以及乡镇的民众构成了白酒的基本消费群体。各种酒楼、酒店向市民提供消费服务，起到了活跃经济、丰富市民生活的重要的作用，是城市经济繁荣的重要组成部分。当我们考察唐宋时期的酒文化时，对宋代市民社会生活与酒文化的关系进行考察，便具有重要的学术意义。

"榷酤"是中国古代酒业管理的一种专营制度，四川省社会科学院文学与艺术研究所助理研究员、《中华文化论坛》编辑部副主任彭东焕对宋代四川榷酤进行考释。他指出，宋代四川酿酒业的发展居于全国领先水平，酒税作为宋代四川财赋来源的根本和支柱，在全国也具有举足轻重的地位。除执行当时国家统一的酒课政策之外，宋代四川地区还采取了惠边政策、隔槽酒法、官监买扑等一些具有创新性的改革措施。酒课收入在当时有力支持了川陕的抗金斗争。通过缴纳巨额酒税，四川人民对宋代的政治军事及经济社会发展做出了卓越贡献。

"酒经"是古代记录酿酒技艺的专书，是对当时酿酒技术的科学概括。四川省社会科学院文学研究所研究员王永波、西南民族大学信息与技术中心副主任刘浪考述了唐宋时期有关酒的20余种著述书目，为相关研究提供了重要参考。他们重点介绍了北宋的两种篇幅较大、论述较详、影响较广的酒经——朱肱著《北山酒经》三卷和窦苹著《酒谱》一卷。通过研究这些珍贵的酒史文献可以发现，唐宋时期的制酒业在前代的基础上不断改进与创新，人工制曲与酿造技术在理论和工艺上都有极大的突破。

四川省社会科学院历史研究所助理研究员、四川大学历史文化学院博士后、《中华文化论坛》副主编王怀成介绍了考古发现的酒文献名篇——敦煌文献《茶酒论》与西夏文献《骂酒说》。他指出，敦煌文献中的《茶酒论》敷衍茶酒争胜，是茶、酒并行于唐代各个阶层尤其是民间下层生活的社会面貌的反映；而西夏的《骂酒说》有"酒"无"茶"，其文学的通俗性、思想的丰富性及艺术形式的活泼型，都要削弱了很多。从《茶酒论》到《骂酒说》，反映了西夏时期河西走廊普通民众经济生活和精神生活水准的双重下降。

四川师范大学文学院教授汤君则专注《骂酒说》一文，对该文及其作者西夏高僧宝源予以详细介绍。她认为，《骂酒说》反映了西夏时期我国北方民族的酒业、酒礼和酒务文化。根据现存西夏史料和文学作品可以发现，西夏"酒文化"具有鲜明的两面性：一方面皇室和社会上层有钱饮酒，也乐于饮酒，甚至"有资本"触犯酒律；一方面下层百姓对正常婚丧嫁娶的"酒礼"更加在意，并乐于施行或遵循"酒礼"的教化。

三、巴蜀地区酒文化

巴蜀地区具有悠久的酿酒、饮酒历史和厚重的酒文化。唐宋时期的巴蜀酒文化在全国乃至世界的酒文化中占据着重要的席位。众位与会学者从文献和考古等多角度进行分析，对巴蜀文化中的酒文化因子进行了阐发。

历年考古发掘中以酒器为代表的礼器都是大宗物件。四川省文物考古研究所研究员陈德安表示，三星堆发掘出土了琳琅满目的酒器，充分证明中国文明多元一体，包括巴蜀文明在内的中华各地文明都显示出"以酒为礼"的文明特征。他提出，积极开发、利用、用活三星堆文化遗产与剑南春酒业的历史遗存，可以成为推动今天川酒业发展的凭依及推力。

唐宋时代的成都是文学之城与诗歌之都。四川省政府文史研究馆馆员、四川师范大学教授谢元鲁指出，成都文学与诗歌的兴盛与蜀中酒业和酒文化的发达密不可分。他列举了众多文人骚客在成都写就的千古名咏，描摹了唐宋成都的酒肆文化、遨游风俗、名楼园苑、庙会游乐、文人雅集等丰富多彩的诗酒场面，罗列了郫筒酒、烧春酒、青城乳酒、临邛酒等当时的佳酿名品。他认为，成都在唐宋时期酒业与酒文化发达，名酒迭出，酒味醇香，酒肆繁盛，酒酣赋诗，诗酒交融，浪漫风流，所以成都的文人骚客才能灵感纷涌，在浣花笺纸上写下无数的不朽诗篇，道尽唐宋成都的诗情酒韵。

成都大学博士生李天鹏梳理了唐宋文人对成都的酒文化书写，归纳出繁荣的酒市书写、当垆卖酒的历史典故书写、成都特色佳酿的称颂、老庄式酒神精神的张扬四项基本内容。他认为其所展示的酒文化表达了关于自然与自我及人性的认识，其中蕴含的酒神精神亦融入中华文化的血脉中。

成都大学硕士生罗静从历史、文学、社会风俗三个方面勾画出一条唐宋酒文化的价值线，并就成都酒文化宣传中打好历史文化牌提出若干建议。

当前国家正在推动成渝地区双城经济圈建设。成都大学中文系教授邓经武别具慧眼，提出巴蜀文化是成渝地区双城经济圈建设的厚沉基础，号召要紧紧扣住新的历史机遇，将巴蜀文化资源转化为精神力量和物质力量。他认为，川酒是"中国酒"的代言人，亦是中国文化极其形象的物质性载体。川酒应当抓住机遇，积极介入，担当媒介，成为川渝融合发展的有力抓手。具体而言，需要融入文化内涵，从文化角度进行阐述、挖掘、包装，用"文化嵌入"打造新品牌和拓展新市场。

成都大学硕士生谭城分析了水井坊丰富的酒文化，并就当代水井坊品牌的营销策略进行了概括。他认为，川酒历史源远流长，其作为特色鲜明、独一无二的内容，应当成为川酒品牌的文化支撑点。

四、"剑南春"的前世今生

提起蜀中历史上的众多名酒，记载最早、名声最大，且传承至今者不能不首推"剑南春"。"剑南之烧春"早在唐代就被载入《唐国史补》，位列唐时十四家名酒之一，从此名闻天下。

绵竹市古文化研究会副会长宁志奇从绵竹得天独厚的自然环境、厚重的历史文化着手，全面叙述了四川绵竹自先秦至当代的酒文化发展史，为大家提供了清晰的研究脉络。他特别列举了绵竹周边地区多处重要考古发掘出的酒文化遗存，为今天我们认识和研究绵竹乃至成都平原悠久而丰厚的酒文化提供了重要的依据和支撑。

成都大学党委常委、副校长杨玉华教授从历史记载、得名之由、历代题咏等方面加以考索探求，以丰富的史料追索出当代名酒"剑南春"的历史传承轨迹：唐代剑南之烧春→宋代鹅黄（杜甫、陆游）→蜜酒（东坡）→清初绵竹大曲→混料轩→剑南春。他指出，"剑南春"是川酒之中记载最早、历史最悠久、知名度最高，且古今传承不绝的名品，是蜀中酒文化的代表。"剑南春"是天府文化千年传承、创新变化的生动例子，应通过对文化遗产的创造性转化和创新性发展，进一步提高其品牌知名度和美誉度。

西华大学文学与新闻传播学院教授谢应光、西华大学文学与新闻传播学院助理研究员蒋琴对唐宋诗歌中关于"剑南""春""烧春"等的记录进行整理，认为这些诗歌凸显了诗人独特的人生体验，体现了文人眼中的剑南印象，说明酒在当时人们日常生活中扮演着重要的角色。

省政府文史研究馆馆员张学君从唐宋时期酿酒业的兴盛谈起，对唐宋时期蜀酒产销方式、专卖制度及宴饮习俗做了论述。他特别提到"剑南烧春"问题，认为（一）《唐国史补》记有"剑南之烧春"；（二）此前文献未出现"烧春""烧酒"等；（三）中晚唐诗歌，如白居易、李商隐、贾岛、雍陶诗出现"烧酒"字样；（四）剑南烧春诞生在公元713—824年的剑南道汉州绵竹县；（五）剑南烧春就是蒸馏酒。

会议期间，与会人员还赴天益老号酒坊遗址、剑南春酒史博物馆、四川绵竹国家玫瑰公园、九龙棚花村等地参观，在中国玫瑰谷·月季园举办诗词雅集。绵竹市委书记李栋出席雅集并代表绵竹市向大家表示热忱欢迎和衷心感谢。李栋还现场背诵了蔡竞诗作《绵竹夜吟三首——记于唐宋酒文化研讨会开幕前夜》其二：

> 春酒剑南莹石泉，骚人揽步近兰烟。
> 月阑幽渚蒹葭静，把盏推杯认夙缘。

谢桃坊向大家介绍了蜀派古诗词吟诵艺术，并现场唱诵和吟诵姜夔自度曲《凄凉犯》、朱敦儒《鹧鸪天·唱得梨园绝代声》、南宋民歌《月儿弯弯照九州》等，引得全场掌声连连，将此次活动引向高潮。此前，蔡竞还为研讨会赋词一首《满庭芳·绵竹麓棠会议中心〈唐宋酒文化研讨会〉启幕夜咏》：

> 山抹微云，露垂幽草，更觅林外芳茵。锦囊谁解，萤火坠轻匀。十四年前震讯，惊回首、热泪沾巾。门墙外，丘岗相对，重建起红村。　　嶙峋，思不尽，重来旧地，美酒烧春。偕文史俊贤，当日音循。此景何时见也，休说是、过往精神。而今里，携情别致，花影乱真真。

跋

  2021 年 5 月 10—12 日，"唐宋酒文化研讨会"在名酒剑南春的故乡绵竹举行。本次研讨会由四川省人民政府文史研究馆和绵竹市人民政府主办，剑南春集团公司承办。省文史研究馆组织了省内外具有较大影响力的专家学者三十余位参会。

  专家学者通过学术研讨会和文化考察等形式，深入研究及探讨唐宋时期巴蜀大地与酒相关的政治、经济、社会、文化、文学等诸方面内容，为四川白酒产业高质量发展提升文化自信，提供文化赋能。来自全省文史学界的一流学者旁征博引，新见频出，勾勒出唐宋时期川酒蔚为大观的发展盛况。这部论文集反映了这次研讨会的成果。

  四川省人民政府参事室（文史研究馆）原党组书记、参事室主任蔡竞在研讨会上表示："酒是文化研究中一个具有标志性的元素，我非常赞同大家总结的'历史上凡是酒业发达的地区都是文化高度发展之所在'。"曾参与三星堆考古发掘工作的四川文物考古研究院研究员陈德安也是本次研讨会的嘉宾学者。他认为，在历来的考古发掘中以酒器为代表的礼器都是重要发现和大宗物件；三星堆再次发掘的成果充分证明了中华文明多元一体，包括巴蜀文明在内的"以酒为礼"是与之一脉相承的文明核心特征。也有学者指出,酒乡绵竹与三星堆毗邻,有着千丝万缕的联系,包括剑南春品牌文化在内的川酒文化的传承与发展,也应顺势而为,守正创新,让老字号品牌历久弥新,长盛不衰。

绵竹位于沱江上游,北接茂县,南连广汉,也就是古蜀时期的藏、羌民族文化走廊区域。被誉为世界第九大奇迹的广汉三星堆是四川青铜文明之源,它同时也是川酒文化的一个源头。四川白酒与巴蜀文化有着与生俱来的缘分,它不只蕴含着巴蜀大地的自然精华,更浓缩着华夏五千年悠久灿烂的历史文化。唐代位于剑南道的绵竹,出现了驰誉全国的"剑南烧春",被唐人李肇载入所著《唐国史补》;新旧《唐书》的《德宗本纪》亦为"剑南烧春"曾是"唐时宫廷酒"提供了证据。在经济繁荣、科技发达的宋代,绵竹酿酒业又有新的发展。《宋史·食货志下》记载,绍兴十七年(1147)四川清酒务监官均在府州,仅有绵竹县与富顺监同州府并列,表明宋代绵竹酿酒业已具有同其他州府一样的规模。1972年台湾商务印书馆出版周开庆先生所著《四川经济志》明确指出:"四川大曲酒,首推绵竹。泸县后起直追,在产量和品质上,骎骎有青出于蓝之势。"(第359页)可见绵竹酒的历史地位是相当高的。

中华人民共和国成立后,绵竹数十家传统酒坊经过公私合营,正式成立地方国营酒厂,开始了传统酒业的复兴。1958年"绵竹大曲"中的优质产品根据历史记载更名为"剑南春"。绵竹大曲改为"剑南春",既表明绵竹的地域位置属唐时的剑南道,又体现了当代名酒与历史名酒的衔接关系。现今剑南春产品发展质量和销售业绩均呈现出蓬勃发展的生机,正如万物萌生的春天回到剑南。2003年,剑南春集团公司在棋盘街天益老号酒坊西侧进行了为期一年多的考古调查和发掘。经国内有关专家前往现场考察后,认定此遗址群是国内明清时期酿酒作坊遗址中生产要素最齐全、规模最大、保存最完好的酒文化遗址，具有独一无二的特征，代表了近现代工业文明在中国的雏形。剑南春酒坊遗址考古成果被国家文物局专家组评定为2004年度中国十大考古新发现之一；2006年被国务院公布为全国重点文物保护单位，同时入选了《中国世界文化遗产预备名单》。

剑南春作为唯一载入正史且传承至今的中国名酒，应努力挖掘中国传统文化的内涵，致力于传承独具魅力的中国白酒文化，让"唐时宫廷酒，今日剑南春"的宣传语深入人心，也让剑南春这个品牌成为一个人们日常生活中的流行符号。